Vision

Verlag

Dieter K. Huzel

Von Peenemünde nach Canaveral

Vorwort
Wernher von Braun

Vision Verlag Berlin

Übersetzung aus dem Amerikanischen
von
Eleonore Boer

ISBN 3-928787-04-7
1. Auflage 1994

Gesamtgestaltung: Hans-Joachim Schauß
Gesamtherstellung: Interdruck Leipzig GmbH

Für Irmel

Inhalt

So war es wirklich

Vor zwanzig Jahren wurde die erste V-2-Rakete – oder die A-4, wie wir sie in Peenemünde nannten – zum Abschuß gebracht. Seit jenen bescheidenen Anfängen ist die Raketentechnik bis zum Beginn der Raumfahrt fortgeschritten. In der Zwischenzeit hat sich sowohl in der Welt als auch in der Raketenforschung sehr viel ereignet. Ideen, die damals rein utopisch waren, sind heute etwas Alltägliches. Die ferngesteuerte Großrakete, die erstmals vor und während des 2. Weltkrieges auf einer Ostseeinsel in der Nähe von Peenemünde entwickelt wurde, beherrscht seither das menschliche Denken in erheblichem Maße, sei es als Waffe, als Raumschiff für Forschungszwecke oder ganz einfach als eine enorme Herausforderung an viele Zweige der Wissenschaft und Technik.

Zwanzig Jahre sind eine lange Zeit in der schnellebigen Epoche der Raumfahrt. Peenemünde ist seitdem in die Geschichte eingegangen, wobei die A-4 so etwas wie ein Sprungbrett bzw. einen Vorläufer dessen darstellte, was der menschliche Intellekt hervorbringen kann. Peenemünde aber war ein Ort, und die Rakete war ein Produkt – und wo es Orte und Produkte gibt, da müssen auch Menschen sein. Es gab keinen Zauberstab, den man nur zu schwingen brauchte, um die A-4 zu schaffen. Diese war vielmehr das Resultat unermüdlicher, konzentrierter, hingebungsvoller Arbeit. Die Männer, die diese Rakete schufen, waren von einer Idee beseelt, die weit über ihre derzeitige Anwendung als Kriegswaffe hinausging.

So will uns dieses Buch in erster Linie jene Männer nahebringen, die die Großrakete Wirklichkeit werden ließen; ihre Geschichte wird hier von Dieter Huzel erzählt, der mit dabei war und in allen Phasen dieses Unternehmens mitgewirkt hat: Im Werksgelände, auf dem Prüfstand und in der Verwaltung. Er erlebte Peenemünde, als es auf der Höhe seiner geschichtlichen Bedeutung stand, und er sah es schließlich unter den Kriegseinwirkungen zusammenstürzen.

Über Peenemünde ist viel geschrieben worden, meist aber

stammte die Information aus zweiter oder dritter Hand, und vieles, ja zu vieles davon ist barer Unsinn. Es ist an der Zeit, daß über Peenemünde ein authentischer Bericht gebracht wird, und zwar von jemandem, der weiß, was dort vorging, weil er dazugehörte.

Es ist allerdings möglich, daß ich einige der hier zum Ausdruck gebrachten Ansichten nicht voll und ganz teile, zweifellos weil ich manche Dinge von einer anderen Warte sehen mußte. Eines aber weiß ich: Der Mann, der hier über Peenemünde schreibt, gibt einen Bericht aus erster Hand – so war es.

Aus dieser Wirklichkeit, aus dem Aufstieg und Untergang von Peenemünde, können wir alle etwas lernen. Während die Presse ständig von Probeabschüssen und Raumraketenfahrten berichtet und dabei entweder über den Erfolg jubelt oder den Mißerfolg beklagt, fragt sich der Durchschnittsbürger, wie es bei einem so wichtigen Projekt, das so viel Zeit und Geld kostet, immer noch «Fehlschläge» geben kann. Was die meisten Menschen nicht verstehen ist, daß es in der Raketentechnik so etwas wie einen absoluten Fehlschlag gar nicht gibt, sondern daß hier aus jedem Geschehnis wichtige Daten gewonnen werden, durch die man wieder einen Schritt vorwärts kommt. Auf diesem Gebiet ist jeder Fortschritt ganz einfach das Ergebnis ständiger Bemühungen jedes einzelnen Mitarbeiters. Eine Rakete ist nur ein Werkzeug in den Händen von Menschen, die aus allem lernen, was mit ihr geschieht. Das trifft sowohl für die Menschen zu, die damals die A-4 schufen, als auch für die, die heute ihre Arbeit fortsetzen.

Demnach ist die wirkliche Geschichte von Peenemünde die Geschichte seiner Menschen. Sie rangen genauso zäh um den Erfolg wie heute ihre Nachfolger in den USA und, wie man annehmen kann, auch in der Sowjetunion. Das dürfte die wichtigste Aussage dieses Buches sein.

Was Sie auf den nachfolgenden Seiten lesen, ist ein Augenzeugenbericht und die vollständigste Beschreibungder dortigen Vorgänge, die ich bisher gesehen habe. Alles ist da: die Straßen, die Gebäude, die Prüfstände, das Geräusch der Wellen, die an den Ostseestrand rollten, und das Donnern der gewaltigen Raketen, das die Fensterscheiben erzittern ließ. Auch die Menschen begegnen einem hier: verbissen arbeitend, um die Einrichtungen im Werk betriebsfähig zu erhalten – trotz Explosionen, Fehlschüssen und Luftangriffen. Ihre verzweifelten Bemühungen, ihre Aufgabe trotz ständig wachsender Hindernisse zu bewältigen, werden hier dem Leser deutlich gemacht, und er beginnt zu verstehen, daß sie bei alledem immer noch einen Schritt weiterkamen, auch als ihnen bereits der Boden unter den Füßen fortglitt.

Die Richtigkeit dieser Darstellung kann nur jemand bestätigen, der dabei war – und ich war dabei. Dieses Buch hat mir Peenemünde wieder lebendig vor Augen geführt.

So war es wirklich.

Huntsville, Alabama Wernher von Braun
November 1961

Einleitung zur deutschen Ausgabe

Die wesentlichen Teile dieses Buches entstanden im Jahre 1961. Der Gesamttext wurde 1962 in englischer Sprache mit dem Titel «Peenemünde to Canaveral» von dem amerikanischen Verlag Prentiss-Hall veröffentlicht. Ein Jahr später erschien eine spanische Ausgabe («La Ruta del Espacio», Editorial Bruguera, Barcelona/Buenos Aires, 1962). Eine holländische folgte, «Van Peenemünde Naar Cape Kennedy», Prisma Boeken, Utrecht/Antwerpen, 1965).

Erst im Jahre 1992 interessierte sich ein deutscher Verlag für das Buch, was sicherlich damit zusammenhängt, daß der Ort Peenemünde nach der Wiedervereinigung Deutschlands der Öffentlichkeit zugänglich wurde. Obschon die radikale Zerstörung und allgemeine Überwucherung nicht mehr viel von dem ursprünglichen Gelände erkennen lassen, haben ortsansässige Enthusiasten einer jüngeren Generation es sich zum Ziel gesetzt, Peenemünde so weit wie möglich zu rekonstruieren. U. a. sind inzwischen im alten Peenemünder Kraftwerk die Anfänge für ein Museum erstellt worden, das dem Publikum zugänglich ist. Ausgrabungen und Rodungen sind an mehreren Stellen, insbesondere an dem berühmt gewordenen Prüfstand 7, im Gange.

Ich hoffe, daß dieses Buch zum besseren Verständnis der enormen technologischen Bedeutung von Peenemünde beiträgt. Es war von Anfang an mein Bestreben, eine Schilderung zu vermitteln, die in bezug auf Genauigkeit auch der kritischen Prüfung meiner damaligen Mitarbeiter standhalten kann. Aus dem gleichen Grunde habe ich für die deutsche Übersetzung eine Reihe aufschlußreicher Szenen sowie eine Anzahl kleinerer Einzelheiten hinzugefügt, die mir im Hinblick auf die Rekonstruktion in Peenemünde wichtig erschienen.

Es war jedoch nicht meine Absicht, das Buch «auf den neuesten Stand» zu bringen. Die Schilderung verbleibt mit wenigen Ausnahmen ein Rückblick aus dem Jahre 1962 auf die davorliegende Zeit.

Dasselbe gilt auch für das Vorwort Wernher von Brauns, der am 16. Juni 1977 in Washington verstarb. Nur im Nachwort werde ich die Bedeutung und die späteren, weltweiten Früchte der in Peenemünde geleisteten Arbeit kurz streifen.

Woodland Hills, California,
den 26. August 1992

D. K. H.

1 Auf dem Weg nach Peenemünde

«Abschußschalter auf Abschuß!»

«Schalter steht auf Abschuß.»

«Tankbelüftung!»

Die letzten Kommandos für den Countdown glichen in Stakkato und Präzision einem Gewehrfeuer. Abschußdirektor Albert Zeiler starrte wie gebannt durch das große Fenster, das einen ungehinderten Blick auf die große RS-1 gewährte. Mit der Drehung des Abschußschalters begann ein Zähler zu ticken. Das Ventil zur Entlüftung für den Flüssigsauerstofftank schloß sich, und die kleine weiße Dampfwolke, die eben noch sachte von der frostbedeckten Seite der Rakete her angeschwebt kam, war wie weggeblasen.

Die Menschen, etwa ein Dutzend, die sich in der Abschußkontrollzentrale befanden, hielten fast den Atem an. Die Druckbelüftung des Tanks würde 30 Sekunden dauern. Niemand zeigte irgendwelche Gefühle – lediglich Spannung und Besorgnis waren in den Gesichtern zu lesen. Sämtliche Augen, die sich nicht auf die Abschußkontrollkonsolen zu richten hatten, blickten durch das dicke, mit Doppelglas versehene Fenster auf den reglosen Vogel, der dort draußen darauf wartete, abzuheben.

Vor einigen Stunden hatte die Morgendämmerung mit ihren ersten Strahlen die 20 Meter hohe Rakete von dem grellen Scheinwerferlicht befreit, in das sie getaucht gewesen war, und vor einigen Augenblicken war das Heer der Arbeiter, die den Vogel abschußbereit gemacht hatten, in alle Richtungen davongestoben, um sich bei dem Aufheulen der Sirenen und dem Aufblinken der roten Lichter in Sicherheit zu bringen, als jetzt die letzten Sekunden des Countdown abtickten.

In dem halb unterirdischen und mit Beton verstärkten Blockhaus war jetzt alles still; man hörte nur das «Klick-Klick-Klick» eines Relais, das Summen der Elektronik, die letzten knappen Meldungen über die Druckwerte, die in den Treibstofftanks ständig zunahmen, sowie gelegentlich die besorgten, aber auch gleichzeitig beruhigenden Worte eines Flugsteuerungsingenieurs, der in angespannter Konzentration die Anordnung von Schaltern und Signalleuchten vor ihm beobachtete. Diese 30 Sekunden schienen wie eine Ewigkeit.

«Tanks stehen unter Druck!» kam die Meldung.

Eine kleine, helle Stichflamme schlug aus dem Schwanzteil der Rakete.

«Vorstufe!»

Die züngelnde Flamme wuchs, wurde zum Flammenmeer, das die Abschußbasis einhüllte. Zeilers scharfes Kommando wurde fast übertönt von dem Donnern der Rakete, das das Blockhaus erzittern ließ. Der Krach schwoll zum ohrenbetäubenden Creszendo an.

«Hauptstufe!»

Flammen und Gase fuhren mit unglaublicher Geschwindigkeit aus der Rakete heraus. Ungeheure Rauch- und Staubwolken erhoben sich, hin und her wallend, als wüte eine riesige, geballte Faust mitten unter ihnen.

«Abgehoben!»

Ruhig und gelassen, fast majestätisch, erhob sich die große Rakete – absolut sicher und unaufhaltsam. In der weißglühenden Abgasflamme zeigte sich das Rautenmuster des Überschallstrahles, als die Rakete den wirbelnden Hexenkessel um die Abschußbasis verließ.

Obwohl das Ganze nicht mehr als einige wenige Sekunden dauerte, schien die Rakete doch für lange Zeit im Blickfeld zu bleiben, das das schmale Fenster gewährte. Bald aber sah man nichts weiter als die verglühenden, feurigen Abgase, die sich am klaren Morgenhimmel abzeichneten, bis auch sie verschwanden. Dann verebbte auch der gewaltige Motorendonner. In die darauffolgende Stille hinein sprach Dr. Kurt Debus, Abschußchef der U.S. Army Ballistic Missile Agency, die knappen Worte: «Die ist weg», und wandte sich vom Fenster ab.

«Die», das war die Redstone-Rakete Number One, die erste in den USA gebaute Großrakete, die erfolgreich abgeschossen wurde. So geschehen in Cape Canaveral, Florida, am Vormittag des 20. August 1953 um 9:35 Uhr. Die kurze Bemerkung von Debus brach den Bann, der über dem Blockhaus gelegen hatte. In die ehrfürchtige Stille hinein explodierte der Jubel der Belegschaft; man gratulierte einander, Telefone schrillten, Lautsprecheransagen dröhnten, und immer wieder ertönte – ach so zwecklos – die Bitte um Ruhe, da die Meldungen der durch Funk übertragenen Messungen des Raketenfluges immer noch durchkamen.

Stunden später lag ich ausgestreckt auf dem Sandstrand von Indialantic Beach. Erst hier, wo das sanfte Rauschen der Brandung im Hintergrund ertönte und die immer noch warme, aber angenehme Brise des Spätnachmittags die letzten Nachwirkungen der feuchten Hitze und der Mückenplage hinwegblies, die uns die Arbeit am Cape während der letzten vierundzwanzig Stunden so erschwert hatten, wurde mir persönlich die volle Bedeutung dieses Tages klar – sie ging sogar weit über das hinaus, was Amerika betraf.

In etwa einer Stunde würde ich wieder mit den anderen Mitgliedern des Abschußteams zusammensein, um dieses Ereignis gebührend zu feiern. In diesem Augenblick aber erlebte ich in Gedanken noch einmal die ersten Tage des Jahres 1946 und meine Ankunft in Amerika direkt von Deutschland mit der Peenemünder Gruppe, die die gefürchtete V-2 entwickelt hatte. Als wir aus Peenemünde, dem damals geheimen und jetzt so berühmten Raketenbauzentrum an der Ostsee, evakuiert wurden, hatten viele von uns die Hoffnung aufgegeben, jemals wieder auf dem Gebiet der Raketenwissenschaft arbeiten zu können. Damals wie jetzt kam für die meisten von uns dabei nur ein Gedanke: «Raumfahrt». Dies war die schwierigste Aufgabe, die das 20. Jahrhundert an uns stellte – die Reise zu neuen Welten, Forschungen, die an Kühnheit und Unternehmungsgeist alles übertrafen, das sich seit der Zeit von Kolumbus ereignet hatte.

Hier aber ging nun für uns alles weiter. Die Ähnlichkeit der Situation mit den Tagen in Peenemünde war in vieler Hinsicht geradezu frappierend. Der Sand und die Riedgräser von Cape Canaveral hätten direkt von der Ostseeküste stammen können – und genau wie dort war jetzt auch hier Wernher von Braun der oberste Chef, soweit es um die Technik ging. Auch Albert Zeiler war hier und

Kurt Debus und Ernst Stuhlinger sowie viele andere, die ich gut kannte und mit denen ich so viele Jahre hindurch zusammengearbeitet hatte. Ich selbst arbeitete zwar jetzt bei Rocketdyne, der führenden US-Firma auf dem Gebiet von Flugraketenmotoren für flüssige Treibstoffe (oder North American Aviation Aerophysics, wie es damals hieß), und nicht mehr bei meinem alten Team in Huntsville, Alabama, hatte aber nichtsdestoweniger meinen Beitrag zum Erfolg des heutigen Tages geliefert.

Ich hatte damals das Gefühl, daß diese ganze Entwicklung vom Schicksal vorbestimmt gewesen sein mußte. Jetzt war ich sogar davon überzeugt, denn es war die Redstone-Rakete, die Jahre später den ersten Satelliten in Umlauf setzte und danach Amerikas ersten Astronauten, Commander Alan Shepard, in den Weltraum schoß.

Ich drehte mich herum und ließ den feinen Sand durch meine Finger rieseln wie einst am Ostseestrand – wie lange das doch her war. Welch unerwartete Kette von Ereignissen hatte mich, den jetzt Vierzigjährigen, fast genau dorthin gebracht, wovon ich als Junge geträumt hatte!

Kriegs- und Nachkriegszeiten, so scheint's, haben in meinem Leben eine große Rolle gespielt. Ich wurde in der Industriestadt Essen inmitten des Ruhrgebietes geboren – das war gerade zwei Jahre vor dem Ausbruch des ersten Weltkrieges und im gleichen Jahr, in dem die Titanic sank. Hier arbeitete mein Vater, Alfred, in den großen Kruppwerken, zuerst als Patentingenieur und später als Leiter der Kinematographischen Abteilung. Obwohl Filme in jenen Tagen noch eine große Neuheit waren, sah die Werksleitung von Krupp in ihnen – besonders als Zeitlupenaufnahmen – einen wichtigen Beitrag zum Studium der ballistischen Phänomene. Mein Vater machte sich dieses neue Gebiet rasch zu eigen.

Meine ersten wirklichen Erinnerungen drehen sich um «Ersatzlebensmittel», Verdunklungen, Scheinwerfer, Flakschüsse und endlose Kolonnen erschöpfter Soldaten, die nach dem Waffenstillstand von der Westfront zurückkehrten. Auch erinnere ich mich daran, daß zwar mit der Zeit die Straßenlaternen wieder brannten, doch das Ersatzzeug war noch für lange Zeit ein fester Bestandteil unseres Daseins. Mangel an Arbeitsplätzen, Mangel an Lebensmitteln, wertloses Papiergeld – das alles führte zu Aufständen, Schießereien und Demonstrationen, die das Ruhrgebiet viele Jahre lang in Aufruhr versetzten.

Im Jahre 1923 zogen schließlich französische Besatzungstruppen hier ein, obwohl sich die Lage etwas beruhigt hatte; die Besatzung hielt mehr als zwei Jahre an. Das Realgymnasium in Essen-Bredeney, in das ich gerade gekommen war, wurde als Unterkunft für die französischen Truppen beschlagnahmt, und wir wurden in einer anderen Schule als «zweite Schicht» einquartiert.

An die Kruppwerke war inzwischen als Teil der Waffenstillstandsbedingungen das Verbot ergangen, Waffen zu produzieren. Alle Abteilungen, die sich nicht kurzfristig auf den Zivilsektor umstellen konnten, wurden einfach geschlossen. Für meinen Vater hätte dies eine Krise bedeutet, doch er tat etwas, das es vorher wahrscheinlich noch in keiner Industrie gegeben hatte: Er konzentrierte sich mit seiner Filmabteilung auf ein völlig neues Gebiet, nämlich technisches Training, Betriebssicherheit, Unterrichts- und Werbefilme.

Das alles war für mich insofern wichtig, als es schon früh in mir den Wunsch erweckte, Ingenieur zu werden. Mein Vater brachte des öfteren kleine Filmstückchen mit, die für den Abfall bestimmt waren und die mich sehr faszinierten. Ich spleißte sie zusammen und verbrachte dann viele Stunden damit, sie immer wieder ablaufen zu lassen, bis ich jede Bewegung eines jeden Objektes auswendig wußte. Manchmal brachte mein Vater auch komplette Rollen technischer Filme mit, die ich begeistert projizierte und mir mit großem Interesse ansah.

Auch gab es in meinen Jugendtagen noch einen weiteren Faktor, der für mich richtungweisend wurde mit dem Ergebnis, daß ich mich eines Tages auf dem sandigen Strand von Cape Canaveral wiederfand. In jener Zeit war in Deutschland das Interesse an Raketen als Antriebsmittel weit verbreitet. Die Namen vieler ernsthafter Experimentatoren auf diesem Gebiet sind in die Geschichte des Raketenfluges eingegangen – Max Valier, Hermann Oberth, Walter Thiel, Klaus Riedel und viele andere. So wie sich in den dreißiger Jahren die amerikanische Jugend für Modellflugzeuge begeisterte, begeisterten sich in den zwanziger Jahren die Kinder in Deutschland für ein noch aufregenderes Spielzeug: Raketen. Meine Freunde und ich gehörten zu denen, die viele Modellraketen bauten und ausprobierten. Wie sich herausstellte, waren diese Spielzeuge für mich Meilensteine auf dem Wege zu einer Wissenschaft, der ich später mein Leben gewidmet habe.

Eine meiner lebhaftesten Erinnerungen aus jenen Jahren führt mich zurück zu einem Vortrag über Raketen und Weltraumfahrt, der von Max Valier, einem Wegbereiter auf diesem Gebiet, gehalten wurde. Am 28. Oktober 1928 sprach er in einem Saal in meiner Heimatstadt Essen, und während der Pause sprach ich ihn an. In meiner Begleitung war einer meiner Raketenbastelfreunde. Stolz zeigten wir ihm ein paar kurze Filmstreifen, die mein Vater von unserer fahrbaren Modellrakete gedreht hatte.

Doch die Reaktion von Valier wirkte auf uns wie eine kalte Dusche. Er war an den Bildern überhaupt nicht interessiert; statt dessen hielt er uns an Ort und Stelle eine gewaltige Standpauke über die Gefahren, die eine solche Rakete in den Händen von Jungen unseres Alters mit sich brachte. Er schloß mit der strengen Ermahnung, daß wir diese «Versuche» sofort einstellen sollten. Wie durch eine Ironie des Schicksals kam dann aber Valier selbst knapp zwei Jahre später beim Experimentieren mit Raketen um, die mit flüssigem Treibstoff angetrieben wurden. So wurde er der erste, der sein Leben für diese neue Wissenschaft hingab.

Derartige Dämpfer taten jedoch meiner Begeisterung für die Sache keinen Abbruch; ich bin vielmehr davon überzeugt, daß die Ereignisse jener Jahre mich in meinen Wunsch, Ingenieur zu werden, immer mehr bestärkten. Auch das Radio und das ständig sich weiter entwickelnde Automobil zählten zu den technischen Wundern, die mich faszinierten und in diese Richtung lenkten. So immatrikulierte ich also nach Abschluß des Gymnasiums an der Technischen Universität in Stuttgart, wo ich meine Ausbildung zum Elektroingenieur erhielt. Unmittelbar danach trat ich in die Firma Siemens-Schuckert in Berlin ein.

Das Seltsame aber war, daß jetzt, wo ich endlich ein praktizierender Ingenieur geworden war, eine Reihe von Ereignissen mich von meinem Interessengebiet, nämlich der Raketenforschung, fernhielt. Kurz nachdem Hitler 1933 an die Macht kam, wurden die Meldungen über Raketenversuche immer seltener und verschwanden schließlich überhaupt aus der deutschen öffentlichen Presse. Heute wissen wir, daß die Ballistik, und Munitionsbranche des Heereswaffenamtes mit Genehmigung des Reichsministeriums für Rüstung und Kriegsproduktion praktisch die absolute Kontrolle über die weitere Entwicklung der deutschen Raketenforschung ausübte und außerdem den Erlaß herausgegeben hatte, daß diese streng geheim zu halten war. Im Vertrag von Versailles, der ganz genau aufzählte, welche Waffen Deutschland nicht mehr produzieren durfte, war nämlich von Raketen überhaupt keine Rede.

Die Verbände für Raketenforschung und Astronautik versuchten zwar, den Gedanken an Raketenflugzeuge und Raumfahrt im Volke wachzuhalten, hatten aber wegen der bestehenden Nachrichtensperre keinen Erfolg damit. So wußte die Bevölkerung nichts von den Fortschritten auf diesem Gebiet und verlor einfach den Kontakt dazu – und genau das hatten die Behörden beabsichtigt. Inzwischen aber ging die Raketenforschung weiter unter der Leitung des damaligen Majors und späteren Generals Dr. Walter Dornberger, und zwar zunächst auf der Station Kummersdorf West, 27 km südlich von Berlin, und später (seit 1936) in Peenemünde.

Mittlerweile ging ich völlig in meiner Arbeit bei Siemens auf und dachte außer in flüchtigen Momenten nicht mehr viel an Raketen. Als 1939 der zweite Weltkrieg ausbrach, war ich immer noch bei Siemens, und zwar als Planungs-Ingenieur. Während der ersten Kriegsjahre hörten einige von uns, die wir mit größeren technischen Firmen arbeiteten, hin und wieder Gerüchte von einer sagenhaften Fabrikanlage an der Ostsee, wo streng geheime Waffen entwickelt wurden. Doch die Machthaber des Dritten Reiches sorgten dafür, daß die Sache nicht ruchbar wurde, und es war reiner Zufall, daß ich eines Tages dahinter kam.

Es war an einem warmen, mondhellen Abend des Jahres 1941, kurz nachdem die deutschen Truppen in Rußland einmarschierten, daß der Traum von Raketen und Weltraumfahrt sich mit erneuter Intensität in mein Bewußtsein einbrannte. Obwohl ich's damals noch nicht ahnte, war dies die erste in einer langen Reihe von Begebenheiten, die mich wieder in die Welt meiner Kinderspielzeuge zurückführen sollte, nur daß ich sie diesmal in voller Größe und als greifbare Wirklichkeit vor mir haben würde.

Inzwischen wütete der Krieg bereits seit zwei Jahren. Der größte Teil des europäischen Festlandes, außer Schweden, der Schweiz, Spanien und Portugal, befand sich unter der Kontrolle der Achsenmächte. Die Luftwaffe versuchte, England durch Bombardements in die Knie zu zwingen, und auch Berlin hatte schon längst die ersten Luftangriffe über sich ergehen lassen müssen.

An jenem besagten Abend stand ich mit Hartmut Küchen, einem langjährigen Freund, an einer Bushaltestelle im verdunkelten Berlin; wir hatten den Tag mit Segeln auf dem nahen Wannsee verbracht. Ich schwärmte ihm viel von Irmel vor, einem hübschen, dunkelhaarigen Mädchen, das auch bei Siemens arbeitete und an unserer Segelpartie teilgenommen hatte.

Wie das heutzutage am Arbeitsplatz typisch ist, hatten Irmel und ich uns zunächst auf rein dienstlicher Basis kennengelernt. Fast ein ganzes Jahr lang hatten sich unsere Beziehungen lediglich auf den Austausch von maschinengeschriebenen Dokumenten beschränkt, die Transformatoren, Großschaltanlagen, Kraftwerke und dergl. zum Gegenstand hatten. Ich kann mich nicht erinnern, was mir an ihr zuerst auffiel: die Tatsache, daß sie meine Handschrift lesen konnte (sehr schmeichelhaft), ihre anziehende, mädchenhafte Erscheinung oder ihre angenehme Art zu reden, selbst wenn es nur um das Format einer Schreibmaschinenseite ging.

Wir wohnten in verschiedenen Stadtteilen von Berlin, und die Wahrscheinlichkeit einer zufälligen Begegnung außerhalb des Arbeitsplatzes war in einer solchen Millionenstadt praktisch gleich Null. Doch wie schon bei manchem stolzen Junggesellen, sorgte dann ein gütiges Schicksal für ein solch unverhofftes Zusammentreffen. Eines Tages wollte ich einen Freund besuchen, stieg in die U-Bahn – und da saß sie! Da es ja nun wirklich albern gewesen wäre, sich jetzt über Transformatoren und Bestellscheine zu unterhalten, stellten wir fest, daß wir beide das Bootfahren und die Seen der Umgebung liebten. Auch das Tanzen machte uns beiden Spaß, und was das Lesen betraf, so interessierten wir uns für die gleiche Art von Büchern. Darüber hinaus stellten wir fest, daß wir beide für das kommende Wochenende noch nichts Besonderes vorhatten.

Was sollte es also sein? Mein Segelboot auf dem Wannsee, ihr Faltboot auf dem Tegelsee – es war ja schließlich egal. Es hat uns immer Spaß gemacht, auch wenn wir gelegentlich von einem Gewitter überrascht wurden und pudelnaß, aber quietschfidel zur Anlegestelle zurückkamen, wobei wir uns oft gegenseitig auslachten, weil wir mit unseren zerzausten Haaren wie Vogelscheuchen wirkten. Danach folgte gewöhnlich ein romantischer Abendspaziergang zur Bahnstation oder Straßenbahnhaltestelle (und zwar nicht immer gerade bis zur nächstgelegenen). Wir wanderten dann Hand in Hand oder – was damals noch beliebter war – »untergehakt» durch die Kiefernwälder, die viele Seen in der Berliner Gegend umsäumten, wobei so mancher Stop für einen zärtlichen Kuß eingelegt wurde. Es war das zweite Kriegsjahr, und die Zukunft war ungewiß. Wir genossen also die Gegenwart. Über die Zukunft wurde nicht geredet, doch ich glaube, wir hatten beide das Gefühl, daß wir auch nach dem Krieg noch zusammen sein würden, wenn wir ihn überleben sollten.

Jetzt erzählte ich Hartmut davon – schüttete ihm mein Herz aus. Er hörte mich mit freundlicher Aufmerksamkeit an wie ein älterer Bruder. Er war dienstlich in der Stadt; seine Dienststelle war bei Stettin, also nordöstlich von Berlin, wo eine riesige «Fabrik» – so drückte er sich aus – im Entstehen war. Obwohl ich immer angenommen hatte, daß diese Fabrik zu einer in der Nähe befindlichen Benzinkrackanlage gehörte, so hatte ich doch mitunter seinen vorsichtigen Erklärungen, was seine Arbeit betraf, mit einigem Mißtrauen zugehört.

Unser Gespräch wendete sich dem Mond zu, der sein mildes Licht verbreitete, doch wir konnten uns nicht so recht seiner Schönheit freuen; der Mondschein bedeutete Gefahr für diese Stadt, die jetzt trotz der Verdunklung als gut beleuchtetes Ziel für die britischen Bomber dalag. Plötzlich sah Hartmut mich an und sagte:

«Dieter, der Tag wird kommen, an dem wir unseren leuchtenden

Trabanten dort oben besuchen können – vielleicht eher, als die meisten es annehmen.»

Mein Unterbewußtsein registrierte augenblicklich die volle Bedeutung dieser anscheinend so leicht hingeworfenen Bemerkung. Alle Experimente und aufregenden Erlebnisse meiner Jugendzeit fielen mir ein, als ich geglaubt hatte, daß es von unseren winzigen, selbstgebauten Raketen nur noch ein kleiner Schritt bis zur Raumfahrt war.»Also das ist's, was Ihr dort oben im Norden baut!» entfuhr es mir.

Er erstarrte. Ich erinnere mich an sein entsetztes Gesicht, das ich im Mondschein deutlich sehen konnte. Es war nur ein flüchtiger Moment, aber ich hatte ihn so überrumpelt, daß er nur mit dem Kopf nicken und dann das Thema wechseln konnte.

Seitdem brachte jede kleinste Pressenotiz über Geheimwaffen mir diese Unterredung ins Gedächtnis zurück, die mir blitzartig die Augen geöffnet hatte. Manchmal stellte ich mir mit einiger Sehnsucht die Mitarbeit an einem solchen Projekt vor, doch daß es jemals dazu kommen würde, hätte ich mir damals nicht träumen lassen. Kurz darauf griff das Schicksal, d. h. der Krieg, in mein Leben ein. Im Dezember 1941 trat Amerika offiziell in den Krieg gegen die Achsenmächte ein, nachdem Japan es durch seinen schweren Angriff auf Pearl Harbor dazu gezwungen hatte. Im Winter 1942 kam der deutsche Angriff auf Rußland, der wie eine Dampfwalze über das Land hinweggerollt war, zum Stillstand und wurde bei Stalingrad zurückgeworfen. Der gefürchtete Zweifrontenkrieg hatte im Ernst begonnen. Im Osten befand sich die deutsche Armee im Rückzug und brauchte mehr Soldaten; so wurde ich im März 1942 einberufen.

Meine Soldatenzeit unterschied sich wahrscheinlich in nichts von dem, was auch für alle anderen Soldaten zutraf; sie brachte Beschwerden und Hoffnungslosigkeit, endlose Märsche, das völlige Fehlen jedes vernünftigen Zieles von einem Augenblick zum nächsten, und die allgemeine Misere des Krieges mit sich. Was mich außerdem sehr bedrückte, war die Tatsache, daß man sich bei meinem Einsatz an der russischen Front in keiner Weise meine Ausbildung und Erfahrung als Ingenieur zunutze machte. Ich war ein Landser, ein ganz gewöhnliches Frontschwein; meine Spezialausbildung und meine Fähigkeiten interessierten niemanden. Genau wie mir ging's außerdem Tausenden von anderen Leuten mit guter technischer Ausbildung, die Deutschland auf diese Art einfach verlorengingen – und das bei der inzwischen verzweifelt gewordenen Kriegslage.

Doch zog ich aus diesen Erlebnissen eine grundlegende Erfahrung, die heute evtl. sogar mehr gilt als damals. Als Ingenieur, der ich sowohl aus Neigung als auch aufgrund meiner Ausbildung war, und als Deutscher, der einem Kulturkreis entstammte, wo man auf die technischen Leistungen seines Landes stolz war, hatte ich natürlich keine Ahnung, was in einem preußischmilitärischen Gehirn vor sich ging. Um mich milde auszudrücken, war ich von den Auswirkungen absolut schockiert und machte mir keinerlei Illusionen mehr. Es wurde mir immer klarer, wie unbrauchbar und unzureichend die starre militärische Denkweise war, wenn sie sich auf Dinge einstellen sollte, die außerhalb ihres unmittelbaren Zuständigkeitsbereichs lagen. In dieser Ansicht wurde ich später noch bestärkt, als ich in der Abteilung für technische Entwicklung arbeitete, die unter militärischer Kontrolle stand.

Mein Leben an der Ostfront war, wie schon gesagt, ein einziges Chaos und Durcheinander – Märsche ohne Ziel, Fahrten in rüttelnden Güterwagen, und ganz allgemein eine sinnlose Energieverschwendung. Erstens waren wir nicht als harte Kampftruppen ausgebildet, und zweitens hatte sich anscheinend niemand Gedanken darüber gemacht, wie man Tausende von Wissenschaftlern und Ingenieuren in die Bodentruppen eingliedern sollte. Glücklicherweise war es inzwischen längst Frühling, so daß wir wenigstens nicht gleich zu Anfang dem bitteren russischen Winter ausgesetzt waren, der bedeutend zur deutschen Niederlage bei Stalingrad beigetragen hatte. Dafür aber wateten wir jetzt, nachdem der Schnee aufgetaut war, auf endlosen Strecken im Morast und bei trockenem Wetter durch Staubwolken. Die langen Märsche mit schwerem Gepäck, für die anscheinend kein logisches Ziel festgesetzt war, trugen auch nicht gerade zur Verbesserung unserer Moral bei, denn wir sahen darin keinen nützlichen Beitrag. Alle Leute um uns herum waren offensichtlich so mit dem Soldatsein beschäftigt, daß sie keine Zeit mehr für das hatten, wofür Soldaten eigentlich da sind. Aber so ist das halt beim Kommiß.

Nach einer beschwerlichen Bahnfahrt durch Litauen, die viel länger dauerte als nötig gewesen wäre, erreichten wir Rußland am 2. Juni 1942. Als wir am folgenden Tag um die Mittagszeit in Witebsk eintrafen, sahen wir die ersten Auswirkungen des Krieges – für viele von uns ein noch ungewohnter Anblick, denn Deutschland war bisher davon meist verschont geblieben. Die alliierten Bombenangriffe waren bis dahin nur leicht und sporadisch gewesen – mehr eine nächtliche Ruhestörung. Hier war das anders; Smolensk z. B. bot ein Bild völliger Zerstörung. Nur der Bahnhof, der erst vor kurzem wieder aufgebaut worden war, schien intakt zu sein. Überall sah man riesige, entsetzlich wirkende Schrotthaufen – Tausende von Tonnen russischen und deutschen Kriegsmaterials. Was war dies doch für ein beredtes Zeugnis von der Zerstörungswut des Krieges, dachte ich voll Bitterkeit, als ich aus der offenen Tür des Güterwagens schaute. Der Gedanke verließ mich nicht mehr, denn je weiter wir nach Rußland vorstießen, umso schlimmer wurden die Bilder der Zerstörung. Später sollte Deutschland einmal genauso aussehen, doch ich glaube nicht, daß ich damals auf die Idee gekommen wäre, Deutschland könnte den Krieg verlieren – trotz der ernsten Lage in Rußland und der Tatsache, daß Amerika jetzt seine Streitkräfte in ständig wachsender Zahl in diesen Konflikt hineinwarf. Rückblickend meine ich, wir waren damals alle zu sehr mit unseren eigenen Problemen beschäftigt und lebten von einem Augenblick zum anderen. Wochenlang gab es nichts als Marschbefehle; man schickte uns zu Fuß, per Lastwagen oder mit dem Zug von einem Ort zum anderen und oftmals wieder dorthin zurück, wo wir hergekommen waren.

Schließlich wurde ich zum Zentralersatzteillager meiner Armeegruppe Mitte versetzt, das sich in Kostjukowka, einem Dorf bei Gomel, befand. Grund: Ich konnte gut mit der Hand Druckbuchstaben schreiben. Dieses Depot wurde von sämtlichen deutschen Auto- und Motorradfabrikanten mit Ersatzteilen und Material beliefert. Jede Division der Armeegruppe Mitte war dort durch eine kleine

Gruppe vertreten; typisch dafür waren Werkmeister Karl Mösta, der mit mir zusammen hier hochgeschickt worden war, und ich. Unsere Aufgabe bestand darin, die Ersatzteilanforderungen unserer Division zu bearbeiten, die bestellten Teile von den Firmenvertretern zu besorgen, dann zu verpacken und ihre Lieferung zu veranlassen. Aus verwaltungstechnischen Gründen wurden die hierzu Delegierten sämtlicher Divisionen zu einer Kompanie zusammengefaßt; das Resultat war eine sehr lockere, zum Teil unabhängige Organisation.

Nie habe ich den fürchterlichen Eindruck vergessen, den ich durch diese Abkommandierung von der deutschen Militärlogistik gewann, besonders in bezug auf den Transport. Hier waren mindestens zwanzig Auto- und Motorradfabrikanten vertreten. Und siehe da, jede Division hatte Fahrzeuge von jedem dieser Fabrikate, wenn manchmal auch nur jeweils eines. Dieser gordische Knoten wurde noch unlösbarer durch die Tatsache, daß jede Herstellerfirma eine erstaunliche Anzahl von Modellen herausbrachte. Man mußte daher in jedem Falle die Seriennummer des Fahrgestells, des Motors und der Karosserie sowie sehr viele weitere Einzelheiten wissen, um das richtige Ersatzteil für das betreffende Fahrzeug zu bekommen. Viele Teile waren nicht unmittelbar vorrätig, und wir führten eine lange Warteliste für unsere Bestellungen. So war in der ganzen Zentralarmee und folglich in der gesamten deutschen Armee eine Unzahl von Fahrzeugen stillgelegt, nur weil ein oder zwei Ersatzteile dazu fehlten.

Es war mir schon damals klar – und diese Ansicht hat sich bei mir im Laufe der Jahre noch vertieft –, daß diese Mißwirtschaft und die sich daraus ergebenden Komplikationen einen großen Teil dazu beigetragen haben, daß Deutschland an der russischen Front geschlagen wurde. Im Gegensatz zu der Unzahl von Fahrzeugmarken und -modellen, die es bei der deutschen Wehrmacht gab, hatten die Russen in der Hauptsache nur drei Lastwagenmodelle: den russischen Ford, den Zis und den Stalin. Zugegeben, sie waren nach westlichem Maßstab primitiv; sie hatten keine technischen Besonderheiten aufzuweisen, ihre Toleranzen waren ungenau, und ihr Verbrauch an Treibstoff war hoch. Aber sie liefen; sie hielten auch dem russischen Winter stand und hatten den Vorteil, daß ihre Ersatzteile untereinander auswechselbar waren.

Das rollende Material der Deutschen hingegen war nicht für die extremen russischen Klimaverhältnisse konzipiert. Damit soll nicht gesagt sein, daß das deutsche Oberkommando den russischen Winter nicht in Betracht zog. Es war einfach so, daß die Natur keine Rücksicht auf die deutsche Ausrüstung nahm. Im Jahr der Invasion fing der Winter früh an. Planmäßig sollte der Rußlandfeldzug vor dem ersten Schneefall beendet sein – andere Pläne gab es nicht; auf Alternativen war man nicht eingerichtet. Daraus läßt sich folgendes lernen: Es ist eine irrige Auffassung, daß man einen Krieg auf nur einer möglichen Basis führen kann, daß keine Rückversicherung erforderlich ist und ferner, daß nur ein Arm der Streitkräfte bzw. nur eine Waffengattung oder selbst ein Knopfdruck den Sieg garantieren kann.

Einige Wochen später wurde ich wieder versetzt, diesmal ohne Werkmeister Mösta. Das gesamte Ersatzteillager wurde nach Kursk verlegt, weit nach Osten und dicht hinter die Front. Mein Dienst in Rußland führte mich jetzt von Gomel nach Brjansk, dann nach Orel und schließlich nach Kursk. Das Ersatzteillager wurde im nahegelegenen Ryschkowo gerade wieder eingerichtet, als ich ankam.

Mittlerweile war es Spätherbst geworden, und der grimmige russische Winter meldete sich bereits Anfang November mit Temperaturen unter null Grad an. Ich denke noch heute an jenen Winter, wenn ich irgendwo bin, wo's kalt ist. Rußland und Kälte sind seither in meiner Vorstellung stets miteinander verbunden.

Kurz vor Weihnachten kam ein gewisser Feldwebel Emil Kessler bei uns an, der nun mein neuer Vorgesetzter wurde. Kessler sollte das nächste Glied in der Kette der Ereignisse werden, die mich allmählich in die Entwicklung der V-2 hineinsteuerten, was ich damals allerdings nicht ahnen konnte. Schließlich war ich nur ein Gefreiter, der zur kältesten Winterszeit einem Ersatzteillager in Rußland zugeteilt worden war.

Kessler war ein Mann, der wußte, wie man beim Kommiß gut zurechtkommt – er hatte sogar eine richtiggehende Wissenschaft daraus gemacht. Solange er da war, aß man nur aus der Feldküche, wenn sich gerade nichts Besseres ergattern ließ. Seine Methoden reichten von cleverer Überzeugungskunst (die er gleich gut bei russischen Bauernfrauen sowie auch bei den Nachschubsmannschaften anzuwenden wußte) bis zu gewissen Handlungen, die manchmal zumindest fragwürdig waren. Da er für die Beschaffung zuständig war, waren des öfteren auch Dienstreisen nötig, die er manchmal netterweise mir übertrug, was sich als schicksalhaft erweisen sollte. Meine große Chance kam kurz nachdem Kessler einmal von einer «Dienstreise» zurückkam, die er so gelegt hatte, daß er seine Heimatstadt in Deutschland besuchen konnte. Ich bekam also den «Befehl», als Begleitperson mit einem Güterwagen voll alter Autoreifen nach Warschau zu fahren, um sie dort gegen neue einzutauschen. Von dort sollte ich weiter nach Frankfurt am Main fahren, um Planen zur Abdeckung von Lastwagen abzuholen. Zwar bestand wenig Hoffnung, daß es in Frankfurt die Planen wirklich gab, doch Frankfurt war immerhin Keßlers Heimatstadt, und ich sollte dort eine Kiste mit Eiern an seine Frau überbringen. Außerdem hatte ich dadurch selbst die Möglichkeit, wieder einmal nach Deutschland zu kommen.

Wie zu erwarten war, gab es in Frankfurt keine Planen; ich konnte jedoch die Eier abliefern und dann meine Eltern im nahegelegenen Essen besuchen. Mit Entsetzen sah ich, daß meine einst so schöne Heimatstadt in Trümmern lag. Meinen Eltern war glücklicherweise nichts passiert.

Auf meinem Weg zurück zur Ostfront gelang es mir, in Berlin Station zu machen, wo ich immer noch eine kleine Wohnung hatte. Ich wollte natürlich Irmel besuchen, die inzwischen meine Verlobte war. Da sich die Lage an der Ostfront zunehmend verschlimmerte, konnte schließlich niemand wissen, ob man sich jemals wiedersehen würde. Die wenigen Tage in Irmels Gegenwart wärmten mir das Herz, und der Anblick ihrer zierlichen Schönheit gab mir Hoffnung, daß eines Tages der Friede wiederkehren und uns eine gemeinsame Zukunft bescheren würde. Die Zeit verging viel zu schnell.

In Berlin, das noch nicht zu sehr zerstört war, konnte man immer noch die Annehmlichkeiten genießen, die eine Großstadt zu bieten hatte – Theater, gemütliche Restaurants, schöne Parks. Trotzdem lag eine düstere Stimmung über der Stadt, denn in jenen Tagen kämpften in Nordafrika die Truppen von General Rommel ihren letzten Kampf, bevor sie endgültig geschlagen wurden. Auch die tiefhängende, graue Wolkendecke, aus der gelegentlich ein paar Tropfen herabfielen, trug nicht gerade zur moralischen Erhebung bei.

Die Stunden, die ich mit Irmel verbrachte, ließen uns jedoch beide für einige Zeit alle Sorgen und selbst die kriegerische Welt um uns herum vergessen. Ansonsten besuchten wir auch die Angehörigen von Kameraden in meiner Einheit und überbrachten Grüße und Mitteilungen an ihre Frauen bzw. Eltern. Einer dieser Besuche fiel sehr traurig aus, denn die betreffende Familie hatte gerade die Nachricht erhalten, daß der Vater in einem Artilleriegefecht gefallen war.

An einem Nachmittag fuhren wir mit der Straßenbahn hinaus zum Stößensee. Von den Hügeln aus, die den See umgaben, konnten wir meine frühere Bootanlegestelle sehen; auch die Umkleideräume konnte man zum Teil zwischen den Bäumen hindurch sehen. Ein leichter Regen fiel. Auf dem See war es völlig ruhig. Zum Teil war er jetzt mit Tarnnetzen verkleidet, um angreifende Feindflugzeuge irrezuführen, die sich bei Mondlicht mit Hilfe der vielen Seen um Berlin orientierten.

Irmel legte den Kopf an meinen nassen Regenmantel.

»Ob wir wohl jemals wieder so unbekümmert sein werden wie damals, als wir hier mit deinem Segelboot dahinjagten – weißt du, noch? Weißt du wie der Wind blies? Oder ob wir jemals wieder so ein Picknick auf einer dieser kleinen Inseln machen werden? Alles sieht jetzt hier so öde aus, es fehlt nicht nur die Sonne.» Sie schmiegte sich an mich.

Ich küßte sanft ihre feuchten Lippen. «Das kommt alles wieder», sagte ich und versuchte, so überzeugend wie möglich zu wirken. «Ich kann nicht glauben, daß das Schicksal uns zusammengeführt hat, um uns nur diesen einen Sommer zu schenken.»

Sie drückte meine Hand, und plötzlich schien es, als öffnete sich ein Vorhang vor unseren Augen und gewährte uns einen Blick auf die glücklichen Stunden, die wir hier verbracht hatten. Einen kurzen Augenblick lang schien es uns, als sei der See wieder leuchtend blau, getupft mit den weißen und roten Segeln der kleinen Boote. Und ich lehnte mich wieder über Bord, weit hinaus, um das Boot auszubalancieren, das in der frischen Nordwestbrise durch die kleinen Wellen schoß, die nach uns schnappten. Der feine Sprühregen vom Bug her kühlte unsere Gesichter. Unser Boot fuhr zischend über das Wasser hin, eine wirbelnde Spur hinter sich herziehend. Von Zeit zu Zeit warf ich einen Blick auf das Großsegel, um beim ersten Anzeichen eines Flatterns an der Spitze kleine Kursänderungen vorzunehmen. Der rötlichbraune, frischlackierte Mast, das Weiß der Segel gegen das tiefe Blau des Himmels – wie herrlich das doch war, wie unvergeßlich! Der Regen wurde stärker, und das farbige Bild der Erinnerung verging im Schwarzweiß und Grau der Gegenwart. Langsam drehten wir uns um und gingen zur Stadt zurück.

Durch ein weiteres Ereignis wurde dieser Besuch für mich sehr bedeutsam: Mein alter Freund Hartmut Küchen traf zu dieser Zeit auch in Berlin ein. Ich ließ es mir nicht nehmen, ihn aufzusuchen. Er erzählte mir, daß man in Regierungskreisen endlich gemerkt habe, welch empfindlicher Verlust dadurch entstand, daß man zahlreiches technisches und wissenschaftliches Personal einfach von der Pieke auf beim Kommiß dienen ließ. Man hätte also kürzlich eine ganze Anzahl dieser Ingenieure in Felduniform in ein geheimes Werk an der Ostsee versetzt, wo auch Hartmut arbeitete. Ich erinnerte mich sofort an unser Gespräch vor einigen Monaten, als er ungewollt aus der Schule geplaudert und von einer Reise nach unserem «leuchtenden Satelliten» gesprochen hatte. Ich gab ihm sofort mein Interesse an dieser Sache zu verstehen.

«Das habe ich mir doch gedacht», meinte er. «Ich will sehen, was ich für dich tun kann, aber», sagte er mit einem Lächeln, «es kann eine Weile dauern, denn auch das ist eine Militäranlage.»

Einige Tage später bestieg ich einen Zug, um wieder gen Osten zu fahren. Irmel war auf dem Bahnsteig, um sich von mir zu verabschieden. Es wurde nicht viel gesprochen, aber wir dachten beide dasselbe: Bleib' gesund, vergiß mich nicht, schreibe mir oft, komm

Der Verfasser (Mitte), von Beruf ein erfahrener Elektroingenieur, bei der Panzerabwehr-Kraftfahrschulausbildung, Mai 1942, bei Meseritz.

bald wieder, wenn wir doch nur zusammenbleiben könnten – und vor allem – bleibe am Leben!

Der Zug setzte sich sachte in Bewegung; ein letzter Händedruck durchs Fenster, und dann verschwand ihre kleine, winkende Gestalt allmählich in der spärlich beleuchteten, immer weiter zurückbleibenden Bahnhofshalle. Ich schloß das Fenster, und nichts blieb zurück als das immer schneller werdende Geräusch der Räder und Schienenstöße, die Dunkelheit um mich herum und die Erinnerungen, die ich mit mir nahm.

Ich kehrte zur russischen Front zurück und hoffte auf eine Besserung meiner Lage, aber besonders zuversichtlich war ich nicht. Schließlich war es traurig genug, daß man erst jetzt darauf kam, dieser sinnlosen Vergeudung an hochqualifiziertem Personal ein Ende zu machen. Im Frühjahr 1943 kam die deutsche Regierung zu der Erkenntnis, daß der Ausgang des Krieges zumindest zweifelhaft war und klammerte sich an die Hoffnung auf «Wunderwaffen» wie an einen Strohhalm. Diesen Waffen wurde jetzt Vorrang vor allem anderen gegeben. Doch die Zahl der in der Heimat verfügbaren Facharbeiter und Ingenieure war stark gesunken. So mußte die Armee jetzt diese Leute in ihren eigenen Reihen suchen, unter den Technikern, Ingenieuren und Wissenschaftlern, die jetzt Landser waren. Beim Militär scheint es ein ungeschriebenes Gesetz zu geben, wonach dort niemand eine Tätigkeit ausüben darf, die er im Zivilleben erlernt hat. Dieses Gesetz wurde jetzt übertreten.

Über Nacht wurden Wissenschaftler mit Doktorgrad vom Küchendienst befreit, Diplomingenieure aus dem Ordonanzdienst gezogen, Mathematiker aus den Backstuben und Feinmechaniker vom Steuer des Lastwagens hinweggeholt.

Dann kam auch endlich ein Brief von Hartmut, der unsere Unterredung bestätigte. Kurz danach, am 13. Juli 1943, kam der Befehl für mich durch, und sofort sah für mich das Leben ganz anders aus. Dies war ein Traum, der Wirklichkeit geworden war. Daß ich in der Hauptsache an der Entwicklung einer Waffe mitarbeiten sollte, daran dachte ich im Moment gar nicht. Mich interessierten jetzt ganz andere Dinge. Für mich bedeutete die Benachrichtigung von meiner Versetzung viel mehr als ein einfacher Befehl. Es waren der Anfang einer Laufbahn und die Chance, bei der Geburtsstunde eines großartigen neuen Zeitalters gegenwärtig zu sein.

Ich las nochmals meinen Versetzungsbefehl durch. Dort stand: »Sie haben sich zum Empfang weiterer Anweisungen in ... zu melden.» Es waren der Name und Standort einer militärischen Verbindungseinheit angegeben, die sich an einer Durchgangsstelle in Polen befand. Dort angekommen, erhielt ich nach der obligatorischen Entlausung den Marschbefehl zu meinem endgültigen Bestimmungsort: «Peenemünde».

Am Abend des 29. Juli 1943, drei Wochen nachdem die Alliierten mit Erfolg auf Sizilien gelandet waren und damit den langen und harten Kampf auf dem italienischen Kriegsschauplatz einleiteten, holte mich Hartmut Küchen an der Bahnstation in Koserow ab, einem kleinen Dorf auf der Insel Usedom, das auch als Erholungsort bekannt war; an der Nordspitze dieser Insel liegt Peenemünde.

Es gab eine freudige Begrüßung, eine alte Freundschaft wurde erneuert, und ich sprach Hartmut meinen Dank dafür aus, daß er bei dieser günstigen Wende in meinem Leben seine Hand im Spiel gehabt hatte. Er lud mich sofort ein, die ersten paar Tage in seinem Hause zu wohnen. Am Abend aber sprach er sehr wenig über seine Arbeit, obwohl ich dieses Thema wiederholt anschnitt.

Als ich am nächsten Morgen erwachte, stand die Sonne hoch am Himmel. Hartmuts Wirtin hatte für mich ein Bett in der Glasveranda zurechtgemacht – ein Bett mit Matratze, Laken, Überzug und Kopfkissen – alles Dinge, die ich schon monatelang nicht mehr gesehen hatte. Dann hörte ich von der Küche her trauliches Töpfeklappern. Ich stellte fest, daß ich Hunger hatte. Beim Rasieren konnte ich durch das offene Fenster in einen kleinen, umzäunten Garten sehen, in dem einige Dutzend Hühner emsig herumliefen. Der Himmel war strahlend blau und mit weißen Wolken getupft. Es war ein Bild des tiefsten Friedens. «Ein Wetterchen zum Eierlegen», sagte ich mir.

Hartmut war schon vor Stunden fortgegangen, um mit dem Zug zum Werk zu fahren, und es war nur die Wirtin da. Auf mich wartete ein Frühstück, das sie «bescheiden» nannte. Es gab frische Brötchen, ein Ei und frische Milch. Das alles hatte ich, genau wie das Bett, in dem ich geschlafen hatte, schon lange nicht mehr zu Gesicht bekommen. Während ich aß, unterhielt ich mich mit der Wirtin und wußte bald mit allen Einzelheiten über ihre Kinder und Enkel Bescheid.

«So», sagte ich, nachdem ich meinen Ersatzkaffee getrunken hatte, «jetzt werde ich zum Strand hinuntergehen und mich ein wenig umsehen. Wo geht's lang?»

Sie zeigte mir den Weg und entließ mich mit der Ermahnung: »Kommen Sie aber nicht zum Mittag zu spät – pünktlich um ein Uhr wird gegessen.»

Draußen atmete ich tief die frische, reine Luft ein. Sie roch nach der salzigen See, nach Kiefern und nach reifenden Weizenfeldern. Plötzlich blieb ich bei meiner Wanderung stehen. Der Wald hörte auf, und ich stand an einer fast senkrecht abfallenden Klippenwand. Etwa 50 Meter unter mir zog sich als breiter Streifen ein Sandstrand hin, der in der Vormittagssonne blendend weiß erstrahlte. An ihm brachen sich die sanft rollenden Brandungswellen, deren leises Murmeln ich hier oben ausmachen konnte, während hinter mir das Rauschen der Bäume hörbar war.

Von hier oben wirkte die See fast völlig glatt. Der Wind, die Schatten der Wolken und die verschiedenen Tiefen des Wassers zeichneten zarte, blaugrüne Muster auf ihre Oberfläche. Fern am Horizont schienen Wasser und Himmel ineinander überzugehen. Ein paar Fischerboote schwammen wie kleine Punkte auf dem Wasser, und das Töff-Töff ihrer Motoren klang mal laut, mal leise ans Ohr, je nachdem, wie der Wind wehte. Immer schon hatte mich ein solcher Anblick eines Seestrandes hell begeistert. Heute aber war dieses Gefühl noch viel intensiver – es war ein unglaublicher Kontrast zu der langweiligen Eintönigkeit und der ganzen Sinnlosigkeit der letzten Monate.

Hartmut hatte mir eine Straßenkarte von Norddeutschland gegeben, die ich jetzt hervorholte. Berlin lag ganz am unteren Rand, und von dort gingen sternförmig die Straßen nach allen Richtungen. Die Oder war als blaues Band darauf eingezeichnet und schlängelte sich 100 km östlich der Hauptstadt in fast genau nördlicher Richtung zur Ostsee hin. Ich hielt die flatternde Karte gegen den Wind und erkannte die Stelle, wo die Oder ein riesiges Delta zur Ostsee hin bildet, an dessen Südspitze die Industriestadt Stettin liegt.

Ich sah mir die Karte genauer an. Das Delta öffnet sich nicht direkt zur See hin, sondern es ist fast völlig von zwei vorgelagerten Inseln blockiert: Wollin im Osten und Usedom im Westen. Es gibt hier nur drei enge Passagen zur See hin.

Dies war meine erste Reise nach Usedom, aber ein Blick auf die Karte lehrte mich, daß ich vor ein paar Jahren hier ganz in der Nähe gewesen war, als ich die Insel Rügen besuchte. Ob man sie von hier aus sehen konnte? Aber mein suchender Blick gewahrte nichts weiter als einen schnurgeraden Strand, der sich in nebliger Ferne verlor. Die Karte zeigte auf der Küstenlinie von Usedom viele mir wohlbekannte Namen: Swinemünde, Heringsdorf, Zinnowitz – ebenso die Namen kleinerer Orte wie Koserow.

Aber wo war Peenemünde? Ich brauchte eine Weile, um es zu finden. Da – in der Nähe von Usedoms Nordwestspitze lag es an der dem Festland zugewandten Küste an einem der drei Mündungsarme der Oder: Peenemünde – an der Mündung der Peene. Es gibt wirklich einen solchen, obschon recht kleinen Fluß. Er schlängelt sich auf dem Festland, aus der Richtung Anklam kommend, ostwärts und mündet in den westlichsten der drei Mündungsarme der Oder; dieser Mündungsarm verliert hier seinen Namen und fließt als Peene in die Ostsee. Die Ortsansässigen nennen diesen Arm oft auch «Das Achterwasser».

Plötzlich bemerkte ich zu meiner Linken eine Treppe, die hinunter zum Strand führte. Mehrere Minuten und zweihundert Stufen später wandelte ich auf dem sauberen Sand, der unter meinen Füßen knirschte. In einem Strandkorb zog ich mir die von Hartmut entliehene Badehose an und genoß zum ersten Mal das Vergnügen, bei Peenemünde in der Ostsee zu schwimmen.

Den Nachmittag verbrachte ich damit, Koserow zu besichtigen, ein kleines Dorf, das einen verschlafenen Eindruck machte, und fand mich schließlich auf dem Bahnhof ein, um den Zug zu erwarten, mit dem Hartmut ankommen würde. Hier hatte ich Gelegenheit, mich umzuschauen und die alltäglichen Vorgänge dieses kleinen Ortes in mich aufzunehmen. Dann fuhr der Zug vom Norden her ein und spie etwa hundert Menschen auf den Bahnsteig. Bald entdeckte ich Hartmut; er sah müde, aber gutgelaunt aus.

«Das war mal wieder so ein Tag», schimpfte er vor sich hin. «Bleib' bloß weg von dem Verein!» Er lächelte. «Wie ist es dir ergangen?» Ich erzählte ihm von meinem Tagesablauf.

«Also bist du jetzt ausgeruht, was? Schäumst förmlich über vor Energie und Idealen, ja? Na schön, du wolltest es so. Morgen werde ich dich also im Werk abliefern.»

Am nächsten Morgen bestiegen wir den Zug, der zum Entwicklungszentrum selbst fuhr, das etwa 20 km nördlich von Koserow lag. Der Zug bestand aus alten Wagen, die bereits um 1930 von der Deutschen Reichsbahn ausrangiert und offensichtlich für die Dauer des Krieges wieder aus der Mottenkiste hervorgeholt worden waren.

«Der leitende Mann im Werk», begann Hartmut seine Erklärungen, als der Zug den Bahnhof in Koserow verließ, «ist Dr. Wernher von Braun. Er ist enorm tüchtig und ist überhaupt die Seele dieses ganzen Unternehmens. Übrigens noch jung, zweiunddreißig denke ich. Leider reicht sein Einfluß nicht über rein technische Dinge hinaus.» Sein Gesicht verfinsterte sich. «Wir haben nämlich auch hier eine ganze Menge hohe Tiere von der Wehrmacht herumsitzen. Die meisten von ihnen interessieren sich allerdings nur für den Offiziersklub und dafür, daß zackig gegrüßt wird. Ansonsten sind sie uns nur im Wege.» Er hörte sich ziemlich verbittert an, und ich sagte es ihm. Dabei hatte ich gedacht, das alles hätte ich weit hinter mir gelassen, an der Ostfront.

«Du darfst nicht vergessen, daß dies keine private Industrie ist», sagte Hartmut kopfschüttelnd und fügte dann hinzu: «Auch vieles, was du einst bei Siemens aus dem Handbuch über technische Verfahren gelernt hast, gilt hier nicht. Sonst ist es hier nicht schlecht, es ist nur ganz anders, als du's gewohnt bist.»

Der Zug fuhr mittlerweile ziemlich schnell, und die Bäume, die die Bahnstrecke säumten, seit wir Koserow verlassen hatten, wurden spärlicher. Man sah Weideland und gelegentlich eine grasende Kuh. Zur Rechten wurde allmählich eine Straße sichtbar, die dann das letzte Stück parallel zu den Schienen lief. Dahinter sah man einen Deich, der den Blick zur See abschnitt. Gleich darauf kam der Zug mit kreischenden Bremsen zum Halten.

«Wo sind wir?» fragte ich.

«Dies ist Damerow. Hier war früher ein Dorf, aber das wurde vor hundert Jahren von einer Sturmflut weggespült. Jetzt ist es nur ein Kontrollpunkt, der erste von mehreren, die wir passieren müssen. Dann zeigte er zum Fenster hinaus. «Dies links hier ist eine Ausbuchtung des Flusses Peene. Er kommt fast bis an die Schienen heran.»

Ein Wachhabender um die Fünfzig in einer unbestimmbaren Uniform ging von einer Bank zur anderen. Hartmut zeigte seine Erkennungsmarke und ich meinen Marschbefehl vor. Der Wachmann murmelte etwas von «in Ordnung» und ging weiter, und bald rollte der Zug wieder an.

Nach einem weiteren kurzen Aufenthalt in dem Dorf Zempin lief der Zug schließlich in Zinnowitz ein; dies war einst ein eleganter Badeort, doch jetzt waren hier fast ausschließlich Leute aus Peenemünde untergebracht. Hartmut erhob sich, um auszusteigen, und ich folgte ihm. Wir gingen durch die Sperre und befanden uns in einer typischen Kleinstadtbahnhofshalle. Hier herrschte reges Leben; ich bemerkte viele Uniformen der Wehrmacht und Luftwaffe.

«Jetzt nähern wir uns dem Werk. Du solltest mal diesen Bahnhof sehen, wenn morgens um sechs Uhr dreißig oder sieben Uhr die Züge aus Swinemünde und Wolgast ankommen und die Passagiere in die elektrische Werksbahn umsteigen, da denkst du, du wärest auf einem Berliner U- oder S-Bahnhof, und zwar zur Hauptverkehrszeit.»

Von der Reichsbahnstation ging man nur ein kurzes Stück zu Fuß bis zum Werksbahnhof, einem einfachen Holzbau mit Flachdach. Innen gab's keine Fahrkartenschalter. An den Wänden waren Fahrpläne sowie die im Kriege überall sichtbaren Ermahnungen zur Geheimhaltung angeschlagen, z. B.: Was du siehst, was du hörst, laß es hier, wenn du fährst! Schließlich auch der schlichte Hinweis: Zu den Zügen.

Von den verschiedenen Sperren waren zu dieser Tageszeit nur zwei offen. Männer in Wehrmachtsuniform kontrollierten unsere

Papiere und ließen uns zu einem langen Bahnsteig passieren, der zu beiden Seiten Schienen hatte. Links von uns befand sich nahe am Gebäude ein enorm langer Fahrradständer, der bis auf den letzten Platz besetzt war. Wir waren ganz allein auf dem Bahnsteig. Dann sah ich den wartenden Zug und rief:

«Mensch, das ist doch die Berliner S-Bahn!»

Und richtig, da waren die S-Bahn-Wagen in ihrer wohlbekannten, modernen Form mit der hübschen Innenausstattung und den automatischen Doppeltüren. Wir gingen den Bahnsteig entlang, bestiegen den Zug durch eine Tür, die sich etwa in der Mitte befand, und nahmen Fensterplätze ein.

Ein Pfiff ertönte. Der Zug rollte an, fuhr schneller und schneller. Das kurze Rattern über Weichen und Kreuzungen hinweg legte sich bald, und der Zug fuhr von da ab weich und ruhig auf der eingleisigen Strecke von Zinnowitz zur Südeinfahrt des Werkes. Als erfahrener S-Bahn-Passagier hatte ich beim Fahren auf die Motorengeräusche gehorcht, die offensichtlich dauernd in Serienschaltung arbeiteten, doch ich wartete vergebens auf den Übergang zur geschwindigkeitserhöhenden Parallelschaltung. Das war ungewohnt.

«Warum fährt er nicht schneller?» fragte ich.

Hartmut lachte.

«Ja, das ist eine ziemlich peinliche Angelegenheit. Da hat jemand Mist gemacht. Die Spannung der Gleichrichterstationen ist anders als die der Zugmotoren, und jetzt ist weder Zeit noch Geld da, um das zu berichtigen.»

Der Zug fuhr und fuhr. Man hörte das Summen der Motoren und dazwischen das regelmäßige Klink-Klink, Klink-Klink der Räder. Plötzlich waren wir zu beiden Seiten von Kiefern umgeben. Eine Straßenkreuzung mit geschlossenen Schranken kam in Sicht und blieb hinter uns zurück. Das Klingeln einer Signalglocke wurde hörbar, schwoll an und verlor sich allmählich wieder.

«Dies ist Trassenheide», sagte Hartmut, als wir durch ein kleines Dorf fuhren. «Hier halten nur wenige Züge. Man hatte einmal vor, hier eine Stadt für zirka 30 000 Einwohner zu bauen. Na ja, nach dem Krieg vielleicht ...» Er klopfte auf Holz, in diesem Fall auf die Sitzbank, als wollte er unbewußt das Schicksal beschwören. «Jetzt gibt es hier nur ein großes Bauarbeiterlager – die Arbeiter kommen meist aus den besetzten Ostgebieten.» Er hielt inne und sah hinaus. «Das Lager muß jeden Moment in Sicht kommen. Es ist eine kleine Barackenstadt, typische Einheitsgebäude. Die anderen Gebäude hier sind jedoch recht hübsch, wie du gleich sehen wirst – vielleicht ein bißchen à la Drittes Reich, aber nicht zu dick aufgetragen. Auf jeden Fall nicht zu vergleichen mit den Monstrositäten, die man in Nürnberg hingeknallt hat, oder mit den protzigen Säulenpalästen in Berlin.» Er nickte mit dem Kopf. «Hier, da siehst du jetzt das Lager.»

Zu unserer Rechten kam plötzlich ein Maschendrahtzaun von ca. zwei Metern Höhe ins Blickfeld geschossen. Die Baracken dahinter, immer im gleichen Abstand voneinander, wirkten dunkel und öde. Der Baumbestand lichtete sich auf der anderen Seite der Bahnstrecke. Eine Fernstraße lief jetzt parallel zur Strecke; es war die einzige Zufahrtsstraße zum Werk. Man sah typische Bauernhäuser mit den dazugehörigen Außenaborten. Der Zug hielt mit kreischenden Bremsen an einem schmalen, asphaltierten Bahnsteig, auf dem der Stationsname Karlshagen ausgeschildert war. Das Dorf selbst war wegen der Bäume von hier aus nicht sichtbar. Kaum daß er gehalten hatte, setzte sich der Zug wieder in Bewegung. Hartmut stand auf.

«Wir steigen gleich aus.»

Wir stellten uns neben eine der Türen und sahen durchs Fenster. Plötzlich wich der Wald zurück, als hätte jemand einen Vorhang aufgezogen. Die Bahnstrecke verdoppelte sich, bekam Abzweigungen, die sich wieder verdoppelten. Die Räder des Zuges, die jetzt über Weichen und Kreuzungen hinwegrollten, ließen ein lautes, gereiztes Klippedi-Klapp hören, das aber bald wieder nachließ wie das Gackern von vorübergehend aufgeschreckten Hühnern.

Hübsche, zweistöckige Häuser umstanden hier rechts den Bahnhof, und ich konnte mir ohne weiteres vorstellen, daß dies ein Vorort einer Großstadt sein könnte. Steile Dächer nach dem Muster, das in Stuttgart gelehrt und praktiziert wurde, wo die dortige Universität eine bedeutende architektonische Fakultät aufzuweisen hatte. Diesen gemäßigten Baustil fand man also hier vor: solide

Ziegelbauten mit Verputz, zwei-, mitunter auch dreistöckig. Sie waren sehr sorgfältig auf die Umgebung abgestimmt, wobei man hier und dort einige historische Züge von alten Städten wie Rothenburg und Nürnberg entliehen hatte. Überdachte Bahnsteige schoben sich heran, und der Zug kam zum Stehen. Wir waren da. Hartmut erklärte: «Die Gebäudegruppe zur Rechten, eigentlich eine kleine Stadt, wird ‹Die Siedlung› genannt. Dort wohnen viele der Ingenieure und Spezialisten mit ihren Familien. Da wirst du jedoch nicht beherbergt. Du kommst ins VKN-Lager, also in die Unterkünfte für das Versuchskommando Nord hier auf der linken Seite von Bahn und Straße. Laß uns diesen Übergang benutzen, um zur anderen Seite zu kommen.»

Die Unterkünfte des VKN-Lagers befanden sich in zirka zwanzig einstöckigen Gebäuden, die in hufeisenförmiger Anordnung jeweils mit einer Giebelseite auf die Einbahnstraße ausgerichtet waren, so wie etwa Kühe um eine Tränke herumstehen. Wir gingen an der Torwache vorbei und betraten das Gebäude, das rechts von uns lag. Ein Unteroffizier warf einen kurzen Blick auf meine Papiere. «Melden Sie sich beim Stabsfeldwebel der vierten Kompanie, Haus Württemberg», schnarrte er.

«Das muß das Gebäude sein, in dem die Wissenschaftler untergebracht sind», überlegte Hartmut, als wir auf dem Bürgersteig weitergingen. «Alle diese einstöckigen Gebäude sind von Einheiten des Versuchskommandos Nord belegt, das aus mehreren Kompanien besteht, einen Offiziersstab hat und unter dem Kommando eines Obersten steht. Diese Einheit wurde als Mittel zum Zweck geschaffen, nämlich um Fachkräfte aus regulären Wehrmachtseinheiten herauszuziehen, ohne sie jedoch vom Wehrdienst freizustellen.» Hier lachte Hartmut auf. «Wie du siehst, bist du immer noch in der Wehrmacht! Du wirst aber diesen Militärdienst kaum als Anstrengung empfinden, eher als Belästigung.»

Hätte jemand dieses Gespräch mitgehört, so wäre er sicher nicht wenig erstaunt gewesen, denn Hartmut selbst trug die Uniform eines Leutnants. Hartmut und ich hatten uns in Stuttgart kennengelernt, wo wir beide an der Technischen Universität studierten. Wir wurden Freunde und erhielten dort unser Diplom – ich 1937 und

Hartmut ein Jahr später, da er sich 1935/36 für ein Jahr als Freiwilliger zur Wehrmacht gemeldet hatte.

So kam es, daß er sein Studium mit dem Rang eines Leutnants der Reserve beendete.

Danach trennten sich unsere Wege – in technischer Hinsicht jedenfalls. Er war im Kraftwerksentwurf der Firma Siemens-Schukkert tätig, während ich bei der gleichen Firma einen mehrjährigen Ausbildungskurs für Arbeiten in technischen Büros begann.

Eines der Projekte, mit denen Hartmut bei Siemens befaßt war, war das Kraftwerk für Peenemünde. Dadurch war er 1941 als Bauleiter dieses Kraftwerks nach Peenemünde gekommen. Zwei Jahre später, nach Anlauf des Kraftwerkes, wurde er, der «Leutnant der Reserve (Heer)», in die Abteilung «Prüfwesen» der Heeresversuchsanstalt Peenemünde versetzt. So kam es, daß er dort bald der Leiter des Prüfstandes 7 wurde.

Hartmut war in Köln geboren und aufgewachsen, was man bei der Unterhaltung mit ihm nicht vermutet hätte. Er erinnerte in seiner Erscheinung an Tennisspieler, und sein gutes Aussehen wurde von der Weiblichkeit natürlich zur Kenntnis genommen.

Seine Versetzung nach Peenemünde stellte professionell keine wesentliche Änderung dar, nur wurde dadurch sein gutes Zivilgehalt in einen wesentlich geringeren Leutnants-Sold umgewandelt.

Hartmut fuhr mit seinen Erklärungen fort: «Alle Gebäude in diesem Teil des Lagers sind im Grunde genommen größere Wohnunterkünfte für uniformierte Mechaniker und Techniker, deren Rang ganz und gar davon abhängt, was sie gerade waren, als der Versetzungsbefehl kam. Hier aber hat der Rang überhaupt nichts mit der Aufgabe zu tun, die einem übertragen wird. Stell' dir also einen Ingenieur in Gefreitenuniform vor, der eine Gruppe von Mechanikern beaufsichtigt, wovon einige den Unteroffiziers- oder Feldwebelrang haben.»

Weiterhin sagte er, «dein Ingenieursdiplom bringt hier einige Vorteile mit sich, was die Unterbringung betrifft. Habe ich übrigens erwähnt, daß du hier bezahlt wirst wie die Ingenieure im zivilen Sektor? Dein Anfangsgehalt wird höchstwahrscheinlich bei Gruppe III liegen. Auch die Mechaniker-Soldaten erhalten Löhne – einschließlich ansehnlicher Vergütung für Überstunden. Nur wir Offiziere sitzen auf unserem Militärsold fest.»

Wir blieben vor der Doppeltür eines Gebäudes mit graugrünem Anstrich stehen, und Hartmut hörte auf, mich mit Information zu überschütten.

«Da wären wir also», sagte er, «jetzt bist du auf dich selbst gestellt. Laß dir's gutgehen. Am Sonntag gehen wir zusammen zum Strand.»

Ich sah ihm nach, als er zur Bahnstation zurückging.

Dann war es soweit; ich drehte mich um und betrat mit gespannter Erregung das Gebäude.

2 Ankunft

Ich befand mich in einem langen Korridor mit weißen Wänden. Eine große Tafel an der Wand besagte, daß dies das «Haus Württemberg» war. Zunächst schien es, als sei das Gebäude völlig menschenleer. Der Krach und die Gerüche, die für Militärkasernen so typisch sind, fehlten ganz und gar. Dann hörte ich irgendwo Papiere rascheln. Durch eine halboffene Tür sah ich einen Feldwebel an einem Schreibtisch sitzen. Ich vergewisserte mich rasch, daß meine Uniform richtig saß, zog meine Jacke gerade und marschierte hinein. Dort «baute ich ein Männchen» und sagte in zackigem Ton: «Gefreiter Huzel meldet sich zum Dienst.»

Der Feldwebel sah von seinem Buch auf, das er gerade las, dann lächelte er und deutete mit lässiger Handbewegung ein «Rührt Euch» an.

«Ich bin der Stabsfeldwebel von der vierten Kompanie», sagte er, während er das Buch mit der geöffneten Seite nach unten auf den Schreibtisch legte. «Lassen Sie mal Ihre Papiere sehen.»

Ich reichte sie ihm. Er überflog sie und sagte dann: «Ich behalte den Versetzungsbefehl und das Soldbuch erst mal hier, damit die entsprechenden Eintragungen gemacht werden können. Also, dann wollen wir mal sehen...» Er wandte sich einem Wandschrank zu, in dem ganze Reihen von Schlüsseln hingen. «Hier, nehmen Sie Zimmer 108 im oberen Stock. Ihr Mitbewohner ist der Soldat Dr. Wittig. Kommen Sie dann wieder zu mir herunter und holen Sie sich Bettzeug und Handtücher ab.»

Er reichte mir einen Schlüssel. Ich hob mein Gepäck auf und nahm wieder stramme Haltung an, aber der Feldwebel hatte sich bereits wieder in sein Buch vertieft. Ich zuckte die Achseln und ging.

Mein Stubenkamerad auf 108 war nicht da, als ich eintrat. Das Zimmer war verhältnismäßig groß und hatte gegenüber der Tür ein Fenster, zu dessen beiden Seiten je ein Feldbett direkt an der Wand stand. Außerdem gab's hier ein Spind, einen Tisch, eine Schreibtischlampe und zwei Stühle. Ein Waschbecken mit fließendem – allerdings nur kaltem – Wasser befand sich in einer Ecke. Heißes Wasser gab's, wie ich später erfuhr, in dem einzigen Badezimmer, das sich auf jeder Etage des Gebäudes befand. Plötzlich war ich hundemüde. Ich stellte meine Tasche auf den Fußboden und ließ mich auf die unbezogene Pritsche fallen, um nochmals die Ereignisse der letzten Tage zu überdenken. Die Stille war beruhigend. Nur ab und zu hörte man das Geräusch von Knobelbechern auf dem Steinpflaster, das aber bald wieder verhallte. Mit unter dem Kopf verschränkten Armen schaute ich den Sommerwolken nach, die langsam das blaue Viereck der Fensterscheibe durchwanderten, und schlief dann ein.

Als ich schließlich aufwachte, war's wahrscheinlich vor Hunger. Die Sonne stand bereits hoch am Himmel. Ich stand auf, schob meine Tasche unters Bett und machte mich wieder auf den Weg zum Hauptfeldwebel, der immer noch in sein Buch versunken war. Ich fragte ihn, wie ich an etwas Eßbares käme.

«Sie bekommen Lebensmittelkarten wie die Zivilbevölkerung», sagte er. «Mit denen können Sie in der Kantine Verpflegungsmarken kaufen – die Kantine befindet sich in dem großen Betreuungsgebäude am Ende des Lagers, das auch ein Kino enthält. Wenn Sie wollen, können Sie aber auch Marken für den Mittagstisch in den Werkskantinen kaufen, davon gibt's hier mehrere. Das Abendessen können Sie in der Kantine einnehmen, oder Sie können den Zug in die Stadt nehmen. In Zinnowitz gibt's einige gute Restaurants.» Er lächelte. «Zapfenstreich gibt's bei uns nicht, aber Sie müssen einen besonderen Ausweis dabeihaben, sollten Sie die Insel Usedom verlassen.»

Er sah nach der Uhr.

«Ihre Lebensmittelkarten bekommen Sie erst am Nachmittag. Ich werde Ihnen für heute einen kurzfristigen Bezugsschein ausstellen. Übrigens, im Betreuungsgebäude gibt es im Kellergeschoß einen kleinen Laden, wo Sie Wurst, Butter, Marmelade, Kekse und dergl. kaufen können – auf Marken natürlich.»

Er füllte den Bezugsschein mit ein paar kühnen Federstrichen aus. «Da. Und hier haben Sie auch Ihren Marschbefehl wieder. Gebrauchen Sie ihn als Ausweis, bis ich einen regulären Paß für Sie habe. Beantragen Sie außerdem beim Werkschutz eine Erkennungsmarke für sich.»

Nach dem Mittagessen in der Kantine, das für Kantinenverhältnisse überdurchschnittlich gut war, begab ich mich zu Fuß zur Personalabteilung. Ich ging durchs Werktor, bog nach links ab und folgte der Straße nach Norden, zuerst an der Bahnstation vorbei, wo wir an diesem Morgen angekommen waren. Dahinter lag in nordöstlicher Richtung halbversteckt hinter Bäumen, Büschen und Gerank die erwähnte Siedlung mit den Familienunterkünften. Wäsche flatterte friedlich in der leichten Brise. Von ferne hörte ich fröhliche Kinderstimmen.

Dann ging's vorbei an den Wartungsgebäuden für die elektrischen Werkzüge. Mit seiner Länge von gut 150 Metern und mit vier Schienenpaaren hätte diese Anlage ohne weiteres zur Berliner S-Bahn oder zur Hamburger Hochbahn gehören können. Jetzt bog die Straße nach rechts ab und führte am Haupteingang vorbei zur Siedlung. Der Baustil war unverkennbar «Drittes Reich»: Ein wuchtiges Hakenkreuz über dem riesigen Eingangstor des Hauptgebäudes, dahinter lange Reihen von Häusern, alle im gleichen Stil.

Einen halben Kilometer vor mir sah ich einen großen, alleinstehenden Betonbau. Das war mein Ziel – das Verwaltungsgebäude für das neue Werk Süd. Trotz seines noch unfertigen Zustandes war es offensichtlich bereits bezogen worden. Überall sah man, daß hier noch gebaut wurde. Da waren Maschinen, stapelweise Rohrleitungen, Ziegel, Sand, Kies, Holzbalken. Von der Rückseite des Hauptgebäudes erstreckten sich wie Finger einige zweistöckige Behelfsgebäude.

Ich ging hinein. Das Klappern zahlreicher Schreibmaschinen erfüllte den Raum. Ich fragte nach Unteroffizier Dohm, der – wie sich herausstellte – in seiner unkomplizierten Art ebenfalls ein typischer Vertreter dieser «zivilen» Armee war. Nachdem ich mich zu erkennen gegeben hatte, wandte er sich einem hübschen, dunkelhaarigen Mädchen zu, das emsig hinter seiner Schreibmaschine arbeitete. «Fräulein Klinger, geben Sie mir bitte mal die Akte.» Sie stand auf und stellte den Aktenbehälter vor ihn hin. «Also... Sie sind Elektroingenieur.» Die Betonung lag auf «Elektro».

Aha, dachte ich, das ist schon mal ein Fortschritt!

»Wir haben hier verschiedene Anfragen», sagte er. «Das meiste Geschrei machen Herr Brützel von der BSM und Herr Maas von der BGS. Gehen Sie erst mal zu denen.»

BSM war Bord-, Steuer- und Meßgeräte, und BGS war Baugruppe Schlempp, eine selbständige Abteilung, die für das ganze Werkbauprogramm verantwortlich war. Dohm erklärte mir den Weg dorthin und sagte, ich möchte Brützel und Maas ausrichten, sie sollten ihn hinterher anrufen und ihm das Ergebnis mitteilen. Ein Herr Sundermeyer würde die endgültige Entscheidung treffen, setzte er mit einem Lächeln hinzu.

Niemand schien es besonders eilig zu haben, mich an die Arbeit zu schicken. Niemand fragte mich nach meinen so sorgfältig zurechtgelegten Erklärungen, was ich während der Transitzeit nach Peenemünde gemacht hätte. Man nahm hier alles so unmilitärisch leicht – wie im Zivilleben; daran mußte ich mich erst gewöhnen, doch das ging schnell. Schließlich war es doch sehr zu begrüßen, daß man nicht mehr ständig auf dem Sprung sein mußte, daß man beim bloßen Anblick einer makellosen Uniform nicht mehr automatisch ein schlechtes Gewissen bekam und daß das sinnlose Herummarschieren endlich aufgehört hatte. Ich stieß einen Seufzer der Erleichterung aus. Wieder draußen, atmete ich tief die frische, reine

Sommerluft ein; der Nachmittag war sonnig und warm, und der Krieg war weit, weit fort.

Um mich vorzustellen, mußte ich mich jetzt noch weiter in den Nordteil des Werkes begeben. Ich bestieg einen Zug, der mich an zahlreichen Industriebauten vorbeitrug, die man aber wegen der vielen Bäume kaum zu sehen bekam. Der Wald war nur so weit gerodet worden wie unbedingt notwendig. Das Ganze aber wurde von einer riesigen Halle überragt, die über 250 Meter lang und fast genauso breit war. Wie ich später erfuhr, war dies die Fertigungshalle 1 oder einfach die F-1, die der Versuchsserienproduktion zugeschrieben war. Es war der erste Bau von Werk Süd, der fast fertiggestellt war und in Kürze in Betrieb genommen werden sollte.

Ich fuhr weiter zum Werk Nord, stieg auf der dortigen Station aus dem Zug und ging zu Fuß durch die belebten Straßen, die von Büro- und Laborgebäuden umsäumt waren. Hier und dort erkundigte ich mich nach dem Weg, und so kam ich bald zum großen Meßhaus, dem Hauptgebäude der Abteilung BSM.

In einem großen, bequem eingerichteten Büro im zweiten Stock fand ich Herrn Karl Brützel und seinen Assistenten, Herrn Werner Gengelbach. Herr Brützel war der Stellvertreter von Dr. Ernst Steinhoff, BSM Direktor. Er war ein untersetzter Mann, etwa 40, mit einem freundlichen, rundlichen Gesicht. Seine Augen schienen ein ständiges, leichtes Zwinkern zu haben, was ihm einen etwas pfiffigen Ausdruck verlieh. Werner Gengelbach, von der Technischen Hochschule Darmstadt übernommen, paßte gut in diesen Rahmen. Er war offensichtlich mit den Belangen und Personalerfordernissen der BSM-Abteilung bestens vertraut und behandelte diese in nüchternsachlicher Form. Wir unterhielten uns endlos, wobei es anscheinend in der Hauptsache um meine beruflichen Kenntnisse ging. Mir wurde es etwas unbehaglich zumute, da sie offensichtlich nicht sofort bereit waren, mich einzustellen und einer Arbeitsgruppe zuzuteilen. Ich versuchte mir einzureden, daß schließlich jeder neue Bewerber erst einmal bewertet werden muß, aber diese Logik half mir nicht viel. Als ich mich verabschiedete, war Herr Brützel freundlich und höflich, zeigte aber kein ersichtliches Interesse an meiner Berufserfahrung. Mir kroch die Angst in die Glieder, daß man mich am Ende doch wieder an die russische Front zurückschicken könnte.

Ich ging denselben Weg zurück und wieder an der Bahnstation vorbei und befand mich bald darauf im BGS-Abschnitt, der teils aus Büro- und teils aus Wohngebäuden bestand.

Hier war die Atmosphäre von vornherein völlig anders. Herr Maas war ein korpulenter Mann, lebhaft, mit viel Sinn für Humor und einem unverkennbar kölnischen Akzent. Er erkundigte sich kurz nach meiner beruflichen Laufbahn und erklärte, daß er sofort alles in die Wege leiten würde, um mich seinem Büro anzugliedern.

Ich reagierte begeistert. Was ich jedoch kaum mitkriegte, war die Tatsache, daß ich mit der Raketenforschung evtl. gar nicht direkt zu tun haben würde. Überhaupt wurde mir erst später klar, daß ich gar nicht wußte, worin meine Arbeit bestehen würde. Zunächst aber war alles in Butter. Ich würde zur Peenemünder Belegschaft gehören. Die russische Front war bereits wieder eine ferne Erinnerung. Herr Maas und ich unterhielten uns noch eine Weile, dann ging ich. Mal durch sonnige Straßen, mal im Schatten der hohen Kiefern, die hier schon viel länger standen als das Werk, wanderte ich gemächlich zum Bahnhof und stieg in den nächsten Zug zum Lager.

Es vergingen einige Tage, ohne daß sich etwas ereignete. Einen davon verbrachte ich am Strand von Koserow. Ansonsten wartete ich, oder besser gesagt, kochte ich vor Ungeduld. Ich konnte nicht begreifen, warum man so lange brauchte, um mich einzustellen. Bis heute bin ich überzeugt, daß es für einen Menschen nichts Schlimmeres gibt, als keine Aufgabe zu haben. Auch hatte ich noch nicht eine einzige Rakete zu Gesicht bekommen. Doch dann versprach mir Hartmut eines Abends, daß er mir am nächsten Tag eine entsprechende Führung geben würde.

Dieser besagte Tag, ich hatte mich gerade fertig rasiert und wollte meine Uniform anziehen, fing etwas anders an als sonst.

»In fünf Minuten ist Appell», sagte mein Stubenkamerad Wittig. Gemeint war der regelmäßige Morgenappell, ein unnötiges Überbleibsel aus der Militärroutine. Ich hatte dies oft von meinem Fenster aus gesehen, aber heute war ich zum ersten Mal mit dabei.

Die «Soldaten», die sich hier vor dem Gebäude zusammenfanden, um in drei mehr oder weniger krummen Linien anzutreten, waren Wissenschaftler mit Diplom- und Doktorgraden. Es war ein nicht gerade militärisch aussehender Haufen: Die Männer, zerstreut und verschlafen, machten beim Gehen noch Koppelschlösser und Jakkenknöpfe zu. Noch seltsamer wirkte es, daß dies den Spieß, der sich auf dem Bürgersteig erging, in keiner Weise zu stören schien. Hinzu kam noch, daß Zurufe aus der angetretenen Mannschaft ihn zur Eile mahnten: «Wir kommen zu spät zum Zug!» Dazwischen hagelte es Witze und Bemerkungen, die auf die unpünktlichen Nachzügler gemünzt waren. Ich glaubte, meinen Ohren nicht zu trauen und überlegte, was wohl als nächstes passieren würde. Aber was kam, war nur das gelangweilte, kaum hörbare und müde Kommando: «Stillgestanden. Linksum, vorwärts marsch.» Das war alles.

Welch eine seltsam zusammengewürfelte Gruppe war dies doch. Die einzigen «Waffen», die diese Soldaten bei sich trugen, waren Brieftaschen, Notizbücher und ein Sammelsurium von Päckchen und Paketen. Einige kauten an mitgebrachten Stullen. Die Kompanie unterhielt sich bei diesem «Marsch» so angeregt, daß man an einen summenden Bienenschwarm denken mußte. Ich versuchte, mit meinem Vordermann auf Gleichschritt zu kommen, dann mit meinem Hintermann. Es war unmöglich. Schließlich gab ich es auf, wobei ich mich vielmals bei meinem Vordermann entschuldigte, dem ich bei meinen Synchronisierungsversuchen verschiedentlich in die Hacken getreten hatte. Vom militärischen Standpunkt gesehen, war dies ein Sauhaufen; vom persönlichen Standpunkt her war mir das völlig Wurscht.

An der Bahnstation gab es kein Haltekommando. Die Gruppe löste sich ganz einfach auf und tauchte in dem Meer von Zivilpersonen unter, das sich – aus der Siedlung kommend – über die Schienen ergoß. Unser Feldwebel war einfach verschwunden, und ich habe bis heute keine Ahnung, wo er geblieben war. Vielleicht hatte er sich bereits am Betreuungsgebäude abgesetzt. Ich fing an, mich zu wundern, warum wir überhaupt in der Wehrmacht waren. Mich wundert das übrigens auch heute noch.

«Werk Nord!» Der Zug kam ruckartig zum Stehen, und sofort

erhob sich großer Tumult; alles drängte zu den Türen. Die Wagen leerten sich fast völlig, und es blieben nur wenige Leute im Zug, die weiter nach Werk West wollten. Dort befand sich ein Werk der Luftwaffe, das früher mit Peenemünde zusammenarbeitete, jetzt aber fast völlig selbständig war. Hier war der «Kirschkern» entstanden, die Flügelbombe, später V-1 genannt. Ich folgte der Menschenmenge zum Haus 4, wo ich mich mit Hartmut treffen sollte.

3 Zukunftsroman oder Wirklichkeit?

Ich ging, nein rannte förmlich die breiten Stufen zwischen den Säulen hinauf und weiter durch eine der drei Türen, die als Haupteingänge zu Haus 4 markiert waren. Innen sah man eine kleine holzgetäfelte Eingangshalle, an deren hinterem Ende eine imposante Treppe nach oben führte. Ein Wachhabender tauchte aus seinem Kabüffchen auf und fragte nach meinen Papieren. Ich fragte ihn, wo ich Hartmut antreffen könnte. Er wies mir den Weg zu einem Raum, der weiter zurücklag.

Dieser Raum hatte einen graugrünen «Null-Acht-Fünfzehn»-Anstrich und sah ziemlich vollgestopft aus. An einer Wand standen drei Zeichentische aufgereiht, auf denen alles mögliche herumlag; dahinter sah man einige Leute, die in ihre Arbeit vertieft waren. Es wurden gedämpfte Gespräche geführt. Auf der gegenüberliegenden Seite standen Schreibtische und Tische, auf denen sich Zeichnungen und Kataloge stapelten. Die Wände waren fast kahl; es hingen dort lediglich ein Kalender und ein paar kleine Bilder. Ich setzte mich und wartete auf Harmut, der dann nach einer Weile auch erschien.

«Wir können einen Bus in Richtung Norden nehmen», sagte Hartmut, «aber erst gehen wir mal ein Stück zu Fuß, damit ich dir einiges zeigen kann.»

So gingen wir dann gegen eine steife Brise, die von der See her wehte, auf den Asphaltstraßen des Werkgeländes umher. Dieser

Rundgang ist mir in lebhafter Erinnerung geblieben. Zuerst kamen wir am Materialforschungslabor vorbei, einem zweistöckigen Ziegelbau. Auf der anderen Straßenseite befand sich die Brennkammer-»Ofen»-Beizanlage. Dann kam der Windkanal für Überschallgeschwindigkeitstests, der damals der weltweit größte seiner Art war. Ihm gegenüber lag ein Produktionswerk für flüssigen Sauerstoff, von wo man das tiefe Dröhnen der Kompressoren hören konnte. Eine Werkstatt für die Unterstützung der Prüfstände lag gegenüber dem Ventillabor und der Instandhaltungswerkstatt IW Nord. Wir kamen an eine Kreuzung. In der Ferne konnte ich weitere Gebäude sehen: die riesige Halle, wo sich die Montage- und auch die Teilewerkstatt (TW) befanden. Noch weiter die Straße hinunter lag das mir bereits bekannte Große Meßhaus.

Nach zehn weiteren Minuten befanden wir uns im Treibstofflager, das mehrere Holzbauten und endlos aneinandergereihte Trommeln mit Treibstoff aufwies, die sorgfältig ausgerichtet waren; außerdem befanden sich dort Eisenbahntankwagen sowie Tank-Lastautos. Schilder, auf denen Rauchen verboten stand, bedurften keiner weiteren Erklärung. Von hier ab führte die Straße in einen dichten Wald. Wir blieben stehen.

«Jetzt geht's ins Prüfgelände», sagte Hartmut. Er muß mir meine Erregung am Gesicht angesehen haben, denn er lächelte. «Zu Fuß dauert's zwanzig Minuten bis zum Prüfstand P-7. Wir fahren besser.»

Er hielt einen vorbeifahrenden Lastwagen an, der uns eine lange, schnurgerade Strecke durch den Wald mitnahm. Als die Straße schließlich sanft nach rechts abbog, wies Hartmut mit dem Finger auf eine Anlage. «Das ist P-1, Prüfstand 1», erklärte er. «Wir fangen unseren Rundgang dort an, und dann gehen wir zu P-7, das ist unser größter. Du kannst ihn dort vorn durch die Bäume hindurch sehen.»

P-1 war ein großer Betonklotz, auf dem ein vielfach verzweigtes Stahlgerüst saß; das Ganze diente den Brennversuchen für die A-4, die später vom Propagandaministerium in V-2 umbenannt wurde. Hartmut beschrieb mir im einzelnen den gesamten Testvorgang.

Für mich war dies eine völlig neue Welt. Da war die Schurre zur

Strahlablenkung, die aus Molybdenstahlrohren bestand, welche von einer eigenen Hochdruckwasserkühlanlage gespeist wurden. Das Pumpenhaus dafür saß tief unter der Haltestruktur. Der Betonblock war so konstruiert, daß die Tankwagen der Eisenbahn zum Nachfüllen direkt in die Prüfanlage hineinfahren und an die Füllschläuche der Raketen angeschlossen werden konnten. Bei aller Kompliziertheit beeindruckte mich diese Anlage immer wieder durch ihre logische Einfachheit in den einzelnen Dingen. In dem wuchtigen Unterbau befanden sich außerdem der Meßraum, eine kleine Werkstatt, ein Büro sowie Zylinder zur Speicherung von komprimiertem Stickstoff, Auffangtanks und diverse Hilfsgeräte. Je länger wir dort herumkletterten, umso aufregender fand ich die Sache und konnte es kaum erwarten, bis wir zum P-7 kamen, wo ich endlich eine Rakete zu sehen bekommen sollte, denn P-1 war an diesem Tage leer.

Die große Halle von P-7 überragte die Bäume; sie war ca. 35 Meter hoch und über 55 Meter breit, also groß genug, um ein kleineres Luftschiff aufzunehmen. Dabei war die Halle nur ein Teil von P-7, denn es handelte sich hier in Wirklichkeit um ein ganzes Testgebiet. Der wichtigste Teil davon war ein elliptisches Prüfgelände, genannt die Arena, die von einem hohen Erdwall mit schrägen Böschungen umgeben war und etwas Ähnlichkeit mit einem römischen Amphitheater hatte. An einem Brennpunkt der Ellipse befand sich eine große, symmetrische, wassergekühlte Strahlablenkvorrichtung, genannt Schurre, die in einen breiten, mit Beton ausgegossenen Graben eingelassen war. Während des Prüfvorganges wurde eine große fahrbare Struktur, in der die Rakete kardanisch aufgehängt war, in die Arena eingebracht und über die Schurre geschoben; dort wurde die Rakete dann aufgetankt, überprüft und schließlich einem Brennversuch unterzogen. Hierzu wurde die Rakete durch passende Rohrleitungen und Kabel mit den Steuerdruckbehältern, den Brennstoffspeichern und den Meß- und Kommandogeräten verbunden.

Während des Brennens drückten drei riesige Pumpen, die in den Erdwall eingebettet waren, Tausende von Litern pro Minute durch die Kühlrohre der Schurre. Dadurch wurde diese von innen her gekühlt und gegen die Strahltemperaturen der Rakete geschützt, die bis über 2500 Grad Celsius hinausgehen konnten.

Nahe dem Brennstand und der Schurre befand sich die Basis für Schußversuche, die nichts weiter war als eine Betonfläche, auf der sich eine tischähnliche Struktur und ein Kabelmast erhoben. Gegenüber von Schurre und Abschußtisch, im Erdwall eingelassen, befand sich das Kontrollzentrum, ein wuchtiger Betonwürfel, in dem sich Büros, eine Werkstatt, ein Raum für Instrumente und Meßgeräte, Kabelanschlüsse, Geräte und Bedienungspulte für die Brennversuche und die Abschußkontrolle, sowie eine Reihe von Periskopen befanden, mit denen man die Rakete von hier aus gefahrlos beobachten konnte.

Außerhalb des Erdwalles gab es zahlreiche unterstützende Prüfanlagen wie Kaltkalibrierstände zur Eichung von Brennkammern und anderen Teilen. In der Nähe befand sich ein kleines Gebäude, wo Generatoren und Batterien eine Vielzahl an elektrischen Spannungen und Frequenzen erzeugten, sowie eine Transformatorenstation und ein Treibstofflager. Ich erkannte alle Einzelheiten, als wir uns näherten und Hartmut sie mir beschrieb. Dann führte er mich in die riesige Halle.

Es dauerte einen Moment, bis ich überhaupt etwas sehen konnte, denn meine Augen waren noch von dem grellen Sonnenlicht geblendet, doch ich konnte gleich hören, daß hier sehr viel los war. Überall herrschte reges Leben; man hörte das Rumpeln von Kleinfahrzeugen und das Schnurren von elektrischen Hilfsmotoren und zwischendurch das scharfe Zischen von Preßgas. (Wie ich bald erfuhr, gebrauchte man Stickstoff, um Ventile und sonstige hochdruckgasgesteuerte Teile zu betätigen.) Über alledem hörte man fortwährend eine Stimme rufen, man solle einen gewissen Schalter an einer Konsole wiederholt an- und ausschalten. Hoch oben hörte man das Quietschen, Summen und Rumpeln der Kräne, die durch scharfe und mitunter besorgte Zurufe dirigiert wurden: «Mehr nach hier rüber! Halt! Langsam jetzt!» Metallisches Klirren und tausend andere Geräusche vereinigten sich hier zu einer schrillen Symphonie, die ein beredtes Zeugnis von angestrengter Arbeit ablegte. Von einer Fensterreihe hoch an der gegenüberliegenden Wand fiel das Sonnenlicht in schmalen Schäften diagonal durch den Dunst.

Allmählich gewöhnten sich meine Augen an diese Beleuchtung, und dann sah ich sie – vier phantastische Formen. Nur ein paar Meter von uns entfernt ragten sie über uns, standen seltsam und fremdartig im dämmerigen Raum. Ich glaubte zu träumen. Mir fiel der Film «Frau im Mond» ein, der seinerzeit nach einem Zukunftsroman gedreht worden war.

Ich stand und starrte, den Mund noch geöffnet zu einem Ausruf, der nie zustande kam. Dann ging ich langsam um die vier Raketen herum. Sie verkörperten genau das klassische Konzept des Raumschiffes – glatt, torpedoförmig – und ließen nicht den komplizierten Mechanismus ahnen, den sie in sich trugen. Sie standen sozusagen auf Zehenspitzen, nämlich auf den Enden ihrer jeweils kreuzförmig angeordneten vier Flossen. Nach heutigen Maßstäben war die A-4 eine kleine Rakete, aber diese Dinger waren immerhin 14 Meter hoch und jedenfalls größer als alles, was ich mir damals unter Raketen hätte vorstellen können. Sie hatten einen stumpfen, olivgrünen Anstrich, und dieser Umstand sowie die längliche Form hatten ihnen den Spitznamen «Gurke» eingebracht. Darüber mußte ich lachen, und der Bann war gebrochen.

Schließlich riß ich mich von dem Anblick los und folgte Hartmut zu einer Reihe von sechs Prüf- und Vorbereitungsgestellen an der gegenüberliegenden Wand; diese wurden «Boxen» genannt und waren mit Werkbühnen in verschiedener Höhe versehen. Mehrere davon enthielten weitere Raketen, deren eingebaute Teile von den Werkbühnen aus leicht zugänglich waren. Die Hecks der A-4 mitsamt ihren Strahlrudern und Flossen sowie deren Antrieben waren von diesen Raketen abgezogen und beiseite gestellt worden. So konnte ich ganz deutlich die Raketentriebwerke sehen.

Hartmut tat sein Bestes, um mir das Gewirr von Schläuchen, Rohren, Ventilen, Drähten und Behältern zu erklären, das sich hier dem Auge bot. Sein Vortrag war gespickt mit Ausdrücken, die mir völlig fremd waren, die aber heute jedem Schulkind bekannt sind: flüssiger Treibstoff, Brennkammer, Düse, Turbopumpen, Dampfanlage, Schub, spezifischer Impuls, Massenverhältnis, Brennschlußgeschwindigkeit. Ich bin sicher, daß ich an jenem Tage nur eine ganz oberflächliche Vorstellung von den Prinzipien und Mechanismen mitnahm, die mir bald so vertraut werden sollten. Eines aber war mir jetzt klargeworden: Ich hatte mit eigenen Augen gesehen, was bisher nur in meiner Phantasie existiert hatte.

«Die A-4», fuhr Hartmut fort, «ist im wahren Sinne eine ballistische Rakete. Wenn der Motor am Ende der Antriebsbahn abschaltet, was wir Brennschluß nennen, dann hören Antrieb und Steuerung auf. Von da ab fliegt die Rakete wie ein Artilleriegeschoß ballistisch weiter.» Wir stiegen auf eine der Plattformen neben einer Rakete mit abmontiertem Heck und klar sichtbarem Antriebssystem. «Unsere Treibstoffe bestehen aus flüssigem Sauerstoff und fünfundsiebzigprozentigem Methylalkohol. Sie werden von Pumpen mit Turbinenantrieb in die Brennkammer gedrückt. Die Turbine betreiben wir mit Dampf, der mit Hilfe eines Katalysator aus achtzigprozentigem Wasserstoffsuperoxyd erzeugt wird, wobei in diesem Fall flüssiges Kaliumpermanganat als Katalysator verwendet wird.»

«Da muß die Pumpenleistung aber ganz schön hoch sein», meinte ich. Hartmut nickte. «Etwa 56 kg pro Sekunde für den Alkohol und 69 kg pro Sekunde für den flüssigen Sauerstoff.»

«Du sprachst da eben von der ballistischen Flugbahn», ich schnitt das Thema wieder an, während wir von der Plattform hinunterkletterten. «Über welche Entfernung erstreckt die sich?»

«Nominell über 300 Kilometer. Der Brennschluß tritt durchschnittlich 63 Sekunden nach dem Abheben ein, wenn die Rakete sich in einer Höhe von zirka 28 Kilometern befindet. Zu dem Zeitpunkt hat sie eine Geschwindigkeit von etwa 1 500 Meter/sec erreicht und steigt schräg an. Danach steigt sie noch weiter bis zu einer Höhe von zirka 80 Kilometern. Im Gipfelpunkt hat sich ihre Geschwindigkeit verringert, nimmt aber beim Abstieg zunächst wieder zu. Danach bremst der Luftwiderstand die A-4 wieder ab, so daß ihre Aufschlagsgeschwindigkeit 800 Meter/sec beträgt. Der Aufschlag erfolgt ungefähr 320 Sekunden nach dem Abschuß.»

Wir kletterten nochmals hoch, diesmal auf die höchste Plattform, und ich lehnte mich über das Geländer, um dies alles so recht in mich aufnehmen zu können, mir jede Einzelheit einzuprägen und die Bedeutung von dem zu erfassen, was ich hier vor mir sah. Auf der anderen Seite des Durchgangs wurde gerade einer der fahrbaren Brennstände gewartet, in dem eine Rakete aufgehängt war. Anscheinend war er gerade, von der Schurre kommend, in die Halle eingefahren worden, denn die riesigen Torflügel an der Seite der Halle standen noch offen. Draußen konnte ich wieder den aus Erde aufgeschütteten Wall und dahinter den oberen Teil einer weiteren Prüfstruktur wahrnehmen. In diesem Moment kroch ein leerer Meiller-Wagen quer durch die Halle. Ich fragte Hartmut, was das für ein seltsames Fahrzeug sei. Es war, wie er sagte, eine Sonderkonstruktion – ein Anhänger für den Straßentransport der A-4-Rakete. Dieser Anhänger mit seiner eingebauten, aufrichtbaren Arbeitsbühne diente während der Abschußvorbereitungen gleichzeitig als Montagegerät und Wartungsplattform.

Der Meiller-Wagen war gerade abgeladen worden, und man begann jetzt, die von ihm angefahrene Rakete auf die verschiedenen Prüfungen vorzubereiten.

«Die Hose runter!» schrie Hartmut über den allgemeinen Lärm hinweg und zeigte auf die Rakete. Ich mußte lachen. Er erklärte mir, daß dies hier zur Umgangssprache gehörte; gemeint war damit das Abmontieren des Hecks. Auf dem Boden standen bereits mehrere «Hosen»; andere hingen an besonderen Gestellen am Ende der Halle. »Komm», sagte Hartmut und faßte meinen Arm. «Wir müssen uns beeilen, wenn wir noch schnell etwas vom Rest des Prüfgeländes sehen wollen.»

Ich folgte ihm nur zögernd wieder nach unten. Als wir hinaus in das Sonnenlicht traten, schloß sich hinter uns eine Tür, der Krach von den Kränen, die Zurufe und das Zischen wurden allmählich leiser und vermischten sich schließlich mit den gedämpften Geräuschen, die von dem nahen elektronischen Labor und der mechanischen Werkstatt herüberwehten.

Wir überquerten einen Rasen und gingen zu dem massigen Kontrollzentrum des P-7, das in den Erdwall eingefügt war. Wir kamen an einem riesigen Haufen Kohlen für die Heizanlagen vorbei, der dort aufgeschüttet lag und sich schwarzglänzend von dem sommerlichen Grün abhob. Ich dachte an die ach so kalten Winter in Berlin und Rußland – was hätten wir gegeben, wenn wir auch nur ein paar Eimer davon hätten abkriegen können!

Im P-7-Kontrollzentrum befanden sich ein geräumiges Büro, ein Konferenzzimmer, ein kleines Schlafquartier mit doppelstöckigen Betten und angrenzendem Dusch- und Waschraum. Wir gingen eilig hindurch, und sobald wir die Arena betraten, hatten wir's nicht mehr weit bis zum Rand der Schurre.

Einer der riesigen Brennstände, von denen ich einen zuvor im Inneren der Halle gesehen hatte, ragte über der Mitte der Schurre. Innerhalb der Struktur und fest in ihrem metallischen Griff befand sich eine A-4. Die Verbindungen zu den Leitungen und zur Instrumentation für den stationären Brennversuch wurden gerade hergestellt, und an der gegenüberliegenden Seite wurde der Treibstoff aufgetankt. Die Rakete stöhnte und knatterte, als wollte sie sich über die tödliche, kalte Füllung mit Flüssigsauerstoff beschweren, die man in ihr Inneres schüttete. Eine weiße Rauhreifschicht kroch an ihrem Rumpf hoch; das war die Luftfeuchtigkeit, die sich dort kondensierte und um den unteren Teil des Sauerstofftanks in Form von Eiskristallen festsetzte.

Hartmut und ich begaben uns im Fahrstuhl zur zweiten Plattform, wo einige Mechaniker soeben die Dampfanlage der Rakete nochmals überprüften und für den Brennversuch vorbereiteten. Die Prüfstruktur war genial. Durch die kardanische Aufhängung der A-4 war es möglich, diese Rakete in zwei Ebenen zu schwingen – bis zu fünf Grad von der Vertikalen, um so die für den späteren Flug lebenswichtige Lenkung und Steuerung während dieses stationären Brennversuches zu prüfen. Eine in Deutschland hergestellte Toledo-Waage, auf die eine Filmkamera gerichtet war, diente zur Messung des Schubes. Als weitere Einrichtungen waren vorhanden: Relais- und Verteilerkästen, ein Feuerlöschsystem, alle nötigen Meß- und Kommandoleitungen und bewegliche sowie abnehmbare Arbeitsplattformen. Als wir mit dem Fahrstuhl wieder nach unten fuhren, sagte ich voller Hoffnung: «Was man jetzt noch sehen müßte, wäre ein wirklicher Versuch.»

«Weißt du was», sagte Hartmut, «das könnte gerade hinhauen.»

Typisches Bedienungs- und Meßpult für A-4 Brenn- und Schußversuche. Nach heutigen Maßstäben primitiv.

Er verschwand durch die Hintertür des Kontrollzentrums und kam mit einem Lächeln auf dem Gesicht wieder zurück.

«Wir haben Glück. Sie sind gerade mit dem Auftanken fertig, und der Test dürfte in fünfzehn Minuten losgehen. In den Kontrollraum darfst du allerdings nicht hinein, dazu braucht man eine besondere Zulassung, aber oben auf dem P-1 hätten wir einen prima Logenplatz. Wir müssen uns aber beeilen.»

Wir verließen die Arena durch einen Tunnel, der sich an das Kontrollzentrum anschloß, und trabten eilends zum P-1 zurück. Dort stiegen wir auf die etwa 15 Meter hohe Plattform, von wo aus wir einen ungehinderten Blick auf den P-7 und das gesamte Panorama hatten.

Der Anblick, der sich ringsum bot, war von atemraubender Schönheit. Die Natur stand in dramatischem Kontrast zu den von Menschenhand geschaffenen Wundern vor uns. Zur Rechten lag die Ostsee – still und glitzernd in der warmen Julisonne. Auf langen Strecken sah man ihre Wellen wie liebkosend den perlenweißen Strand berühren, während sie weiter abwärts den dichten Schilfgürtel schaukelnd bewegten, der dort die Küste säumte. Eine leichte Brise wehte über das Flüßchen Peene hinweg zum Festland. Die dichten Wälder auf der Insel schienen sich denen des Festlandes anzuschließen und in einem Stück bis zum westlichen Horizont weiterzugehen. Hier und dort ragten einzelne Objekte aus dem Wäldermeer – Bauten vom Werk West der Luftwaffe und der Kirchturm der kleinen Stadt Wolgast auf dem Festland. Während ich mich umschaute, sah ich ein landendes Flugzeug hinter den Bäumen verschwinden, die den Flugplatz vom Werk West den Blicken entzogen.

Neben dem Erdwall von P-7 und durch einen schmalen, bewaldeten Streifen von ihm getrennt, erstreckte sich ein großes, planiertes Geländestück in Richtung See. Nichts war darauf zu sehen als ein Vidal-Wagen, der kleine Bruder des Meiller. Dieses flache Gelände war P-10, wo später zusätzliche Abschüsse im Rahmen der Entwicklung durchgeführt wurden.

Hinter, das heißt nordwestlich von P-10 lag die Nordspitze von Usedom und dahinter die See. An klaren Tagen, so sagte Hartmut, könne man die kleine Insel Oie sehen, wo zu früheren Zeiten die A-5-Tests stattfanden. Die A-5 war ein kleiner Vorläufer der A-4. An solchen Tagen seien sogar die weißen Kreidefelsen der noch weiter entfernten Insel Rügen sichtbar.

Ich wandte meine Aufmerksamkeit wieder dem P-7 zu, von wo man gelegentlich Zurufe und das Anlaufen der Motoren auf den Plattformen hörte; in diese Geräusche hinein mischten sich unverständliche Brocken von Ansagen, die über das Lautsprechersystem kamen. Immer noch sah man, daß sich eine Anzahl von Leuten auf dem Test-Aufbau bewegten, doch allmählich verschwanden sie alle im Kontrollzentrum, als würden sie von einer unsichtbaren Macht eingesogen. Anfangs war das Tempo dabei recht gemächlich, wurde aber dann immer eiliger und zuletzt fluchtartig, bis auch der letzte Mann auf das Kontrollzentrum zurannte, wobei er den Leuten an den Periskopen ein «Startklar»-Zeichen zuwinkte.

Dann stand P-7 plötzlich ganz einsam und verlassen da; nur das dünne Dampffähnchen, das sich aus dem Ende einer der Flossen herauskräuselte, zeugte davon, daß die Zeit auch jetzt nicht stillstand. Sekunden schienen jetzt wie Minuten. Nichts rührte sich. Ich schaute auf und sah einen Habicht, der mit ausgebreiteten Flügeln über den Bäumen schwebte. In meinem Unterbewußtsein nahm ich seinen graziösen Flug wahr.

Plötzlich zerriß das schrille Heulen einer Sirene die Stille, um gleich wieder zu verstummen.

«Jetzt geht's los», flüsterte Hartmut.

Die kleine Dampfwolke wurde kleiner und verschwand schließlich ganz. Ich hörte das leise Zischen von Druckgasen.

«Der Flüssigsauerstoff-Tank wird unter Druck gesetzt», erklärte Hartmut. Das Zischen hörte auf, um dann wieder anzufangen, was sich in regelmäßigen Abständen wiederholte. Eine Sekunde darauf wuchs aus dem Schwanzteil der Rakete eine grelle Flamme hervor, wedelte einige Sekunden lang hin und her, pulsierte wie etwas Lebendiges, bis sie sich schließlich beruhigte und als kurze, gefiederte, senkrecht stehende Feuersäule manifestierte. Ich vernahm ein leise rollendes Geräusch.

«Das ist die Vorstufe . . . jetzt paß auf!»

Die Flamme wurde plötzlich hellgelb und schoß mit großer Gewalt senkrecht in die Grube hinab. Ein Rautenmuster zeichnete sich jetzt in der Flamme ab und wurde immer deutlicher, als wäre es darin festgenagelt. Abgase, vermischt mit Wasserdampf, der aus den Kühlrohren leckte, kochten und wurden mit Urgewalt nach rechts und links aus der Grube geschleudert. Der unbeschreibliche Lärm bereitete mir körperliche Schmerzen in Ohren und Brust. Der Lärm war zunächst konstant, verfiel dann aber in unregelmäßige Schwingungen, wobei im gleichen Rhythmus Rauch- und Dampfwolken herauspufften und nach hinten wegrollten.

Der Lärm war unerträglich. Die Sekunden – es waren 60 – zogen sich schmerzhaft in die Länge. Dann begann die Flamme plötzlich kleiner zu werden. Gleichzeitig veränderte sich das schockbedingte Rautenmuster; Sekunden später verschwand die Flamme mit einem lauten, hohlen Heulen. Das Zischen der Tankventilsteuerung und der Entlüftungs- und Wassersprühanlagen wurde hörbar, um dann nacheinander abzuschwellen. Fast im gleichen Augenblick war die Arena mit Ingenieuren und Mechanikern überschwemmt. Plattformen wurden hochgeleiert, und die nötigen Sicherheitsmaßnahmen wurden getroffen. Der Test war vorüber. Ich wandte mich Hartmut zu. «Also, da bleibt einem wirklich die Spucke weg! Und das überwältigende Dröhnen!»

Es war immer dieses donnergewaltige Dröhnen, das den größten Eindruck bei mir hinterließ. Dabei war's noch nicht einmal die Lautstärke, die übrigens jeder Beschreibung spottete. Es war ein Lärm, der einen körperlich anfiel wie ein Raubtier, der an einem zerrte, einen bis ins Innerste aufwühlte. Dieser Lärm kann so unangenehm, ja schmerzhaft werden, daß man sich dabei windet. Und man kann ihm nicht entkommen, er ist überall. Nur wer jemals dabei war, wenn eine Rakete in nächster Nähe abgefeuert wurde, kann verstehen, wovon hier die Rede ist.

«Ich weiß was du meinst», sagte Hartmut, «es ist ein unbeschreibliches Erlebnis und nicht nur, wenn man zum ersten Mal dabei ist. Raketenabschüsse werden niemals zur Routine. Das Geräusch ist immer überwältigend. Da schau mal», er zeigte auf den P-7, «jetzt ziehen sie die Kabelverbindungen für die Instrumentation und die Rohrleitungen heraus und lassen den restlichen Kraftstoff aus den Tanks aus, sammeln die Kameras ein, sehen die Registriertafeln nach, um festzustellen, ob der Testaufbau für eine weitere Rakete bereit ist. Das alles ist zwar nicht so glorreich wie ein wirklicher Abschuß, ist aber sehr wichtig.»

Plötzlich konnte ich mich nicht mehr zurückhalten.

«Hartmut», sagte ich, «hier möchte ich arbeiten, kannst du nicht etwas gegen diese verdammte Bürokratie unternehmen?»
Wir kletterten gerade vom P-1 herunter, und zwei Mechaniker, die mich gehört hatten, sahen mich erstaunt an. Ich bemerkte es kaum. «Dies ist genau, worauf ich die ganze Zeit gewartet habe», fuhr ich fort. «Ruf doch bitte nochmal beim Personalbüro an.»

Hartmut nickte und lächelte.

«Und all die Bücher, Berichte, Testergebnisse, Grundprinzipien, ich habe doch so viel nachzuholen!»

Hartmuts Lächeln weitete sich zu einem wohlwollenden Grinsen, aber er sagte nichts. Bis heute bin ich ihm dankbar dafür, daß er mir dieses großartige Erlebnis nicht mit der nüchternen Wirklichkeit verdorben hat. Im Moment war ich jedenfalls im siebenten Himmel und überzeugt, daß jede Minute, die ich von jetzt ab nicht auf diesem Gebiet arbeitete, ernste Folgen für mich und dieses Unternehmen, ja für das ganze Land haben würde.

«Ich kann zu Dir nichts Näheres darüber verlauten lassen», schrieb ich an jenem Abend an Irmel, «aber heute war der aufregendste Tag meines Lebens.»

4 Die Bomben fallen

Am nächsten Tag erhielt ich meine formelle Zuweisung als Planungsingenieur in der Elektroabteilung der BGS. Nach meinen Erlebnissen vom Vortage war ich jedoch über diese Zuweisung ziemlich enttäuscht und voller Ungewißheit. Ich rief Hartmut an.

«Ich würde die Stelle nicht ablehnen», beschwichtigte er mich.

«BGS ist für den Anfang gar nicht schlecht; du wirst von dort aus das ganze Werk kennenlernen. In der Zwischenzeit mußt du dein Ziel im Auge behalten und dich mit Geduld wappnen.»

Er hatte natürlich recht. Ich wußte wirklich wenig genug über Peenemünde, über den organisatorischen Aufbau und die Zusammensetzung des Werks. Es würde gewiß von Vorteil sein, wenn ich mich mit alledem vertraut machte und mich dabei auf einem Gebiet betätigte, auf dem ich mich auskannte. Außerdem hätte es nicht gut ausgesehen, wenn ich einen Zurückzieher gemacht hätte, nachdem ich Maas meine Zusage gegeben hatte. So sah ich denn zufriedener, wenn auch immer noch enttäuscht, dem nächsten Morgen entgegen.

Der Abteilungsleiter war Siegmund Müller-Jungwirt, ein angenehmer und freundlicher Mann. Müller war vorher lange bei der AEG gewesen und hatte eine Reihe von Jahren in China zugebracht. Die Planung für Stromversorgung und -verteilung für große Fabriken und Industrieanlagen war sein Lebenswerk.

Etwa fünfzig Jahre alt, mit schütterem Haar, trug er eine dünngerahmte Brille mit dicken Gläsern, durch die er einen wohlwollend, aber bestimmt anschaute. Ich hatte oft Gelegenheit, seine umfassenden Kenntnisse zu bewundern. Dabei war er ausgesprochen menschlich, und zwischen uns entwickelte sich bald eine freundschaftliche Beziehung, die den Krieg überdauerte und noch viele Jahre anhielt, bis zu seinem Tode.

BGS war in einzelne Abteilungen aufgegliedert, die für alle größeren Bauarbeiten in Peenemünde zuständig waren. Ich kannte mich bald bestens aus, denn meine Aufgaben hier waren denen bei Siemens sehr ähnlich. Die Tage flogen nur so dahin. Ich hatte wieder Arbeit, eine richtige, sinnvolle Arbeit, und das war schließlich das Wichtigste. Inspektionsfahrten zu Baugebieten, Besuche von Pumpstationen und Unterredungen mit Zulieferanten ließen mich in Kürze wieder die gewisse Faszination spüren, die bei größeren Bauprojekten stets in der Luft liegt. Die Erinnerungen an die russische Front versanken am fernen Horizont.

Doch auch hier wurden wir ständig daran erinnert, daß wir uns im Krieg befanden. Es gab regelmäßig Fliegeralarm, meist nachts, doch das nahm niemand in dieser Gegend sehr ernst. Dies war einfach ein beliebter Sammelpunkt für die Nachtbomber und der Korridor für die Bombenangriffe auf Berlin, die sich in zunehmendem Maße auf das ganze übrige Deutschland auswirkten.

«Ich bedaure, daß ich Ihnen das mitteilen muß», sagte ich eines Tages zu Müller, «aber die Pumpstationen in ‹Karlshagen Strand› und ‹Dorf› können nicht planmäßig fertiggestellt werden; evtl. können sie überhaupt nicht fertiggestellt werden.»

«Wieso? Was ist denn los? Ich habe doch erst vor ein paar Tagen die Ladepapiere gesehen.»

«Siemens rief heute morgen hier an. Vor zwei Tagen hatten sie wieder einen Luftangriff, bei dem ihre Schalterfabrik zerbombt wurde. Sie evakuieren jetzt einen Teil ihrer Maschinen zu einer Ausweichstelle außerhalb von Berlin, aber keiner weiß, wann sie wieder mit der Arbeit anfangen können. Und auf Lager haben sie überhaupt nichts; sie leben schon seit langer Zeit von der Hand in den Mund.»

Müller seufzte. Er hatte schon viel von der Welt gesehen und machte sich keine Illusionen. Er griff nach einer Akte.

«Ich habe heute morgen mit Maas telefoniert, es ist überall dasselbe – keine der nötigen Teile. Ventile zum Beispiel. Aber so schnell geben wir nicht auf. Es gibt da immer noch die Arbeitsfront mit ihrer KDF. Wir plündern jetzt Mukran.»

Er öffnete den Aktendeckel und breitete eine Karte von der östlichen Hälfte der Insel Rügen aus. Zwischen den Seebädern Saßnitz und Binz befand sich ein Gebiet von beträchtlicher Größe, das als KdF-Bad Mukran (Kraft durch Freude Bad) bezeichnet war. Eine Skizze zeigte Baupläne und einige typische Ansichten. Der Name klang vertraut. Beim Ausbruch des zweiten Weltkrieges waren unter der Schirmherrschaft der Regierung einige gewaltige Bauprojekte im Gange, die sich damals in verschiedenen Stadien befanden; dazu gehörten u. a. die Monstrositäten von Nürnberg und die riesenhafte Versammlungshalle entlang der «Achse» in Berlin. BGS war an einigen dieser Projekte beteiligt gewesen, die jedoch bei Kriegsausbruch zum Stillstand gekommen waren. Eines der größten davon hatte Müller soeben erwähnt, nämlich das KdF-Bad Mukran.

«Sehen Sie sich das an!» rief Müller. «Ein langgestrecktes Gebäude, fast zwei Kilometer lang. Und fast fertig – alle Rohrleitungen, die ganze Stromverteilung, alles ist drin. Eine wahre Fundgrube! Und bis jetzt konnte da keiner ran, ganz egal wie nötig das Zeug für die Verteidigung gebraucht wurde. Aber Maas hat am Entwurf mitgearbeitet und hat jetzt endlich die Erlaubnis erwirkt, wenigstens einiges davon abzumontieren. Fahren Sie hin, suchen Sie heraus, was wir brauchen, und veranlassen Sie die Lieferung nach hier. Ein Mann von Herrn Bohrmanns Pumpengruppe wird mitkommen und die Ventile aussuchen.»

So zog denn unsere kleine Gruppe los und erreichte am Nachmittag des 16. August 1943 das Städtchen Bergen mitten im Herzen der hübschen Insel Rügen. Dort trafen wir uns mit Herrn Ahlgrimm, einem Vertreter der Gruppe, die ursprünglich mit dem Ausbau von Mukran beauftragt gewesen war.

Am nächsten Morgen fuhr Ahlgrimm uns über schmale, gewundene Straßen durch dichte Buchenwälder und sanftes Hügelgelände, wo die Getreideernte im vollen Gange war. Unser erstes Ziel war das kleine Ostseebad Binz, das etwa 15 Kilometer weiter östlich lag. Dort hielten wir, um im Hotel Hamburger Hof Zimmer zu reservieren und dann nördlich auf einer Straße zweiter Ordnung in Richtung Mukran weiterzufahren. Hier war die Küste messerscharf, gebildet von den steil abfallenden Kreidefelsen, die für Rügen und die Inseln im südlichen Teil Schwedens so bezeichnend sind. Hoch oben am Rande der Klippen standen Wälder wie dunkelgrüne Mauern, und tief unten leuchtete mit intensivem Blau die See. Am Himmel schwebten Lämmerwölkchen. In der Ferne sah man das KdF-Bad, das sich an die Klippen schmiegte wie eine lange Wand. Als wir näherkamen, erkannte ich die Einzelheiten, die ich auf Müllers Plänen gesehen hatte. Nachdem wir nach einigem Suchen den Verwalter gefunden hatten, sagten wir ihm, er möge uns zuerst zur Wasserpumpen- und Aufbereitungsanlage führen. Ein Mitarbeiter schloß sich an.

Die Pumpenanlage, die eher wie ein Schloß wirkte, stand auf einem Berg. Wie wir von unseren Begleitern hörten, war sie fast betriebsfertig; es fehlten nur noch einige Teile, die nie angekommen waren. Während mein Begleiter sich mit den anderen über das benötigte Material unterhielt, stieg ich auf das flache Dach des Gebäudes.

Unten, sozusagen direkt an der Küste, lag das kolossale KdF-Bad, das sich nach beiden Richtungen ausdehnte. Es war ein einziges langes Gebäude, sechs Stockwerke hoch und über zwei Kilometer lang. Es war so gebaut, daß sämtliche Zimmer den Blick zur See hatten. In regelmäßigen Abständen erstreckten sich insgesamt zehn Flügel vom Hauptgebäude in Richtung Strand, wobei sich jeder Flügel an seinem Ende zu einer abgerundeten Form verbreiterte. In diesen Flügeln waren die Versorgungsbetriebe untergebracht, und jeweils an den abgerundeten Enden befanden sich hoch über dem Meer die eingeglasten Speisesäle und Spielzimmer. Zwischen den einzelnen Flügeln glitzerte im Sonnenschein der Rügener Strand, berühmt für seinen breiten, weißen Sandstreifen, und wartete auf Urlauber, die nun vielleicht nie kommen würden.

Ich hörte Schritte. Ahlgrimm war mir nach hier oben gefolgt. «Dolles Ding, was?» meinte er und machte eine Kopfbewegung nach dem Gebäude hin. «Was da an Arbeit drinsteckt, und jetzt verrottet's einfach. Und ihr habt uns auch noch gefehlt – kommt einfach her und plündert alles aus.»

Er schüttelte den Kopf. Er war von Anfang an in Mukran dabeigewesen; dieses Projekt nahm einen wichtigen Platz in seinem Leben ein. Daß der Krieg ihm verhaßt war, das konnte ich sehen – aber daß der Krieg und dieses KDF-Bad auf der gleichen Ideologie beruhten, darauf wäre er nie gekommen.

Es war Dienstag, der 17. August, und wir verbrachten den Rest des Tages damit, das Hauptgebäude zu untersuchen und Verzeichnisse von Schaltern, Schalttafeln und Transformatoren anzulegen – lauter Dinge, die wir in Peenemünde dringend brauchten. Danach nahmen wir in einem der wenigen Restaurants, die in Binz noch in Betrieb waren, ein respektables Abendbrot ein, gefolgt von einem Promenadenspaziergang durch den lauen Sommerabend, und begaben uns ins Hotel. Ich schlief sofort ein.

Kurz nach Mitternacht wurde ich durch ein Klopfen an der Tür geweckt. Es war mein Begleiter, der von Peenemünde mitgekommen war. Ich langte nach dem Lichtschalter. «Kein Licht machen!» zischte er. «Da, hören Sie das?»

Dann hörte ich es: das wohlbekannte Donnern und Dröhnen der Nachtbomber.

«Kommen Sie raus, hier ist ein Korridorfenster mit Blick auf die See.» Ich folgte ihm in den Korridor.

Die Nacht war klar, und das Licht des Mondes, der gerade wieder abzunehmen begann, glänzte von Dächern und Fensterscheiben zurück. Gebäude, Straßen, Bäume – alles war deutlich zu sehen; es war fast so hell wie am Tag bei verhangenem Himmel. Und dann sah man von der See her die Bomber kommen, in höchstens 600 Metern Höhe – ein endloser, unregelmäßiger Strom von Flugzeugen, der durch den nächtlichen Himmel herankam, Tod und Verderben mit sich bringend.

«Die Engländer», murmelte ich. «Die kommen immer nachts. Ich möchte nur wissen, worauf sie heute aus sind.» Mein Begleiter zuckte die Achseln. Es gab so viele Ziele in der Richtung, in der sie flogen: Berlin, Stettin, die synthetische Benzinfabrik. Auch flogen sie nie in gerader Linie ihr Ziel an, sondern machten Umwege, um unsere Nachtjäger irrezuführen.

«Peenemünde liegt auch in dieser Richtung», fügte ich noch nachträglich hinzu.

«Gewiß, aber sie sind schon so oft über Peenemünde hinweggeflogen, entweder wissen sie nicht, wo es ist, oder sie warten, bis wir die Produktionsanlagen fertig haben. Na, wir werden sehen. Ich wollte Sie nur warnen. Ich gehe jetzt wieder ins Bett, gute Nacht.»

Das Dröhnen und Donnern der Bomber ging noch über eine Stunde weiter. Ich konnte lange Zeit nicht einschlafen. Ich hatte eine seltsame Ahnung.

Am nächsten Morgen erwachte ich mit dem gleichen, unguten Gefühl. «Versuchen Sie mal, in Peenemünde anzurufen», sagte ich zu dem Verwalter von Mukran. «Fragen Sie an, ob es dort etwas gegeben hat.»

Viele Stunden später, während deren wir das Material katalogisierten, das wir herausholen wollten, und Abholtermine festlegten, berichtete der Verwalter, daß er nicht nach Peenemünde durchkommen konnte. «Irgend etwas muß in der Gegend passiert sein, vielleicht hat Greifswald etwas abgekriegt», meinte er.

Greifswald? Das war doch für die Bomber völlig uninteressant. Das ungute Gefühl in meinem Inneren wich der Überzeugung, daß etwas Furchtbares geschehen sein mußte. Ich sagte dem Verwalter, er solle weiterhin versuchen, durchzukommen, und wir gingen kopfschüttelnd zu unserer Arbeit zurück, die wir umso verbissener wieder aufnahmen. Dann, am späten Nachmittag, kam der Verwalter ganz atemlos angerannt.

«Eine von den Frauen hier ... ihr Mann arbeitet bei der BGS ... sie bekam einen Anruf von ihm. Er sagte ihr, es war ihm unmöglich, früher anzurufen, er mußte schließlich aufs Festland nach Anklam, um das Gespräch durchkriegen zu können.»

Wir scharten uns um ihn. Ich fürchte, ich schrie ihn förmlich an: «Was? Was hat er zu ihr gesagt?»

«Er wollte sie nur beruhigen und sagte, ihm sei nichts passiert. Einzelheiten hat er nicht berichtet, er sagte nur, daß es ziemlich schlimm aussieht.»

Peenemünde war bombardiert worden. Mein Begleiter und ich sahen uns an. Schließlich sagte ich in die Stille hinein: «Also dann machen wir besser hier Schluß.» Ich wandte mich an unseren Gastgeber. «Herr Ahlgrimm, erkundigen Sie sich doch bitte, wann wir morgen frühestens einen Zug kriegen können, und holen Sie uns rechtzeitig ab, damit wir ihn nicht verpassen.»

Wir waren todernst. Meine Gedanken waren nicht bei der Arbeit, und in der folgenden Nacht schlief ich nur sehr schlecht. Während der ganzen Rückfahrt ging es mir ständig durch den Kopf, wie schwer Peenemünde wohl getroffen worden war und wie sich das auf unsere Arbeit auswirken würde. Ich dachte an die endlosen Bombengeschwader der vergangenen Nacht. Wieviele waren's wohl gewesen, und wie genau konnten sie ihre Ziele treffen?

Die ersten Anzeichen von dem, was sich ereignet hatte, sah ich noch am selben Nachmittag, als ich in Wolgast über die Brücke ging und die Bahnstation auf der Inselseite betrat. Es war gerade ein Zug von Osten eingelaufen. Jetzt drängte sich hier eine dichte Menschenmenge wie zur Hauptverkehrszeit, nur daß man meist

Männer sah; viele hatten Verbände um oder trugen einen Arm in der Schlinge, einer ging an Krücken. Auch sah man eine Unmenge Gepäck. Das Ganze sah nach Evakuierung aus. Es war keine Zeit, um stehenzubleiben und Fragen zu stellen. Unser Zug nach Osten war nun fast leer. Die Landschaft draußen war sommerlich warm, grün und friedlich; ich aber sah voller Besorgnis und Ungeduld hinaus. Wie mochte es Hartmut ergangen sein? Was war wohl mit dem Werk geschehen, fragte ich mich immer wieder. Warum fuhr der Zug nicht schneller?

Im Werksbahnhof von Zinnowitz herrschte ein ungewohntes Gedränge. Als wir durch die Sperre gingen, klangen mir Gesprächsfetzen ans Ohr. Diese Menschen hatten Fürchterliches erlebt. Meine Angst nahm ständig zu. Dann erkannte mein Begleiter einen unserer Freunde aus dem Werk; seinen Namen habe ich vergessen.

«Wir kommen gerade von einer Dienstreise zurück. Was ist passiert? Wie sieht es aus?»

Der Mann schüttelte nur unsicher den Kopf.

«Die Unterkünfte sind schwer getroffen worden und die Eisenbahnanlage. Weiter bin ich nicht hineingekommen. Ich habe gehört, daß einige Hallen zerstört sind, und Haus 4 sei abgebrannt.»

«Und die Menschen? Hat es viele Tote gegeben?» fragte mein Begleiter etwas zögernd.

«Ich fürchte ja», der Mann nickte bedauernd mit dem Kopf. «Man sagt, es seien etwa tausend Leute umgekommen, darunter viele Frauen und Kinder. Die meisten Toten hat es in Trassenheide gegeben.» Dann murmelte er eine Entschuldigung und verschwand.

Der Werksbahnhof schien unverändert, außer daß hier jetzt viel mehr Betrieb war. Aber der Zug! Statt der gewohnten S-Bahn wartete eine alte Dampflokomotive mit einigen recht schäbig aussehenden Wagen auf uns. Alle elektrischen Züge waren entweder völlig zerstört oder schwer beschädigt worden außer einem einzigen, der sich während des Angriffs in Zinnowitz befand. Aber auch der konnte nicht eingesetzt werden, da die Oberleitung an verschiedenen Stellen unterbrochen war.

Die ersten Bombentrichter wurden sichtbar, als wir an den Unterkünften der Kriegshilfsdienstmaiden und Stabshelferinnen vorbeifuhren. Es waren zwar nur wenige, aber je näher wir dem Werk kamen, umso mehr wurden es. Manchmal sah es aus, als hätte hier ein Orkan gewütet. Die Wälder waren glatt umgelegt worden. Soviel ich feststellen konnte, beschränkten sich die Zerstörungen fast ausschließlich auf das Gebiet nördlich der Schienen.

Im Süden kamen jetzt die Häuser von Trassenheide ins Blickfeld; hier sah man noch nichts von Beschädigungen. Doch als wir das nördlich der Geleise gelegene Lager Trassenheide selbst erreichten, sah der Boden zu beiden Seiten der Schienen aus, als wäre ein gigantischer Pflug darüber hinweggegangen. Der Zug kam plötzlich zum Stehen. Ein Schaffner ging durch die Wagen und rief mit lauter Stimme, daß hier die Schienen unterbrochen seien und daß wir ein paar hundert Meter zu Fuß gehen müßten, wo wir weiter vorn einen anderen Zug besteigen könnten.

Ich stieg aus. Der Zug hatte genau am Rande des Lagers gehalten. Die Barackenreihen waren jetzt nur noch Trümmerhaufen; die wenigen Gebäude, die stehengeblieben waren, verstärkten nur noch den Eindruck der totalen Katastrophe. Der Bahnkörper an der Vorderseite des Lagers war auf einer Strecke von einigen hundert Metern völlig aufgerissen; Bahnschwellen und grotesk verbogene Schienenteile ragten in die Luft wie ausgestreckte Klauen. Es sah aus, als hätten die Angreifer die Schienenanlage als eine Art Richtschnur benutzt. Alle Bomben waren nördlich davon abgeworfen worden mit nur wenigen Ausnahmen wie z. B. hier nahe dem Lager. Ungefähr auf der ganzen Länge des Lagers war die Welle der Zerstörung über die Schienen hinweggegangen und hatte sogar die Fernstraße aufgerissen, die hier ein Stück am Geleise entlanglief; auch ein paar Bauernhäuser hatte es erwischt.

Überall wurde fieberhaft gearbeitet. Straßenbaugeräte wurden in Betrieb gesetzt, um Umleitungen zu schaffen. Es wurde gegraben und gesprengt; Schweißbrenner wurden eingesetzt, um die Gleisanlage aufzuräumen.

Die schlimmste Arbeit aber war das Auflesen der Leichen im Lager. Die meisten dieser Opfer hatte das Schicksal ereilt, während sie schliefen. Andere hatten anscheinend versucht, davonzulaufen und kamen dabei um. Die Tore des Maschenzaunes waren zwar offen gewesen, doch für die meisten waren sie zu weit fort. Viele, die über den Zaun hatten klettern wollen, kamen dabei um. Stellenweise hatten die Bomben große Löcher in den Zaun geschlagen und gleichzeitig die unglücklichen Opfer getötet, die über ihn zu entkommen versuchten.

Zu diesem Zeitpunkt konnte man die genaue Zahl der Todesopfer nicht feststellen, doch laut vorläufiger Schätzungen war von den cirka tausend Lagerinsassen etwa die Hälfte umgekommen. Da schnell gearbeitet werden mußte, konnte man bei der Leichenbergung keine großen Umstände machen. Werkgruppen mit Tragbahren hasteten zwischen den Trümmern und den wartenden Lastwagen hin und her. Auf diese Lastwagen, die Seitenwände aus Querlatten und eine Dachbespannung aus Planen hatten, wurden nun die Leichen verfrachtet wie Mehlsäcke. Irgend jemand, der anscheinend einen makabren Ordnungssinn besaß, hatte dafür gesorgt, daß sie alle mit den Füßen nach der Innenseite gestapelt wurden, so daß die Köpfe hinten heraussteckten. Dadurch bot sich ein Anblick, der einem den Magen umkehren konnte: leblose Gesichter, umrahmt von wirren Haaren, dazwischen baumelnde Arme. Wir arbeiteten uns mühsam zwischen den Bombentrichtern hindurch, bis wir zu dem unzerstörten Teil der Bahnstrecke kamen.

An der Station Siedlung trennte ich mich von meinem Begleiter und begab mich schnellstens zu meinem Quartier. Auf dem Weg dorthin bot sich mir ein entsetzlicher Anblick. Die heitere, friedliche «Siedlung» mit ihren Familienunterkünften und dem hübschen Grün dazwischen war verschwunden. Es war ganz offensichtlich, daß hier eine große Anzahl Sprengbomben heruntergekommen war. Von Brandbomben gab es dagegen nur wenige Anzeichen.

Das VKN-Lager fand ich jedoch unbeschädigt vor. Nur an einer Stelle, im nordwestlichen Teil, sah man einige Schäden. Eines der einstöckigen Gebäude war zum Teil eingestürzt. Ringsum lagen Trümmer; hastig herausgeholte Möbelstücke wie Pritschen und Spinde standen herum. Haus Württemberg schien völlig verlassen. Ich versuchte, Hartmut anzurufen, und obwohl ich ihn nicht selber sprechen konnte, erfuhr ich, daß ihm nichts geschehen war.

Ich fand mein Zimmer im selben Zustand, in dem ich es vor eini-

Ein morgendlicher Werkbahnzug ist an Station EW von Zinnowitz her angekommen. Zu Arbeitsbeginn und -ende wurden normale Personenwagen im Zusatz zu den eleganteren S-Bahntypen verwendet.

BSM Hauptgebäude (Bord-, Steuer- und Meßgeräte), Direktor Dr. Ernst Steinhoff. Es wurde durch den Angriff vom 17./18. August 1943 schwer beschädigt, doch weitgehend wiederhergestellt.

gen Tagen verlassen hatte, nur mein Zimmergenosse war fort; anscheinend war er ausgezogen, denn alle seine Sachen waren verschwunden. Im Moment war ich einfach zu müde, mir darüber den Kopf zu zerbrechen, und so streckte ich mich erst einmal auf meinem Bett aus. Ein Geräusch nebenan brachte mich wieder auf die Beine. Ich ging hinaus auf den Flur und sah einen meiner Nachbarn, der im Begriff war, das Quartier zu verlassen.

«Ich bin gerade zurückgekommen», rief ich ihm zu, «ich habe inzwischen einiges von dem gesehen, was hier passiert ist. Wo sind alle?»

«Da hast du was verpaßt! Hast auf jeden Fall Schwein gehabt.» Er zuckte die Achseln. «Ich habe keine Ahnung, wo alle geblieben sind. Ich glaube, Major Heigel vom VKN versucht gerade, in Zinnowitz ein neues Hauptquartier aufzumachen. Dort haben sie einige kleinere Hotels für die verschiedenen Firmen beschlagnahmt. Ich habe heute morgen unseren Stabsfeldwebel getroffen. Er schlug mir vor, ich sollte mich ihnen heute abend anschließen. Ich habe aber etwas anderes vor; außerdem hoffe ich, daß durch dieses alles hier der ganze blöde VKN-Klub auffliegt. Er ergriff seine Tasche. «Entschuldige, ich muß diesen Zug kriegen. Sie wird es mir nie verzeihen, wenn ich zu spät komme. Bis bald, Dieter.»

Damit wandte er sich um und ging. Eine kleine Weile vernahm ich noch das Aufschlagen seiner Nagelstiefel im Treppenhaus, dann schlug die Haustür zu, die Schritte verhallten, und es herrschte wieder Stille.

Jetzt hatte ich wirklich erst einmal Hunger. Ich legte mich also nicht wieder hin, sondern ging hinüber zum Versorgungsgebäude. Die Küche hatte im kleineren Rahmen den Betrieb wieder aufgenommen, das Essen aber war ausgezeichnet, denn alle noch vorhandenen Vorräte standen jetzt einer begrenzten Anzahl von Gästen zur Verfügung. Als ich nach etwa zwei Stunden zum Quartier zurückkehrte, traf ich im Flur zwei weitere Mitglieder der Kompanie an. Sie waren gerade von der Siedlung zurückgekommen. Ihre Berichte waren sehr deprimierend.

In dieser Nacht war ich so erschöpft, daß ich wie ein Stein schlief. Am nächsten Morgen ging ich das ganze Stück bis zum

Werk Nord zu Fuß. In der Nähe des militärischen Hauptquartiers stand ein geparkter Lastwagen mit einem ambulanten Lautsprechersystem. Am Mikrofon sah ich einen blonden, jungen Mann stehen; wie ich erfuhr, war es Wernher von Braun. Ich blieb einen Moment stehen, um ihn genauer zu sehen und ihm zuzuhören, denn dies war das erste Mal, daß ich ihn zu sehen bekam. Seine Ansagen kamen in rascher Folge, getragen von einer klaren, entschlossenen Stimme, und waren gelegentlich mit einem Körnchen Humor gewürzt. Schnell hintereinander erzählte er uns, wo Herr Tessmann sein neues Büro hatte; daß die Werkstatt von Werkmeister Becker völlig intakt geblieben sei und daher für eine Arbeitsunterbrechung absolut kein Grund bestehe; daß das Gebäude TW total zerstört sei und daß alle, die dort gearbeitet hatten, sich bei Herrn Schaefer auf Nebenapparat 355 melden sollten; daß Herr Weidner und Herr Heller sich sofort bei Dr. von Braun melden möchten und so fort.

Ich konnte mich nicht länger dort aufhalten, denn ich mußte zunächst zur BGS und zu meiner Dienststelle. Doch nachdem ich nur ein Stückchen weiter um zwei Ecken herumgegangen war, wurde mir klar, daß das BGS-Gebäude nicht mehr existierte. Als einer der wenigen hier vorhandenen Holzbauten war er bis auf den Grund abgebrannt. Nichts war davon übriggeblieben als ein Haufen Asche.

Ich brauchte fast den ganzen Tag, um die in alle Winde zerstreute Belegschaft der BGS zu finden. In kleinen Hotelzimmern, in Privathäusern und behelfsmäßigen Büros waren sie bereits dabei, die ersten Reparaturarbeiten in die Wege zu leiten. Ich wurde sofort in diese fieberhafte Betätigung mit einbezogen. Innerhalb weniger Tage wurden zwei abgetakelte Baracken im VKN-Lager wieder eingerichtet und der BGS als Büroräume übergeben, und die Arbeit ging dort fast in normalem Tempo weiter. Der einzige Unterschied zu früher war, daß die Planung für Neubauten bis auf weiteres eingestellt wurde, sofern es sich nicht um werkswichtige Anlagen handelte.

Währand der folgenden Wochen fuhr ich so ziemlich im ganzen Werk herum, meist mit dem Rad, denn das war jetzt das einzige zuverlässige Verkehrsmittel. Diese Fahrten machte ich meist im Zusammenhang mit der Reparatur irgendeines Elektrosystems oder einer Hochspannungsleitung. Dadurch bekam ich allmählich ein komplettes Bild von den Auswirkungen des Luftangriffes.

Die Prüfanlagen waren gänzlich unberührt geblieben, ebenso das Werk West der Luftwaffe; die Entwicklung der V-1 konnte also nahtlos weitergehen. Der obere Teil sowie ein Teil des zweiten Stockwerkes von Haus 4, wo sich das Hauptkonstruktionsbüro für die Entwicklung der V-2 befunden hatte, war ausgebrannt, aber schon bald hatte es ein Behelfsdach, wodurch dann fast das ganze Gebäude wieder in Betrieb genommen werden konnte. Im Entwicklungszentrum waren zwei der großen Hallen völlig zerstört. Ansonsten gab es dort nur stellenweise einige Schäden.

Im Werk Süd, das zwischen Werk Nord und den Unterkünften Siedlung und VKN-Lager lag, waren das noch nicht fertiggestellte Bürogebäude und die anschließenden Bürobaracken total zerbombt. Einige Einschläge hatte es auch bei der Halle F-1 gegeben, dem gerade fertiggeststellten ersten Teil der Versuchs-Produktionsanlage; glücklicherweise hatten sie aber nicht zu viel Schaden angerichtet. Das unmittelbare danebenstehende Gebäude IW Süd (Instandhaltungswerke Süd) hatte kaum etwas abbekommen.

Man beschäftigte sich jetzt weniger mit der Frage, was getroffen worden war, als mit der, was nicht getroffen worden war und was der Feind zu zerstören beabsichtigt hatte. Das führte unweigerlich zum nächsten Problem: Inwieweit war die Geheimhaltung gewährleistet? Nach vier Kriegsjahren wurden die Sicherheitsmaßnahmen von der gesamten deutschen Bevölkerung mit größter Selbstverständlichkeit akzeptiert und durchgeführt, dazu gehörte auch die allabendliche Verdunklung wegen der Luftangriffsgefahr. Im Gegensatz zu alledem, und das fiel besonders uns «Neuen» auf, war Peenemünde in dieser Hinsicht sehr anfällig. Das Vorhaben hatte sich herumgesprochen. Die von der Regierung verbreitete Kunde von den «Wunderwaffen» hatte die Aufmerksamkeit weiter Kreise erregt.

Die Verwaltungsarbeiten und die Handhabung von Geheimakten waren hier zwar der denkbar striktesten und kompliziertesten Kontrolle unterworfen, und ehrgeizige Sicherheitsbeamte sorgten bei

Übertretungen für eine entsprechende Bestrafung, schon um ihre eigene Karriere zu fördern. Was jedoch den Werkschutz im allgemeinen betraf, so schien er unzureichend.

Da gab es z. B. eine gewisse Geschichte über einen Luftwaffenoffizier, die ihre Wirkung nie verfehlte, und die ging so: Dieser Offizier fuhr per Lastwagen zu der V-1-Abschußstelle nach Zempin südlich von Zinnowitz und übertölpelte die dortige Wache mit seiner Uniform und seiner zackigen Kommandostimme (eine unfehlbare Erfolgskombination bei einem preußischen Offizier). Er hielt dem vor Ehrfurcht erstarrten Wachhabenden ein wichtig aussehendes, aber gefälschtes Papier unter die Nase, fuhr hinein und gab Befehl, daß man ein beladenes V-1-Transportfahrzeug an seinen Lastwagen anhängte. Dann fuhr er mit seiner Beute davon und lieferte sie unverzüglich bei einem Sicherheitsoffizier der Luftwaffe ab, dem das Ganze natürlich höchst peinlich war.

Dann waren da noch die Tankwagen für die A-4, von denen jeder buchstäblich hätte ein trojanisches Pferd sein können. Diese Tankwagen hatten zwischen der Fahrerkabine und dem Tank einen geschlossenen Raum für Schläuche und dergleichen, in dem ohne weiteres sechs Mann hätten Platz finden können. Aus diesem Grunde wurden sie oft als Transportfahrzeuge benutzt. Nie aber sah ich einen Wachhabenden dort hineinschauen! Man hätte auf diese Weise eine ganze Armee in das Werk hinein- bzw. ganze Raketenteile hinausschmuggeln können.

Tausende von Menschen waren im Werk beschäftigt, unter ihnen über tausend Fremdarbeiter. Die Hälfte der deutschen Industriebetriebe gehörte in mehr oder weniger engem Sinne zu unseren Lieferanten. Ganze Dörfer auf der Insel, auf der wir uns befanden, lagen praktisch innerhalb der äußeren Werksgrenze. Aufklärungsflugzeuge überflogen uns fast täglich. Vor unserer Küste von vielen Kilometern Länge lagen schwedische Inseln so nahe, daß man sie fast hätte mit einem Ruderboot erreichen können. Es schien mir ganz unmöglich, daß dem Feind unsere Tätigkeit sowie das gesamte Werksgelände mit allen Einzelheiten nicht schon längst bekannt waren.

Wenn man diesen Luftangriff aber nach seinem Zerstörungsmuster auswertete, so deutete dieses höchstens auf eine oberflächliche Kenntnis der Werkstruktur hin, wobei man anscheinend nur unzureichende Kenntnis von der Wichtigkeit seiner Hauptanlagen hatte. Über achtzig Prozent der Bomben waren auf unbewohnte, meist bewaldete Gebiete gefallen. Vom Rest fiel mindestens die Hälfte auf nichtmilitärische Einrichtungen oder leicht zu reparierende Ziele wie z. B. Straßen. Doch die Schwere des Angriffs, selbst wenn er sich auf das Werk nur unsystematisch auswirkte, ließ darauf schließen, daß man es außer Betrieb setzen wollte. Es bestand kein Zweifel, daß die Zahl der Sprengbomben, die auf Peenemünde herabgeregnet waren, bei wohlgezieltem Abwurf hier alles vernichtet hätten.

Die offiziellen Verluste wurden in einem späteren Bericht zusammenfassend wie folgt gemeldet:

815 Tote einschließlich ca. 600 Fremdarbeiter. Ca. 600 viermotorige Bomber warfen 10 000 Sprengbomben von je 500 kg und außerdem eine große Anzahl von Brandbomben ab. Gleichzeitig erfolgten kleinere Angriffe auf die Vertragsfirma RAX Werke in Wien und die Dornierwerke in Friedrichshafen am Bodensee. Dies war ein Versuch seitens der Alliierten, Deutschlands Geheimwaffen auszulöschen; im angloamerikanischen Lager waren diese Angriffe unter dem Namen «Operation Crossbow» bekannt.

Nach dem Angriff wurde sofort eine ganze Reihe von Entscheidungen getroffen. Erstens sollte nichts wieder aufgebaut werden, das aus der Luft erkennbar war. Die Zivilunterkünfte wurden ganz und gar evakuiert und die Familien, die dort gewohnt hatten, auf den südlichen Teil der Insel verteilt. Da die meisten dort gelegenen Dörfer Badeorte waren, war genügend Platz vorhanden, um diese Flüchtlinge gut unterzubringen. Gewisse Verwaltungsämter zogen in einige der jetzt leerstehenden, aber noch intakten Unterkunftsgebäude und bemühten sich, die «photogene Echtheit» des Ganzen zu erhalten, soweit es aus der Luft sichtbar war.

Als nächstes wurde beschlossen, daß in Peenemünde keine Massenproduktion, ja nicht einmal mehr eine Versuchsproduktion stattfinden dürfte. Alle dafür bereitgestellten Maschinen wurden nach einem unterirdischen Werk in Niedersachswerfen bei Nordhausen in Mitteldeutschland abtransportiert. Dort wirkte Alwin Sawatzki, der geniale Schöpfer des «Tiger»-Tanks, wieder einmal Wunder, als er die Massenproduktion der A-4 mit nur geringer Verspätung ins Rollen brachte. Er hatte das Fertigungsprogramm so gut in der Hand, daß die ersten Raketen aus der Massenproduktion bereits Anfang Januar 1944 in Peenemünde zu Brennversuchen und Abschußprüfungen ankamen – das war weniger als sechs Monate nach dem Angriff auf Peenemünde.

In das Kellergeschoß der nun leerstehenden Halle F-1 und in die unbeschädigt gebliebene IW SÜD wurden alle Werkstätten verlegt, die aus dem Entwicklungswerk ausgebombt worden waren. Da die Prüfanlagen und die dazugehörigen Versorgungsstationen wie die Produktionsanlage für Flüssigsauerstoff unbeschädigt geblieben waren, konnten die Entwicklung und Montage der Testraketen sowie das Testen und Abschießen derselben nach nur kurzer Unterbrechung auf den unbeschädigten Prüfständen weitergehen.

Zahlreiche Büros und Laboratorien wurden in die Hotels und Urlaubsorte südlich des Werkes verlegt. Da man mit weiteren Luftangriffen rechnen mußte, wurden nicht nur die Einrichtungen evakuiert, die ausgebombt waren, sondern auch viele andere. Für die neuen Standorte wurden Decknamen erfunden wie z. B. Karlshagen 1 für Peenemünde, Karlshagen 2 für Zinnowitz, Karlshagen 4 für Kölpinsee, Karlshagen 5 für Pudagla und so fort. Für alle mußte das kleine Dörfchen Karlshagen Pate stehen, das gleich beim Werkseingang lag.

Man begann außerdem sofort mit dem Bau von mehreren stabilen Luftschutzräumen, und es bedarf wohl keiner Erwähnung, daß von jetzt ab die Luftalarme ernstgenommen wurden. Selbst Aufklärungsflugzeugen schenkte man seine volle Aufmerksamkeit. Wenn solche das Werk überflogen, erstarb außerhalb der Gebäude alles Leben; nichts rührte sich. Das alles sowie die Tatsache, daß keine Reparaturen an sichtlich beschädigten Anlagen vorgenommen und Fahrzeuge nach Möglichkeit in Deckung geparkt wurden, erweckte den beabsichtigten Eindruck, daß das Werk verlassen war. Und so konnten wir noch fast ein ganzes Jahr lang die Entwicklung der V-2 ohne weitere Unterbrechungen durch Luftangriffe fortsetzen.

Was Dr. Rudolf Hermanns Überschall-Windkanal betraf, so war

seine anderweitige Unterbringung bereits einige Zeit vor dem Angriff geplant gewesen. Jetzt wurde diese wichtige Anlage, obwohl sie unbeschädigt geblieben war, in die Gegend von Kochel in der schönen Gebirgswelt von Bayern verlegt. Dieser Windkanal wurde später sogar in die USA gebracht, wo er im Naval Ordnance Laboratory in White Oak, Maryland, eingesetzt wurde.

Was die im Werk gebrauchten Fahrzeuge betraf, so verfügten jetzt die maßgebenden Heeresdienststellen, daß diese jeden Abend aus dem Werk herausgefahren werden mußten, obwohl beim Angriff nur wenige Last- und Personenwagen zerstört worden waren. Dadurch mußten die Fahrzeuge dann, je nachdem wo die Fahrer wohnten, täglich bis zu 80 km zurücklegen. Für die Fahrer, die jetzt nicht mehr mit dem Zug zu fahren brauchten, war das zwar sehr bequem, doch mit der damaligen Benzinknappheit war es wohl kaum zu vereinbaren. Diese Bestimmung blieb ein ganzes Jahr lang in Kraft.

Was meine Situation betraf, so hatte der Luftangriff mir einen Vorteil gebracht. Das VKN war evakuiert und auf verschiedene kleinere Hotels in Zinnowitz verteilt worden, wo die Unterbringung katastrophal war. Selbst die Militärs sahen ein, daß man nicht vier bis sechs Mann in einen Raum von knapp 15 Quadratmetern stopfen und dann erwarten konnte, daß diese beruflich Tag für Tag ihr Bestes hergaben. Daher erlaubte man nach einigem Zögern den uniformierten Ingenieuren und Wissenschaftlern, nach Belieben Privatzimmer zu mieten, soweit solche noch vorhanden waren.

Als ich Hartmut dies einige Tage nach meiner Rückkehr aus Rügen erzählte, sagte er: «Na, ich gratuliere! Wo wirst du denn nun dein Zelt aufschlagen?» «Mir gefällt Koserow. Ich denke, ich werde mich zuerst dort umsehen.» «Oh», sagte er, «ich weiß zufällig von einem netten Zimmer, das nur ein kleines Stück von unserem Haus entfernt liegt. Komm doch heute abend mal vorbei, dann werde ich dich mit den Leuten bekanntmachen.»

«Ich fürchte, das geht nicht», sagte ich. «Es liegt noch kein offizieller Befehl vor, und unsere Kompanie wird vorläufig in einer Scheune auf dem Festland untergebracht; heute abend sollen wir mit einem Lastwagen dorthin gefahren werden.»

«Aber hör mal, das ist doch ganz einfach. Gefreiter Huzel, du wirst hiermit zu einer technischen Besprechung in das Quartier von Leutnant Küchen beordert und hast dich heute abend pünktlich um acht in Koserow zu melden. Es gibt keine Entschuldigung.» Und so ging alles nach Wunsch.

Dann kam der 21. August, ein Sonnabend mit strahlendem Sonnenschein – aber es war ein trauriger Tag. Am frühen Morgen wurden die Opfer des Luftangriffs beerdigt. Neben den Bahnschienen nördlich des Lagers Trassenheide war der Wald gerodet und ein kleiner Friedhof angelegt worden. Die meisten der Toten konnten nicht identifiziert werden und kamen in ein Massengrab. Einige Einzelgräber nahmen Dr. Thiel und seine Familie sowie noch einige andere Opfer aus der Siedlung auf.

Es wurde eine kurze, würdige Trauerfeier gehalten. Die Zinnowitzer Kurkapelle, bzw. was davon noch vorhanden war, war in feierlichernsten, dunkelblauen Uniformen und Mützen angetreten und spielte Choräle, begleitet von einem kleinen Chor. Ein katholischer Priester und ein protestantischer Pfarrer hielten die Grabpredigten.

Drei Tage später kamen die ersten von vielen schweren Luftangriffen auf Berlin, die das Zentrum dieser schönen Stadt buchstäblich dem Erdboden gleichmachten. Meine Befürchtungen für Irmels Sicherheit wuchsen von Tag zu Tag.

5 Im Zentrum der Entwicklung

Die nächsten Tage brachten wir damit zu, die neuen BGS-Büros in den leerstehenden Baracken des VKN-Lagers Karlshagen einzurichten. Sobald wir wieder arbeitsfähig waren, hatten wir sofort alle Hände voll zu tun, denn es standen dringende Reparaturen an: Unter den Notdächern mußte der Fußboden wiederhergestellt werden, wobei darauf zu achten war, daß kleinere Schäden nicht ausgebessert wurden, um nach außen hin den Eindruck der Beschädigung möglichst zu wahren. Weit mehr Arbeit wurde auf elektrische Leitungen, Kabel und Bahnanlagen verwendet. An Straßenreparaturen wurde nur das Allernötigste vorgenommen.

Bald darauf kam ein Gerücht in Umlauf, wonach von jetzt ab die Überarbeitung und Entwicklung technisch fortgeschrittener Raketenmodelle aufhören würden; statt dessen würde man sich auf die Entwicklung der A-4 und ihres kleineren Bruders, Wasserfall genannt, konzentrieren; das sei notwendig geworden, um den durch den Luftangriff entstandenen Ausfall aufzuholen. Die letztere, technisch die C-2, war eine mit Tragflächen ausgerüstete Flugzeugabwehrrakete, die gleich der A-4 senkrecht hochgeschossen und vom Boden aus mittels eines Funkübertragungssystems mit Steuerknüppel auf das jeweilige Ziel gerichtet werden konnte. Diesem Gerücht nach sollten auch die Entwicklungsarbeiten an einer kleinen Flugzeugabwehrrakete vom Massenabschußtyp, genannt Taifun, weitergehen.

Im Gegensatz zu vielen anderen Gerüchten, die in großen Werken wie Peenemünde zu kursieren pflegten, war dieses wohlbegründet. Sehr wahrscheinlich waren diese neuen, konzentrierten Arbeiten der Grund dafür, daß eines Tages Hartmut Küchen in das BGS-Büro kam.

«Stell' dir vor», platzte er heraus, «ich bin soeben zum leitenden Ingenieur von P-7 ernannt worden! Und ich brauche einen technischen Assistenten. Bist du interessiert?»

«Ob ich interessiert bin? Was für eine Frage! Natürlich bin ich interessiert.»

Endlich! Meine große Chance war früher gekommen, als ich zu hoffen gewagt hatte. Diese Versetzung würde mich in das Versuchszentrum für Raketenentwicklung bringen, in die größte und am besten ausgestattete Anlage im ganzen Werk. Doch sogleich wandelte sich meine Freude in Enttäuschung. Erst vor kurzem hatte Müller die BGS verlassen, um einer Berufung in den Reichsforschungsrat zu folgen. Nach seinem Fortgang hatte ich einige seiner Aufgaben übernommen. Hartmuts Angebot war genau das, wovon ich immer geträumt hatte, aber jetzt war ich sicher, daß die BGS mich nicht freigeben würde. Ich brachte meine Befürchtungen zum Ausdruck. Hartmut grinste nur.

«Da müssen wir eben reden wie ein Buch. Ich habe schon mit von Braun darüber gesprochen und ihm sehr überzeugend von deinen Fähigkeiten erzählt. Er hat sich bereiterklärt, mit Maas zu sprechen. Ich weiß, Maas ist ein zäher Bursche. Rufe mich an, wenn er morgen früh hereinkommt. Ich komme dann auch noch mit – wir werden ihn überrumpeln.»

Früh am nächsten Morgen rief ich an wie geplant. Ein paar Minuten später kamen Hartmut und von Braun von Haus 4 herüber. Ich sah, daß Hartmut vor der Tür zu Maas' Büro stehenblieb und wartete, während von Braun hineinging. Wenig später wurde ich hineingerufen. Dies war das erste Mal, daß ich von Braun ganz aus der Nähe zu sehen bekam. Er begrüßte mich mit großer Freundlichkeit und schüttelte mir mit festem Griff die Hand. Wegen des unberechenbaren Wetters, das wir in letzter Zeit hatten, trug er den unentbehrlichen Peenemünder Ledermantel, lässig und unzugeknöpft. Er sah meines Erachtens jünger aus, als ich erwartet hatte – blond, blauäugig, volles Gesicht, ausgeprägter Unterkiefer. Während Maas weiterredete, lehnte sich von Braun in einem Sessel zurück und betrachtete mich mit kindlichneugierigen, ja unschuldigen Blicken, wobei er mich gutmütig anstrahlte.

Maas schien etwas irritiert zu sein. Er sprach in gekränktem Ton zu mir, und ich hatte ein schlechtes Gewissen. Übrigens hatte ich vor einigen Tagen vom VKN die Erlaubnis bekommen, Zivilkleidung zu tragen, und dies war das erste Mal, daß Maas mich nicht in Uniform sah. Ich hatte es absichtlich so eingerichtet, denn ich wußte, daß ihm dies die psychologische Überlegenheit nehmen würde, die einige Zivilisten in leitender Stellung in Peenemünde unbewußt ausspielten.

Plötzlich merkte ich, daß ich Maas gar nicht genau zugehört hatte. Ich kriegte gerade noch mit, daß er glaubte, ich hätte mich nach einer anderen Position umgesehen, weil ich in seiner Organisation keine Aufstiegsmöglichkeiten sah, und daß ich möglicherweise mit der Bezahlung nicht zufrieden sei. Ich erzählte ihm wahrheitsgemäß, daß dies nicht der Fall war, daß ich mich aber stark für die neue Betätigung interessierte, die mir angeboten worden war.

Jetzt schaltete sich von Braun ein, höflich, aber bestimmt.

Inneres der Zusammenbau-Werkstatt (ZW). Hier erfolgte der Zusammenbau des gesamten Gerätes. Die Treibstofftanks waren in einer aus zwei Halbschalen bestehenden Hülle montiert. Die längeren Tanks waren für den Treibstoff Methylalkohol (75 %) bestimmt, die kürzeren für den flüssigen Sauerstoff (Lox).

A-4 Brennversuch auf Prüfstand 7 im Gang. Das Gerät ist im «Brennwagen» kardanisch aufgehängt. Beachte die vorausgeplante Ablenkung des Strahles durch die Strahlruder zwecks Prüfung der Steuerung. Die wassergekühlte Schurre war für diese Strahlablenkung überdimensioniert.

«Ich bin Ihnen sehr dankbar für Ihr Entgegenkommen, Herr Maas. Wir haben uns also dann darauf geeinigt, daß Herr Huzel ab nächste Woche halbtags bei uns arbeitet, bis Sie einen Ersatzmann für ihn eingearbeitet haben. Ich muß jetzt gehen. Nochmals vielen Dank. Ich bin Ihnen sehr verbunden.»

Er stand rasch auf, lächelte, schüttelte uns beiden die Hände und ließ Maas einfach sitzen, der überhaupt nicht ja, aber auch nicht gerade nein gesagt hatte.

Meine Versetzung erfolgte ohne weitere Schwierigkeiten, und in den unmittelbar darauffolgenden Wochen versenkte ich mich mehr und mehr in mein neues Aufgabengebiet. Wo ich mich früher mit dem gesamten Komplex von Peenemünde befassen mußte, konzentrierte sich jetzt meine ganze berufliche Tätigkeit fast ausschließlich auf den Prüfstand P-7, an dem ich vor einiger Zeit zum ersten Mal den Brennversuch eines A-4-Gerätes beobachtet hatte. Die wichtigste Anlage in diesem Teil des Werkes war natürlich die große Montage- und Vorbereitungshalle, wo ich zum ersten Mal die A-4-Geräte gesehen hatte. An klaren Tagen konnte man ihre massige Front von den Klippen von Koserow her sehen, die etwa 18 km von hier entfernt lagen. Sie war so ausgelegt, daß sie nicht nur die A-4, sondern auch die Elemente der viel größeren A-9/A-10 aufnehmen konnte; die letztere war eine Zweistufenrakete, mit der Hitler einmal gehofft hatte, die Vereinigten Staaten zu bombardieren. Dieses Gerät wurde jedoch nie gebaut, und sein vorläufiger Entwurf war bereits damals wieder zu den Akten gelegt worden, weil man sich jetzt voll auf die A-4 konzentrieren wollte. Das Gerät A-9/A-10 sollte aus einer als A-10 neu entwickelten ersten Stufe mit einem Schub von 200 t bestehen und aus der A-9, praktisch einer mit Tragflächen ausgerüsteten A-4, die mit einem Schub von 25 t als Endstufe dienen sollte. Der Entwurf ähnelte im Konzept dem Verfahren, das erstmals in den dreißiger Jahren von Dr. Eugen Sänger angeregt und später in den Vereinigten Staaten unter dem Namen Dyna-Soar boostglide hypersonic bomber einer Studie unterzogen wurde.

Das Nervenzentrum von P-7 war das Kontrollgebäude, das rittlings auf dem Erdwall saß, der die Prüfarena umgab. Hier hatten sowohl der Prüfstandsleiter als auch die Leute von seinem technischen Stab ihre Büros. In einem großen Raum, dessen Fenster sich auf der Außenseite der Arena befanden, hatten etwa fünfzehn Ingenieure von seinem Stab ihre Schreibtische. Im allgemeinen saß dort niemand, denn die Ingenieure verbrachten die meiste Zeit im Prüfstand und in der großen Halle, um die Tests vorzubereiten, eventuellen Funktionsstörungen auf den Grund zu gehen, Systeme zu überprüfen, etc. Am hinteren Ende dieses Büros lag ein kleinerer Raum, der durch eine Glaswand abgetrennt war. Hier waren zwei Schreibtische gegeneinandergestellt: der von Hartmut und meiner. Daneben stand ein zweites Paar Schreibtische; einer gehörte unserem Verwaltungsassistenten Helmut Klee und der andere Willi Münz, unserem hochbefähigten, leitenden Testingenieur.

Fast immer in einen «Pfeffer und Salz» -gemusterten, leichten Ingenieursmantel gekleidet, war Münz das Herz und die Seele des A-4-Versuchsbetriebes auf P-7. Dieser schlanke, gutaussehende Mann mit krausem Haar kannte das Gerät in- und auswendig, ohne je in einem Handbuch nachschlagen zu müssen, was ihm den Respekt von Untergebenen und Vorgesetzten einbrachte.

Was sich routinemäßig am P-7 abspielte (obwohl man hier kaum jemals von «Routine» reden konnte) zeigte sich an einem typischen Arbeitstag, nämlich am 8. November 1943. (In jenem November wurde übrigens auf der Konferenz von Teheran die Invasion Frankreichs durch alliierte Truppen beschlossen.)

Es war bereits Spätherbst, und die wenigen Laubbäume, die inmitten der Kiefernwälder standen, leuchteten wie bunte Tupfer im dunklen Grün des Nadelbaumbestandes. Es regnete häufig, und an solchen Tagen sah ohnehin alles trostlos aus; die flache, bewaldete Landschaft, der bleierne Himmel und die See schienen hinter einem grauen Schleier ineinanderzufließen. Von der See her blies ein naßkalter Wind, der uns die Arbeit erschwerte und hart mit den empfindlichen Prüfinstrumenten verfuhr. Dies war nun ein solcher Tag, der's «in sich» hatte.

Hartmut und ich hatten gerade unseren Arbeitsplan für die nächste Woche festgelegt, als Münz hereinkam, sich in einen Stuhl fallen ließ und einen erleichterten Seufzer ausstieß. «Das hätten wir endlich hingekriegt», sagte er. «Die letzte Inspektion fiel gut aus. Da war mal wieder eine Kaltlötstelle im Hauptverteiler. Die ganze Nacht haben wir uns um die Ohren geschlagen, um das festzustellen.» Er wandte sich an mich: «Sie machen gerade die Geräteraumklappen zu, Herr Huzel. Wir bringen die Gurke jetzt gleich in die Arena. Wenn Sie das Betanken beobachten wollen...» Das Versuchsgerät V-43 hatte nach einigen Brennversuchen soeben in der Halle die letzte Prüfung vor dem Abschuß passiert. Diese Prüfung befaßte sich mit dem mechanischen Teil des Triebwerkes wie Pumpen, Ventile, Eichblenden, Lecktests, etc. Auch hatte die Triebwerksgruppe neue Grafitruder in die Düse der Verbrennungskammer eingebaut, um die alten zu ersetzen, die durch die Brennversuche abgenutzt waren.

Dann hatten die BSM-Leute ihre Steuerungs- und Kontrollsysteme überprüft. An jenem Morgen muß ich wohl hundertmal das Aufheulen beim Starten eines der kleinen Motorgeneratoren gehört haben, die sich in der Spitze der Rakete befanden. Prüfsignale wurden in das System gesandt, die Abweichungen von Leitwerk und Rudern wurden gemessen, deren prompte Reaktion wurde registriert, die Potentiometer justiert. Dieses alles spielte sich unter dem fast völlig unverständlichen Kauderwelsch der Eingeweihten ab.

«Öhmig-2 läuft.»

«Messina-1 ist noch nicht angeschlossen.»

«Die Elefanten-Attrappe noch nicht aufsetzen, wir müssen erst noch den Honnef auswechseln.»

«Wir haben einen offenen Stromkreis; wahrscheinlich sind's wieder diese verdammten Fliegenbeine.»

Und so ging das weiter. Es waren die unzähligen kleinen Dinge, die vor dem Abschuß noch erledigt werden mußten – mit derselben liebevollen Aufmerksamkeit und resoluten Beharrlichkeit, mit der Hofdamen einer Prinzessin beim Anlegen ihres Brautstaates zur Hand gehen. Dieser Vorgang hatte in seiner Ausgefeiltheit und gewissenhaften Durchführung immer etwas Faszinierendes an sich.

Als ich die Halle betrat, schraubten die Mechaniker gerade eine große Öse in die Spitze der V-43 ein. «V» bedeutete Versuch, und die nachfolgende Nummer bezog sich auf dieses spezielle Gerät und nicht auf die Testfolge. So würde z. B. die V-73 nach der V-43 zur Abschußrampe des P-7 gefahren werden.

Die Raketenspitze, der man den Spitznamen «Elefant» verliehen hatte, war genauso geformt wie der eigentliche Sprengkopf, war jedoch statt mit Explosivstoffen nur mit einer Tonne Sand gefüllt. Jetzt faßte von oben her ein Kranhaken mit haarscharfer Präzision die Öse der A-4, und während die Männer vom Boden her das Heck stabilisierten, damit es nicht hin- und herschwankte, hob er die Rakete ganz sachte in die wartenden Arme des Meiller-Wagens, der sie erfaßte und dann vorsichtig in die waagerechte Position manövrierte. Während dieses Vorgangs öffneten sich die Schiebetüren der Halle. Ein Traktor fuhr rückwärts herein, der den Meiller-Wagen ankoppelte und dann mit der ganzen Ladung die Halle verließ. Dirigiert von vielen Zurufen und Armbewegungen, fuhr der Traktor durch die tunnelartige Einfahrt in die Arena. Dort wurde der Meiller-Wagen in wahrhaft eleganter Weise rückwärts bis auf Armlänge an den Abschußtisch heranbugsiert. Mit Hilfe von Drahtseilen und einer Winde wurde er dann vorsichtig an den Tisch herangezogen und fest damit verriegelt.

Der Arm des Meiller-Wagens ging surrend wieder in die Höhe und stellte die Rakete senkrecht auf den Abschußtisch. Ein paar Drehungen an den vier schweren Stellschrauben unter den Flossen, und die Rakete stand nun fest und genau senkrecht auf dem Tisch als ihrem einzigen Untersatz. Die Gurte, mit denen sie noch am Montagearm befestigt war, wurden gelöst, und der Wagen kroch davon.

Einen Augenblick lang stand die V-43 allein, majestätisch und ohne jedes Drum und Dran. Dann rollte auf den Schienen sofort das Starthaus heran, eine Holzkonstruktion, die an einem Ende offen war und Arbeitsbühnen in verschiedenen Höhen enthielt. Diese hatten runde Ausschnitte zur Aufnahme der Rakete, so daß diese nun von allen Seiten zugänglich war. Von den Arbeitsbühnen aus wurden alsbald die letzten Überprüfungen vorgenommen, hauptsächlich für die Bereitschaft der Steuerungs- und Meßgeräte. Dann kam die Ansage:

«Fertig zum Betanken!»

Tankwagen fuhren rückwärts heran und manövrierten in die entsprechenden Positionen. Leitungen wurden angeschlossen, und Pumpenmotoren begannen zu laufen. Zuerst wurde der obere Tank mit Alkohol gefüllt. Dann begann der Flüssigsauerstoff, genannt A-Stoff, den unteren Tank zu füllen, wobei knatternde Geräusche hörbar wurden, als die exponierten Metalle unter der extrem kalten Temperatur des Flüssigsauerstoffs (minus 219íC) schrumpften. Gleichzeitig kroch an der Außenseite eine Schicht Rauhreif hoch. Nach dem Auftanken setzten sich die Lastwagen ab, und das auf Schienen sitzende Starthaus rumpelte langsam zur Seite.

Jetzt war es nur noch ein paar Minuten bis zur X-Zeit; es wurde Zeit, sich in Sicherheit, d. h. ins Kontrollzentrum, zu begeben. Ich kam von der Arena her durch zwei dicke Stahltüren herein, wovon ich übrigens die innere nie geschlossen sah. Es waren zur Zeit nur noch ein paar Leute im Kontrollraum. Ein Mann stand am Triebwerkspult, ein anderer beugte sich über das Steuerpult. Beide hatten Kopfhörer auf, über die sie mit anderen Gruppen in Verbindung standen. Von Zeit zu Zeit wiederholte der eine oder andere eine Anweisung, flippte einen Schalter oder drehte einen Ventilgriff und wiederholte dabei zur Bestätigung die entsprechende Anweisung. Gelegentlich ging einer zu einem der vier Periskope im Kontrollraum hinüber, um gewisse Vorgänge zu beobachten, die um die Rakete herum stattfanden. Die große X-Zeit-Uhr in der Arena zeigte «X minus vier Minuten» an.

Ich sah Ingenieure hereinkommen, die die Instrumente lasen, die überall an den Wänden befestigt waren, und dann wieder hinausgingen, während sie sich Notizen machten. Die ganze Atmosphäre war entspannt, alles verlief wie geplant, sehr fachmännisch.

Die Arena wurde evakuiert. Immer mehr Menschen kamen in den Kontrollraum hinüber. Die meisten gingen schnurstracks hindurch, zurück zu ihrer Arbeit in der Halle, oder sie stiegen auf das Hallendach, um den Abschuß zu beobachten. Der größte Teil der Belegschaft vom Prüfgelände versammelte sich vor dem Kontrollraum. Es gab sogar ein paar unternehmungslustige Leute, die während der Brennversuche auf den Wall stiegen, der die Arena umgab, damit sie alles aus nächster Nähe sehen konnten. Die eigentliche

Abschußbelegschaft aber blieb oft in dem offenen Tunnel, der sich an das Kontrollzentrum anschloß.

Als der letzte Mann die Arena verlassen hatte, wurde die Tür zum Kontrollraum geschlossen. Das dortige Sicherheitsglasfenster gewährte einen Blick in die Arena, und davor wurde ein Beobachter postiert, der in direkter Telefonverbindung mit dem großen Meßhaus stand. Im letzteren befanden sich Geräte, die Signale von der fliegenden Rakete empfingen, diese Signale in die Fluggeschwindigkeit übersetzten, sie verarbeiteten und dann ein Abschaltsignal aussandten, wenn die für einen gewissen Bereich erforderliche Geschwindigkeit erreicht war. Dieses System hieß nach seinem Entwickler das Wolman-System. An Bord der A-4 selbst war das wahrscheinlich wichtigste elektronische Steuergerät, das sogenannte Mischgerät, entwickelt in Peenemünde von Dr. Helmut Hölzer.

Ich wollte den Beobachter bezüglich des Testvorgangs etwas fragen, brach meine Frage aber ab, denn ich sah, daß er im Moment ein vielbeschäftigter Mann war. «Bitte, was sagten Sie?» sprach er gerade ins Mundstück seines Telefons. «Ich konnte Sie nicht hören.» Und nach einer Pause: «Gut, ich werde es ihm sagen, aber er wird nicht begeistert sein.» Er legte den Hörer auf und ging in den Kontrollraum.

«Wo ist Münz?» hörte ich ihn fragen. «Oh, da sind Sie. Eben hat Brützel angerufen. Er kann Ihnen das ‹Startklar›-Signal nicht geben. Steinhoff ist noch nicht da. Er bringt ein paar Besucher mit. Brützel läßt Ihnen sagen, daß Steinhoff und die hohen Tiere vor einiger Zeit aus Pudagla abgefahren sind und jeden Moment eintreffen müßten. Er sagt, Sie sollen sich bereithalten.»

Ich schaute hinein. Münz, dessen Gesichtsausdruck resigniert, ja fast gelangweilt war, legte den Kopfhörer ab. Er fluchte, stampfte an mir vorbei ins Freie hinaus und steckte sich eine Zigarette an.

Zehn Minuten später kam die Anweisung: «Alles klar. Fertigmachen zum Start.» Münz kam wieder herein; er sah immer noch resigniert aus und setzte den Kopfhörer wieder auf. Die Ingenieure eilten zu ihren Plätzen.

«Die Zweiminutensirene einschalten», sagte Münz.

Der schrille, auf- und abschwingende Sirenenton war hier wegen der meterdicken Betondecke über unseren Köpfen nur gedämpft zu hören.

«Arenatür schließen.»

«Arenatür ist geschlossen.»

«Startschlüssel auf Start.» Münz sprach mit fester, ruhiger Stimme.

«Schlüssel steht auf Start.»

Münz sah angestrengt durch das Periskop, während er diese Anweisungen gab. Die Bestätigungen des Mannes an der Triebwerkskonsole nahm er mit leichtem Kopfnicken entgegen. Schließlich wandte er sich dem Bediener zu.

«Haben Sie das Startklar-Licht?»

«Startklar ist an.»

«Sind die Photographen auf ihren Plätzen?»

Die Bestätigung kam durch den Kopfhörer.

«Den A-Tank belüften.»

Der Mann an der Konsole betätigte den Drehschalter. Eine Stimme rief in singendem Ton, «Entlüftungsventil geschlossen.» Dann kam eine andere Stimme: «A-Tank-Druck steigt, Komma fünf, Komma acht, eine Atmosphäre, eins Komma zwei, A-Tank steht unter Druck.»

«Ist BSM klar?»

Schweigen. Münz drehte sich herum. «Ist BSM klar?» wiederholte er. Der Mann an der BSM-Konsole hatte einen besorgten Gesichtsausdruck. Ein paarmal betätigte er einen gewissen Schalter; schließlich drehte er sich mit hilfesuchendem Ausdruck um. Ein Steuerungsingenieur kam ihm zu Hilfe, und beide sahen sich die Instrumente an. Es folgte ein kurzes, gedämpftes Hin und Her von Fragen und Antworten, wobei ihre Mikrofone zur Seite gedreht waren. Dann gingen sie hinüber zur Netzanschluß- und Verteilertafel an der hinteren Wand. Es folgten weitere Diskussionen, während sie die Instrumente durchsahen und die Stellung ihrer Schalter prüften. Endlich richtete sich der Steuerungsingenieur auf und verkündete mit betrübter Miene:

«Öhmig Umformer No. 2 ist ausgefallen. Wir müssen ihn auswechseln.»

«Verdammt noch mal», sagte Münz und nahm seinen Kopfhörer ab. «Abschußschlüssel zurückstellen.»

Die X-Zeit-Uhr, die bereits plus 15 Minuten anzeigte, wurde auf minus zwei Stunden zurückgesetzt.

Münz ging hinaus, um sich eine Zigarette anzustecken; sein Gesicht hatte immer noch denselben resignierten, fast gelangweilten Ausdruck. Er hatte guten Grund, sich zu ärgern. Wenn der Flüssigsauerstoff erst einmal getankt war, dann mußte der Abschuß möglichst ohne Verzögerungen erfolgen, denn die kalte Luft vom Tank und von der Flüssigsauerstoffpumpe würde bald alle Metallteile im Heck auf Temperaturen weit unter dem Gefrierpunkt abkühlen; und Feuchtigkeit, die auf Metallflächen, in Ventilen und elektrischen Kabelnetzen kondensierte und gefror, erhöhte die Möglichkeit eines Fehlstartes. Die einzige Lösung war, den Flüssigsauerstoff wieder abzulassen, um die Rakete zu erwärmen und zu trocknen – mit anderen Worten: wieder von vorn anzufangen. Fast zwei Stunden später berichtete BSM:

«Alles klar. Hoffen wir, daß die anderen Öhmigs durchhalten, sie sind schon eine ganze Weile in Betrieb gewesen.»

Münz, der sich noch außerhalb des Kontrollzentrums befand, antwortete nicht. Er wandte sich einem Vorarbeiter zu.

«Haben Sie den Flüssigsauerstoff wieder aufgetankt?»

«Ja, der Tankwagen ist gerade abgefahren. Das Starthaus ist abgezogen, wir sind fertig zum Abschuß.»

«Gut, dann wollen wir anfangen.» Münz warf seine halbgerauchte Zigarette auf den Boden und begab sich zurück in das Zentrum. Noch einmal begann unter seiner Regie die gleiche Prozedur wie zuvor. Er war ruhig, gelassen, selbstsicher, als wäre nichts vorgefallen.

«Ist BSM jetzt klar?»

«BSM klar.»

«Wolman klar?»

«Alles klar», sagte der Beobachter.

«Also, dann los. Rauchbombe! Sirene!»

Wieder ertönte das kurze, gedämpfte Wimmern der Sirene. Gleichzeitig wurde die Rauchbombe vom Arenawall hochgelassen.

Zwar konnte ich sie jetzt von meinem Beobachtungsposten innerhalb des Zentrums nicht sehen, doch ich hatte ohnehin schon viele Male beobachtet, wie dieser grüne Rauchkringel sich zirka 30 Meter hoch in die Luft schlängelte, und es war schon wiederholt vorgekommen, daß uninformierte Beobachter dies für einen Fehlstart der Rakete hielten.

Einen Moment später brüllte Münz: «Zündung!»

Mir war es gelungen, einen Platz an einem Periskop zu ergattern. Durch die Linse sah ich das Aufblitzen der Hydrazin- und Wasserstoffsuperoxydflamme aus der Raketendüse herausschießen, funkelnd und von intensiver Glut. Das Zusammenführen dieser beiden hypergolischen, selbstzündenden Chemikalien war damals immer noch unsere Zündmethode; erst später führten wir eine pyrotechnische Zündung ein.

«Vorstufe.»

«Vorstufe ist an.»

Eine neue Flamme – gelblich orange und schmerzhaft hell – schoß heraus und verschlang die Zündflamme, wirbelte gewaltig herum wie ein feuriger Besen, hinweg über die Startbasis, den Ablenker und den Erdboden ringsum. Nach einigen Sekunden aber beruhigte sich die Flamme.

«Vorstufe in Ordnung.»

«Hauptstufe.»

Ich blickte rasch zur Seite und sah gerade noch, wie der Verantwortliche den Drehschalter betätigte. Aber es geschah nichts. Münz hatte seine Augen immer noch am Periskop kleben, und da er an ein Mißverständnis glaubte, wiederholte er nochmals mit lauter Stimme: «Hauptstufe!»

«Hauptstufe ist an!» antwortete der andere genauso laut.

«Abschalten», sagte Münz verdrossen.

Die Vorstufenflamme verschwand. Noch einen kleinen Moment lang flickerte ein Nachfeuer. Eine riesige, weiße Wolke schoß aus dem Entlüftungsventil des Sauerstofftanks und wurde zusehends dünner, bis sie wieder die Gestalt des üblichen kleinen Federwölkchens annahm. Münz machte wieder sein resigniertes Gesicht.

«Meldung zum großen Meßhaus: Hauptstufe hat nicht funktioniert. Wahrscheinlich ein gefrorenes Kontrollventil. Wir müssen den A-Tank leeren. Kein Test heute.»

Er pausierte, fluchte und nahm seinen Kopfhörer ab. Etwas von seinem müden, resignierten Ausdruck übertrug sich auch auf die Gesichter der anderen. Draußen steckte er sich wieder eine Zigarette an und starrte mißmutig in den Himmel.

Solche Tage gab es schon mal. Das war normal für Testprogramme und Test-Ingenieure. Aber es gab auch bessere Tage. Mit unseren wachsenden Kenntnissen und unseren sich ständig verbessernden Methoden wurden auch unsere Produkte besser, die Probleme und Mißerfolge seltener.

Am nächsten Tag durchliefen die Vorbereitungen für den Abschuß die gleiche Routine. Die Theorie von Münz hatte sich als richtig erwiesen; das Problem am Vortage war durch ein eingefrorenes Kontrollventil hervorgerufen worden. Es war inzwischen gewärmt, getrocknet und in tadellosem Zustand befunden worden.

Ich beschloß, diesmal den Abschuß von außen zu beobachten. Als die Abschußbelegschaft die Arena verließ, folgte ich ihr durch den Kontrollraum zum Vorderteil des Gebäudes, wo das Rauchen erlaubt war. Hier war die Atmosphäre aufgelockert und blieb es gewöhnlich auch, bis die letzte Sirene ertönte.

Innerhalb des Kontrollzentrums würde die Spannung natürlich ständig zunehmen, je mehr sich die Abschußfolge der Hauptstufe näherte. In der Tat hat es in meinem Leben nur wenige Situationen gegeben, wo ich so nervös und angespannt war wie später bei der Beaufsichtigung eines Abschusses. Brennversuche schienen im Vergleich dazu milde. Einige behaupteten, daß diese beiden Ereignisse im Grunde genommen ein und dasselbe seien, nur daß die Rakete im Brennversuchsfalle nicht hochgeschossen würde. Logisch gesehen, stimmte das zwar, aber in Wirklichkeit war es eben doch nicht dasselbe. Zumindest konnte man das daran merken, daß einem beim Abschuß der Puls schneller ging.

Wir unterhielten uns ein paar Minuten über belanglose Dinge, bis schließlich die Sirene ertönte.

«Zwei Minuten», sagte jemand.

Die Gespräche verstummten, und wir begaben uns in den Tunnel. Innerhalb des Tunnels, etwa auf halber Strecke, konnte man von einer gewissen Stelle aus die ganze Rakete sehen. Aus dieser Entfernung von etwa 74 m sah sie friedlich und einsam aus. Das Einzige, was sich daran bewegte, war das kleine Dampfwölkchen, das sich aus dem Ventil des Sauerstofftanks kräuselte.

Wieder ging kurz die Sirene, dann kamen der dumpfe Knall, den die Rauchbombe machte, und darauf in schneller Folge Zündung und Vorstufe. Ein unregelmäßiges Donnern erfüllte die Luft. Eine orangefarbene Flamme fegte in allen Richtungen über den Boden hin und wirbelte Staub auf, der sich ungestüm mit den weißen Dampfwolken vermischte, welche aus den Abwässerpfützen an der Abschußbasis aufstiegen. Der Rauhreif an Kabeln und A-Stoff-Tank fiel ab und wurde vom Luftstrom erfaßt, so daß es schien, als wirbelte ein kleiner Schneesturm um Motor und Abschußbasis.

Plötzlich lösten sich die beiden Kabelstecker, genannt Stotzstekker, vom Geräteraum nahe der Spitze der Rakete. Die Verbindungskabel zwischen Rakete und Bodenanlagen, von einem hohen Mast gehalten, schwangen in weitem Bogen zur Seite und landeten in einem Netz. Fast zur gleichen Zeit wuchs die Kraft des Feuerstrahls im Bruchteil einer Sekunde gewaltig an, genau gesagt um das Dreißigfache. Durch die Gewalt des Rückstoßes wurden Gas- und Staubwolken an den Wänden der Arena hinauf- und dann hoch in die Luft gewirbelt. Ein heißer Luftstoß fuhr in den Tunnel. Und aus diesem Chaos erhob sich langsam die Rakete – es war der absolut großartigste Anblick meines Lebens. Das Geräusch, das dabei entstand, ist kaum zu beschreiben; es erfüllte die Luft, war fast greifbar, schwoll an zu einem gewaltigen Crescendo. Man konnte es körperlich wahrnehmen, denn die Vibration schüttelte uns durch und durch.

Sofort nach dem Start sausten alle um mich herum davon zum Ende des Tunnels in Richtung Arena, um die aufsteigende Rakete nicht aus den Augen zu verlieren. Ich folgte, wenn auch ein wenig zaghaft, denn ich war ja schließlich noch ein Neuling. Als ich einen Blick aus dem Eingang des Tunnels riskierte, sah ich hoch oben über meinem Kopf die A-4 in steilem Winkel ansteigen. Ihren Feuerstrahl zog sie als schmalen, glühenden Schweif hinter sich her, der genauso lang war wie die Rakete selbst. Am Austritt der Düse war dieser fast durchsichtig, glühte aber zusehends heller und leuchtete an der Spitze in grellem Gelb-Orange.

Der Lärm begann abzuebben. Die Männer vom Kontrollzentrum waren jetzt ebenfalls herausgekommen und guckten in die Luft, die Köpfe schräg nach hinten, genau wie wir. Einige hatten Ferngläser dabei. Die Rakete befand sich jetzt in einer Höhe von ca. 300 m und neigte sich bereits in nordöstlicher Richtung nach vorn.

«Das Flugbahnprogramm hat begonnen», bemerkte ein Ingenieur, der hinter mir stand. Und jeder versicherte jetzt jedem, daß dies der Fall sei. Das war das Signal, sich weiter in die Arena zu wagen, fort von der Kontrollraumtür und dem Tunnel, denn die Möglichkeit, daß die Rakete auf die Abschußstelle zurückfallen könnte, bestand nicht mehr.

Bald hörte man das Geräusch der Rakete nur noch so schwach, daß man sich in normaler Lautstärke unterhalten konnte. Da – plötzlich erschien, wie von Geisterhand gezogen, ein blendendweißer Kreidestrich auf der blauen Himmelsleinwand. Die Rakete war in eine kältere Luftschicht eingetreten und zog jetzt eine helle Spur hinter sich her. «Da ist der Kondensstreifen», hörte ich ein halbes Dutzend Ingenieure fast gleichzeitig verkünden. Das schien die letzte Bestätigung zu sein, daß alles planmäßig verlaufen war.

So plötzlich, wie er begonnen hatte, hörte der Kondensstreifen auf. In diesem Moment verlor ich die Rakete aus den Augen. Während ich vergebens den Himmel absuchte, löste sich der Streifen allmählich in dünne, verzerrte Fasern auf und verschwand dann völlig. Danach aber kam noch ein zweiter Kondensstreifen herausgeschossen, diesmal nur kurz, dann war nichts mehr zu sehen. Jemand schrie: «Brennschluß – 63 Sekunden!»

Der Antrieb war jetzt abgeschaltet, aber das ferne Donnern war immer noch deutlich vernehmbar, schwoll abwechselnd an und ab, während es immer leiser wurde. Das dauerte noch ungefähr zwei Minuten, bis die letzte Schallwelle uns von dort oben her erreichte, wo der Brennschluß erfolgt war – in einer Entfernung von etwa 40 km.

Die Brennschlußgeschwindigkeit lag bei ca. 1 500 m/sec. Jetzt

Vorbereitungen zum Schuß eines A-4 auf Prüfstand 7. Das Gerät ist aufgetankt, der flüssige Sauerstoff versursacht eine dünne Frostschicht auf dem O_2-Behälter. Das Starthaus wird abgezogen. Letzte Bodenprüfungen beginnen.

A-4 Start. Das Gerät hat abgehoben und beginnt mit einem Schub von 25 Tonnen zu beschleunigen. Es ist mehrmals vorgekommen, daß durch ein Versagen, z. B. Vibrieren eines Ralais-Kontakes, der Schub abgeschaltet wurde und das Gerät explodierend auf seinen Abschußtisch zurückfiel.

hatte die Rakete die geräuschlose, ballistische Phase ihres Fluges erreicht. Genau wie ein Gewehr auf sein Ziel gerichtet und das Pulver präzise abgewogen sein muß, wenn das Geschoß sein Ziel erreichen soll, so sind für die Rakete Geschwindigkeit, Ort und Position sowie ihre Flugrichtung im Raum zur Zeit des Brennschlusses ausschlaggebend für ihre Flugbahn. Alle diese Faktoren werden von raffinierten elektronischen Geräten gesteuert.

Um den genauen Aufschlagsort im Wasser zu markieren, waren die A-4-Geräte mit Säcken voll Farbe von einem intensiven Grün versehen, die einen sichtbaren Fleck auf der See hinterließen. Dieser Fleck blieb lange genug bestehen, um die genaue Feststellung seiner Lage und Koordinaten von einem Suchflugzeug aus zu ermöglichen. In der Regel kamen die ersten noch unvollständigen Informationsbrocken hierüber am Tag nach dem Abschuß an: Reichweite, Seitenabweichung, Abschaltwerte. Einige der Raketen waren mit einem kleinen Fernmeßgerät versehen, das gewisse Meßwerte sowie die Signale von Gyroskopen übertrug, welche die genaue Lage der Rakete im Raum beschrieben. Ein Empfangsgerät für diese Meldungen war in einem Leuchtturm in Koserow aufgestellt worden.

Die Oszillografenschriebe von der Fernmeßübertragung wurden im Leuchtturm entwickelt. Das Oszillogramm, das viele Meter lang sein konnte, wurde in der Mittelöffnung der Spiraltreppe des Leuchtturms zum Trocknen aufgehängt – ein höchst seltsamer Anblick! Wer immer sich über gewisse Phasen eines Raketenfluges informieren wollte, kletterte nun also auf dieser Spiraltreppe auf und ab, um sich die betreffenden Stellen auf dem Streifen anzusehen. Was für ein Unterschied war das doch gegen den heutigen Stand der Technik, wo die oszillografischen Meldungen über Brennversuche und Raketenabschüsse wenige Minuten nach Abschluß des Testes vorliegen – entwickelt von automatischen Präzisionsmaschinen, getrocknet und in handliche Päckchen gefaltet.

Als ich nach dem Entwarnungssignal die Arena verließ, wurde gerade die Abschußplattform inspiziert. Beim Anblick des nunmehr leeren Abschußtisches hatte ich immer ein irgendwie seltsames Gefühl. Ein Produkt unserer Arbeit und Mühe war einfach fort. Noch vor einigen Minuten hatte es dort gestanden, und jetzt würden wir es nie wiedersehen.

«So, und jetzt brauchen wir uns über die V-43 keine Sorgen mehr zu machen», sagte Münz. In seiner Stimme klang hörbar die Befriedigung mit, die er darüber empfand. Dann drehte er sich um und wandte seine Aufmerksamkeit der V-73 zu, die am nächsten Tag abgeschossen werden sollte.

6 «Superingenieure»

«Wir hier sind Superingenieure!»

Nie werde ich diese Worte vergessen, die ich kurz nach meiner Ankunft in Peenemünde von einem begeisterten jungen Mann hörte. Meine ersten Eindrücke von den Werkstätten, Konstruktionsbüros, Prüfständen und Abschußbasen waren noch frisch in Erinnerung, und dieser Ausruf schien alle meine romantischen Vorstellungen von Raketen und Weltraumfahrt zu bestätigen. Hatte ich doch von Kindesbeinen an die faszinierenden Vorträge von Männern wie Max Valier angehört und jene atemraubenden Zukunftsromane verschlungen, in denen Raumfahrtpioniere sich mit größter Selbstverständlichkeit über Differentialgleichungen unterhielten und mit einem Knopfdruck phantastische Maschinen betätigten, die ihnen geradezu übermenschliche Fähigkeiten verliehen.

Je besser ich mich in Peenemünde auszukennen begann, umso öfter kamen mir diese Zukunftsbilder wieder in den Sinn. Eine Zeitlang glaubte ich wahrscheinlich, daß ich selbst einmal ein solcher «Superingenieur» werden würde. Ich bewunderte aus der Ferne jene Kollegen, die, wie ich meinte, bereits zu dieser Klasse von höheren Wesen zählten, denn alle Anzeichen schienen dafür zu sprechen: ihre Fachausdrücke, die ich nicht verstand, ihre geheimnisumwitterte Tätigkeit und die gelegentliche «Privatnotizbuch-Taktik», der sich manche von ihnen bedienten. Nur ganz allmählich begriff ich, daß das einzig «Übermenschliche» an dieser Gruppe die unermüdliche, niemals endende Arbeit war, die jeder hier zu leisten hatte – tagein und tagaus – trotz vielfach sich wiederholender Fehlschläge, um einen völlig neuen Wissenschaftszweig ins Leben zu rufen. Im ganzen Werk gab es, wie sich herausstellte, nicht einen einzigen «Superingenieur», sondern nur überzeugte, unermüdliche, zähe Arbeiter. Es gab Tage, wo nichts, aber auch nichts zu klappen schien und wo dann obendrein noch eine Versetzungsorder kam und wir einen wichtigen Mann verloren, der angeblich in einer anderen Abteilung noch dringender benötigt wurde. Es herrschte eben Mangel an qualifiziertem Personal. Auch wurde mitunter ein Bericht über unsere «Fortschritte» angefordert, meist zu einem Zeitpunkt, da wir glaubten, alles andere als Fortschritte gemacht zu haben. Mitunter konnte man tagelang nicht an ganz gewöhnliches Material herankommen wie z. B. ein paar Latten, wodurch dann eine wichtige Konstruktionsarbeit um Tage verzögert wurde – oder es fehlte an der richtigen Schutzbekleidung, oder eine warme Mahlzeit für die Nachtschicht ließ sich nicht herbeischaffen – hundert Hindernisse konnten eintreten.

In solchen Momenten wurde uns allen klar, daß es so etwas wie «Superingenieure» nicht gab. Zaubern konnte niemand. Da war nur der menschliche Verstand, der an sich schon ein unfaßbares Wunder war. Da war die unerschütterliche Überzeugung, daß ein Konzept sich verwirklichen lassen müßte. Da waren die unermüdliche Arbeit und der Wille, trotz aller Rückschläge immer wieder von vorn anzufangen. Aber dann war da jenes unbeschreiblich wunderbare Gefühl, wenn etwas schließlich doch mit Erfolg über die Bühne ging. Dann war in wenigen Sekunden die ganze Plackerei von vielen Monaten vergessen, und zugleich kam der Entschluß, sich erneut durch eine Reihe von Fehlschlägen hindurchzukämpfen.

Bis zum heutigen Tag aber meine ich, daß jeder Raketenbau-Ingenieur immer noch einen versteckten Winkel seiner Seele für die Zukunftsromane von Jules Verne und anderen Autoren reserviert hat und daß er glaubt, er müßte in jedem Moment ungeahnten neuen Wundern auf die Spur kommen. Zum Teil liegt das natürlich an dem Schleier der Geheimhaltung, hinter dem sich seine Tätigkeit oft notwendigerweise abspielt, zum Teil aber tragen auch die Medien dazu bei, die sich nicht immer gerade realistisch gebärden. Größtenteils jedoch, dessen bin ich mir sicher, sind's die ewige Neugier des Menschen und sein unaufhörliches Drängen nach neuen Horizonten, die hier eine ganz besondere Atmosphäre schaffen. Alles will der Mensch wissen und erforschen – über ihm, unter ihm, nach allen Seiten hin und darüber hinaus.

Es ist sogar anzunehmen, daß vor Tausenden von Jahren der Mensch wirklich alles wußte, was damals für ihn wissenswert war. Das hätte z. B. für den Neanderthal-Menschen zutreffen können. Aber die Zeiten haben sich geändert. Der deutsche Philosoph und Mathematiker Gottfried Leibnitz, der um 1700 lebte, wird oft als der letzte Einzelmensch mit allumfassenden geschichtlichen und wissenschaftlichen Kenntnissen betrachtet, der zudem Beiträge zu allen damals bekannten Zweigen der Wissenschaft geliefert hat. Seit jener Zeit wurde es immer unwahrscheinlicher, daß ein einzelner Mensch eine Wissenschaft oder auch nur einen kleinen Bereich einer Wissenschaft voll beherrschen könnte. Auch hier in der Raketentechnik müssen der Wissenschaftler und der Ingenieur öfter als ihnen lieb ist, ihre Ignoranz, ihre Verwirrung und ihre Unsicherheit zugeben. Denn hier stehen sie nicht mehr auf dem soliden, aber begrenzten Boden der wissenschaftlichen Grundlagen.

Das wird leider nur allzuoft vergessen, und für den jungen oder auch nicht mehr so jungen Ingenieur, der sich in das Gebiet der Raketenforschung begibt, liegt darin eine Gefahr. Er erwartet, daß die rauhe Wirklichkeit, mit der man sich notwendigerweise überall in der Welt auseinandersetzen muß, hier nicht existiert. Die Dinge des Alltags, so meint er, seien hier wie von Zauberhand weggefegt – es gibt keine Bürokratie, keine kniffligen Verwaltungsaufgaben, keinen Streß, keine Enttäuschungen und Zwistigkeiten, kurz: Alles läuft wunderbar! Das wäre also das Schlaraffenland der «Superingenieure».

Die Gefahr dabei ist, daß die Leute nach kurzer Zeit enttäuscht sind, nach etwas Besserem suchen und ganz vergessen, daß es niemals leicht ist, große Dinge zu vollbringen – und das hatten sie doch vorgehabt. Daraus ergibt sich dann in dieser verhältnismäßig jungen und vielversprechenden Industrie ein häufiger Personalwechsel, was umso bedauerlicher ist, als dadurch oft Forschungsteams auseinandergerissen werden, was jedesmal Millionen kosten kann, weil man dann meist wieder von vorn anfangen muß.

Das ist nicht nur kostspielig, sondern auch gefährlich, denn die hierfür engagierten Vertragsfirmen wissen natürlich auch nicht, wieviel es gekostet hat, ein wirksames Team aufzubauen, und versetzen wahllos Leute von Abteilung zu Abteilung bzw. streichen Verträge «aus wirtschaftlichen Gründen». Dadurch wird immer mehr die falsche Auffassung verbreitet, daß die Raketenantriebsforschung etwas ist, das sich jeder über Nacht zu eigen machen kann; auch wird dadurch ganz unnötig die Tatsache hervorgehoben, daß diese Industrie noch nicht auf festen Füßen steht.

In Peenemünde wurden uns derlei Dinge glücklicherweise meist erspart. Einmal waren wir die ersten auf diesem Gebiet. Wir waren eine neue Industrie im Versuchsstadium, und jeder neue Erfolg mit einer Rakete, die damals allerdings als Waffe geplant war, brachte uns unserem Traum von der Raumfahrt und von planetenumkreisenden Raumschiffen einen Schritt näher – und nach dem Kriege würde es dann dank unserer jetzigen Arbeit eine Flotte von bemannten Raumschiffen geben. Der sich daraus ergebende Teamgeist sowie die allgemein bekannte Tatsache, daß die europäische Industrie – selbst zu Friedenszeiten – weniger von Personalwechsel geplagt wird als die amerikanische, haben hier zu einer gewissen Stabilität beigetragen.

In dieser Hinsicht spielten auch andere Faktoren damals bei uns eine Rolle: Da war einmal die Regierung, die es einem unendlich schwermachte, seinen «Job» zu wechseln. (Es wurde mit sofortigem Militär- und Frontdienst gedroht.) Außerdem hatten die meisten auf diesem Gebiet tätigen Wissenschaftler bereits eine Kostprobe des Landserlebens an der Front mitbekommen.

Allerdings ist hier auch zu sagen, daß das Tempo, die Faszination und die Bedeutung unserer Arbeit uns oft den Krieg vergessen ließen. Hinzu kamen weitere Überlegungen: Trotz mörderischer Arbeitsstunden (oft ging's rund um die Uhr), trotz kriegsbedingter Materialknappheit, trotz Bürokratie, umgeworfener Termine und häufiger technischer Rückschläge waren wir uns jedoch in Peenemünde über eines im klaren: Wir hatten es wahrscheinlich immer noch weit besser als die bedauernswerten Menschen in den großen Städten, die übrigens schon längst nicht mehr an das Propagandagefasel vom Endsieg glaubten. Und wir waren immer noch viel glücklicher daran als die müden, ausgemergelten Männer an den Kampffronten, die damals wohl mehr als alle anderen das Herannahen des unvermeidlichen Endes spürten.

Mitte 1943 konnte man die alliierten Bombenangriffe auf Deutschland nur noch als pausenlos und katastrophal beschreiben. In Hamburg allein waren über dreißigtausend Menschen bei einem einzigen Luftangriff ums Leben gekommen. Seit August war nun Berlin selbst das Ziel ununterbrochener, schwerer Angriffe. Nordafrika war von feindlichen Truppen eingenommen worden, und im September hatte die italienische Regierung vor den Alliierten kapituliert. Es war nur noch eine Frage der Zeit, bis die deutschen Armeen im Osten aus Rußland und Polen hinausgedrückt sein würden. Berichte über eine Zusammenziehung alliierter Invasionstruppen in England kursierten ständig und konnten nicht länger als Gerüchte abgetan werden. In Peenemünde wurde die Beschaffung dringend benötigter Teile und Materialien immer schwieriger. Hinzu kamen die immer häufiger werdenden Luftangriffe auf unseren technischen Stab, doch das alles war im Grunde genommen relativ. Seit Juli war nun Hitler selbst davon überzeugt, daß die A-4 uns immer noch aus der Niederlage zum Sieg verhelfen könnte. Wir wurden also in jeder Hinsicht bevorzugt behandelt, wodurch sich leider auch das bürokratische Interesse der Propaganda- und Produktionsexperten auf uns richtete. Das führte schließlich dazu, daß die A-4 vom Propagandaministerium in V-2 umbenannt wurde, wobei das V für Vergeltung stand. Die erste sogenannte V-Waffe war die V-1 gewesen, die diesen Namen am 16. Juni 1944 erhielt, am Tag nachdem die ersten vier davon über London niedergegangen waren.

Manchmal glaubten wir allerdings, der «Papierkrieg» würde uns jetzt noch erdrosseln. Nachdem ich aber reichlich Gelegenheit hatte, in dieser Hinsicht in anderen Ländern Erfahrungen zu sammeln, bin ich zu der Überzeugung gekommen, daß es damit bei uns halb so schlimm war, insbesondere wenn man die Materialknappheit und die vielen Vorschriften in Betracht zieht, die immerhin kriegsbedingt waren. Bemerkenswert war auch, daß bei uns fast nie irgendwelche NS-Parteiuniformen und Parteiabzeichen sichtbar oder überhaupt irgendwelche Anzeichen von Parteitätigkeit wahrnehmbar waren. Trotzdem gab's eine Bürokratie – das war unvermeidlich, doch niemand von uns betrachtete das als eine ernstliche Behinderung unserer Aufgabe. Den Beweis dafür haben wir selbst erbracht: Nur zweieinhalb Jahre lagen zwischen unserem ersten Probeabschuß dieses völlig neuartigen Gerätes und dem Abschuß von mehr als 4000 entwickelten, funktionsfähigen Geräten.

Aber leicht war es nie. Es gab nicht nur mechanische Schwierigkeiten, die den sogenannten Stand der Technik bedrohten, es gab auch Zeiten, wo die Männer von Peenemünde ihr Letztes hergeben mußten. Oftmals wurde die Situation unerträglich: Da war der Streß – wohin man sich nach dringend gebrauchtem Material wandte, man griff ins Leere – außerdem wurde ständig dazwischengefunkt, es war einfach unerträglich. In solchen Zeiten empfand man das Wort vom «Superingenieur» nicht nur als Übertreibung, sondern geradezu als Frivolität. Es gab Tage, da gingen selbst den unermüdlichsten Denkern die Ideen aus, doch am nächsten Tag waren sie wieder obenauf wie die Stehaufmännchen, hatten die besten Einfälle, schäumten vor Energie und Begeisterung förmlich über – und das oft, nachdem sie sich eine ganze Nacht um die Ohren geschlagen hatten. Genau das aber sind die Merkmale von Menschen, die führende Rollen übernehmen und andere motivieren können; sie müssen sich immer wieder hochrappeln und von vorn anfangen können.

Von solchen Situationen war auch unser Versuchsabschnitt keineswegs ausgenommen. Da gab es z. B. das ständige Transportproblem, das m. E. das schlimmste von allen war. Es fehlte an allem: an den richtigen Fahrzeugen, an Benzin, Reifen, Ersatzteilen. Und doch wurschtelten wir uns irgendwie durch. Hartmut war ein Meister im «Organisieren», und das war nur eines seiner vielen Talente; mit bewunderungswürdiger Zähigkeit und Diplomatie bearbeitete er gewisse Dienststellen, bis er etwas herausgeholt hatte.

Seine Überzeugungskunst war einfach umwerfend. Und so ging's in Peenemünde überall zu. Bestellte Teile konnten nicht pünktlich geliefert werden – konnten vielleicht überhaupt nicht geliefert werden. Die stehende Regel war: «Wenn's nicht auf Lager ist, machen wir's eben hier in unseren Prüfwerkstätten. Dann improvisieren wir eben!»

Ich bin heute noch dankbar für die glückliche Fügung, zuerst unter Müller und dann unter Hartmut gearbeitet zu haben, wobei der Letztere nicht nur mein Chef, sondern auch mein Freund war. Er hatte wirklich keine leichte Position. Er mußte auf engstem Raum mit Menschen verschiedenster Herkunft zusammenarbeiten. Innerhalb seiner Abteilung gab es Meinungsverschiedenheiten, und auch im Umgang mit seinen Vorgesetzten gab es ständig Probleme, doch er hatte sie zufriedenzustellen. Unter ihnen gab es nämlich viele, die rasch in gehobene Verwaltungsposten aufgestiegen waren, sich aber nicht von den «kleinkarierten» Methoden ihrer früheren dienstlichen Umgebung losmachen konnten. Das zeigte sich vor allem in den wöchentlich gehaltenen «Montagsbesprechungen» der Versuchsabteilung. Der Chef der Versuchsabteilung, Dr. Martin Schilling, mußte sich nicht nur um die täglichen Arbeiten in seinem großen und vielseitigen Abschnitt kümmern, sondern gleichzeitig auch die vielen Fragen und Probleme bearbeiten, die von oben her kamen, und das konnte er nur schwer miteinander vereinbaren.

Schilling hatte nach dem Tode von Dr. Thiel dessen Arbeit als Chef der Versuchsabteilung übernommen, wobei er Gerhard Heller als Assistenten übernahm, der Thiels theoretische und Entwicklungsarbeiten weiterführte. Schilling hatte die typische Laufbahn eines Peenemünder Ingenieurs durchgemacht. Nach dem Universitätsabschluß und der Erlangung des Doktorgrades hatte er zunächst im Labor einer deutschen Universität gearbeitet, und zwar auf dem Gebiet der angewandten Physik. Von dort war er nach Peenemünde gekommen, wo er Dr. Thiel als Assistent zugeteilt wurde. In der Industrie hatte er nur wenig Erfahrung. Zwischendurch hatte er in der Wehrmacht als Feldwebel gedient, was zweifellos zu seinem deftigen Vokabelschatz beigetragen hatte.

Schilling machte häufig Besuche auf P-7, wobei ich viel Gelegenheit hatte, mich mit ihm zu unterhalten. Stets kam er in seinem kleinen Mercedes mit Chauffeur, und immer trug er eine zweireihige, karierte Lodenjoppe. Von allen, die in Peenemünde Rang und Namen hatten, war er der einzige, der auf den fast obligatorischen Ledermantel verzichtete. Da Hartmut oft nicht da war, weil er woanders nach dem Rechten sehen mußte, führte ich bei solchen Gelegenheiten ausgiebige Gespräche mit Schilling.

Gewöhnlich hatten unsere Gesprächsthemen nur wenig mit unserer eigentlichen Arbeit zu tun. Schilling würzte seine Reden mit viel Sarkasmus und seinem etwas bissigen Humor. Seine nur dürftigen Erfahrungen in der Industrie gestand er zumindest sich selber ein und überließ daher gewisse Dinge anderen, die auf diesem Gebiet besser Bescheid wußten. Er hatte aber einen wohlbegründeten, gesunden Menschenverstand und erkannte daher die Schwierigkeiten, die in einem so großen Prüfstand wie P-7 auftreten konnten, vor allem mit der BSM-Abteilung. Er sah auch die dringende Notwendigkeit für eine bessere Belieferung des Prüfstandes sowie für die Unterstützung «von oben».

An einem Sonnabendnachmittag sagte Hartmut zu mir:

«Am Montag bin ich nicht hier. Vertritt mich bitte bei der Montagsbesprechung. Klee wird mitkommen, um mit Zahlen zu dienen.»

Der Montag kam, und ich begab mich mit Hellmut Klee in Schillings Büro im Haus 4. Es war ein großer, wohlausgestatteter Raum, teils mit Holztäfelung an den Wänden und mit einem Teppich ausgelegt. Einige Ingenieure, die für verschiedene andere Prüfeinrichtungen zuständig waren, saßen hier bereits auf Stühlen, die an der Wand aufgereiht waren. Schilling saß hinter seinem Schreibtisch, der schräg in einer Ecke stand. Er war ein Mann von etwa zweiunddreißig Jahren, schlank, mit intelligentem Gesicht und etwas dicht stehenden Augen, die einen durchbohrend ansehen konnten und zwischendurch rastlos umherschweiften. Er blätterte in einigen Papieren, bis auch der letzte Teilnehmer da war. Dann öffnete er ein großes Notizbuch.

«Also, dann werden wir anfangen», verkündete er. «Es scheint, daß alle da sind. Da wäre erst mal P-8.»

P-8 war eine Einrichtung zur Überprüfung und Eichung von Brennkammern. Die Brennversuche wurden hier mit druckgeförderten Treibstoffen gefahren, nicht mit dem sonst für die A-4 verwendeten Turbo-Pumpensystem. Dem hohen Ausbildungsstand der Belegschaft sowie einer vernünftigen Planung war es zu verdanken, daß jetzt hier pro Arbeitsschicht etwa zehn Brennversuche abgehalten werden konnten – eine eindrucksvolle Leistung!

Schilling machte sich Notizen und stellte gelegentlich Fragen, die sich aus den Aufzeichnungen der letzten Sitzung ergaben. Dabei sah er den Angesprochenen freundlich und ermunternd an. Gelegentlich streute er dabei Mitteilungen von der letzten Stabsbesprechung ein; er sprach mit frischer Stimme und in knappen, klaren Sätzen. Im Laufe der Zeit taute er zunehmend auf, und seine Abhandlungen hörten sich immer begeisterter an.

Der Bericht von P-8 hatte ihn sichtlich beeindruckt. Unter anderem würde dieser Bericht ihm für seine eigene Meldung nach oben hin nützlich sein. Jetzt aber wandte er sich plötzlich Klee und mir zu. Unser Bericht würde sich wohl kaum mit dem vorhergehenden messen können.

«Wie ist's nun mit P-7?» wollte er wissen.

Klee öffnete gelassen sein Notizbuch und berichtete über eine Einzelheit im Zusammenhang mit den Antriebssystemen, an denen letzte Woche gearbeitet wurde, wobei es wie gewöhnlich zahlreiche Schwierigkeiten und Verzögerungen gab. Da unterbrach ihn Schilling.

«Halten diese Knaben in der Halle eigentlich immer noch jeden Vormittag ihr Zehn-Uhr-Schläfchen? Immer wenn ich hereinkomme, machen sie anscheinend gerade Pause.»

Ringsum erhob sich Gelächter.

«Nein», sagte Klee ganz ruhig, «das haben sie aufgegeben, da Sie nicht die Couchen rübergeschickt haben, die Sie uns das letzte Mal versprochen hatten.»

Jetzt brüllten alle vor Lachen, einschließlich Schilling. Klee fuhr mit seinem Bericht fort, wobei Schilling ihn gelegentlich mit spitzen Bemerkungen unterbrach – sein oft zitierter Wortschatz schien unerschöpflich zu sein. Während Klee monoton seinen Bericht herunterlas, begannen meine Gedanken zu wandern. Die Stimmen um mich herum verloren sich, als ich vor meinem inneren Auge die Geschichte von Peenemünde heraufbeschwor, wie sie denn wirklich war.

Seit dem ersten A-4-Abschuß war etwas über ein Jahr vergangen. Das Know-how dafür war in wenigen Jahren zusammengetragen worden. Nie hatte es früher irgendwelche Versuche auf diesem Gebiet gegeben. Es lagen keine Daten zum Vergleich vor. Es gab keinerlei Informationsquellen. Und doch hatte innerhalb kurzer Zeit trotz größter Schwierigkeiten diese Rakete alle Entwicklungsstadien durchlaufen: Planung, Entwurf, Konstruktion und Abschuß. Unsere Prüftätigkeit war das letzte wichtige und erfolgreiche Glied in dieser Kette. Auf P-7 wurden jetzt Brennversuche der voll bestückten A-4 vorgenommen, wobei man auf fast zwei am Tag kam, und alle zwei Tage kam ein regelrechter Abschuß zustande. Das war vor allem der unermüdlichen Arbeit von Menschen zu verdanken, die kaum jemals Feierabend machten.

Viele von uns auf P-7 brachten unzählige Stunden unserer Freizeit dort zu und überwachten oft die ganze Nacht hindurch die Vorbereitungen für einen Brennversuch oder Abschuß, wenn es ein hartnäckiges Problem zu überwinden gab. Die normale Arbeitswoche in Peenemünde war mit 48 Stunden angesetzt gewesen: achteinhalb Stunden pro Tag von Montag bis Freitag und fünfeinhalb Stunden am Sonnabend. Jetzt betrug die offizielle Arbeitswoche 54 Stunden, doch gewöhnlich dehnte sie sich auf 72 Stunden aus. Zwar wurde uns die Extrazeit zum normalen Überstundensatz bezahlt, doch das war nicht der Grund, warum wir durchhielten. Bei der strengen Rationierung hatte das Geld ohnehin wenig Bedeutung. Es war vielmehr der Gedanke, daß unsere Arbeit ein wichtiger Beitrag für Deutschland war, und daß unsere langen Arbeitszeiten in keinem Verhältnis zu dem standen, was andere über sich ergehen lassen mußten.

Außerdem hatte die Nachtarbeit mit Raketen immer etwas Aufregendes an sich. Gewöhnlich gab's noch zuvor einen Imbiß in der Kantine Fischer. Wenn ich dann ins Büro zurückkam, standen alle Schreibtische verlassen da außer vielleicht einigen, an denen eine oder zwei kleine Gruppen von Ingenieuren über momentane Probleme sprachen. In dem halbleeren Gebäude hörten ihre Stimmen sich übertrieben laut an und schallten hinter mir her, während ich den Korridor zum Steuerzentrum hinunterging.

Dort konnte man gewöhnlich einen Mechaniker antreffen, der an seinem Pult lehnte und nur auf einen Gesprächspartner zu warten schien, mit dem er über das Wetter, den Krieg oder den allgemeinen Schlamassel reden konnte, ja selbst über Raketen. Auf seinem Pult blinkten rote und grüne Lichter. Gelegentlich sprach er ein paar Worte in sein Mikrofon, flippte einen Schalter oder betätigte einen Handgriff.

«Wie ist die X-Zeit?» fragte ich ihn.

«Läuft noch nicht. Es scheint, daß wir eine schlechte Verbindung im Hauptverteiler haben – evtl. ist's eine Kaltlötstelle oder so etwas. Wir haben schon dreimal einen simulierten Abschuß versucht, aber wir kommen nicht über die Vorstufe hinaus. ... Ja, Erich, der Startschlüssel steht auf Test ... Nein, ich habe nichts angerührt ... Ja, 27 Volt ist in Ordnung.» Er machte eine Armbewegung in Richtung seines Kopfhörers. «Er versucht, die Störung zu finden, aber das scheint diesmal nicht so einfach zu sein.»

Nun ja, es war nie einfach, sich mit jemandem zu unterhalten, der gleichzeitig an der Sprechanlage hing. Man wußte nie, ob seine Worte an einen selbst oder an den Mann am anderen Ende der Strippe gerichtet waren.

Draußen in der Arena ragte im Hintergrund das Gerüst für einen geplanten Brennversuch, auf dem helle Lichter brannten. Mechaniker kletterten darauf herum, gefolgt von ihren Schatten, die durch die Beleuchtung hervorgerufen wurden. Ihre Stimmen klangen durch die frische Nachtluft zu uns herüber, deutlich und ganz nahe. Die Scheinwerferlampen, die von den Masten und Kabeln herunterbaumelten, tanzten in der Seebrise hin und her und zauberten groteske Schatten an die Wände der Arena.

Die wartende Rakete auf dem Starttisch sah größer aus, als sie in Wirklichkeit war. Bei ihrem Anblick mußte man jetzt eher an ein Wunderding aus einem Zukunftsroman denken als an ein technisches Gerät mit wirklichen Funktionen. In der kalten Luft bekam ich eine Gänsehaut. Die Frau im Mond schien so nahe – und doch so fern.

Stunden vergingen. Einige Male dachte ich für kurze Zeit, daß wir das Problem gefunden hätten, doch jeder Versuch ging daneben – genau auf dieselbe Art wie die vorherigen. Endlich, es war nach Mitternacht, gaben wir es auf – wir waren nicht einen Schritt weitergekommen.

Einer nach dem anderen trotteten die Männer zum Kontrollzentrum zurück, um sich zu waschen und umzuziehen. Ich blieb noch einen Moment stehen, um die Lichter verlöschen zu sehen, einzeln und in Gruppen. Der letzte Mann verließ, eine Melodie summend, den Prüfstand und schlenderte in das Kontrollzentrum. Nachdem er verschwunden war, sah die Rakete vollends wie ein Phantasiegebilde aus, das seine Spitze gegen den gestirnten Himmel und auf zum gelben Mond reckte. Das einzig vernehmbare Geräusch war das ferne, sanfte Rollen der Brandung und das Rauschen der Bäume, das mit der Brise an- und abschwoll.

Stühlerücken und sonstige Geräusche brachten mich wieder in die Gegenwart zurück. Die Besprechung war zu Ende. Schilling machte ein paar abschließende Bemerkungen und dankte jedem von uns für seinen Vortrag. Dann entließ er uns mit einem Kopfnikken. Keine sichtbare oder hörbare Anerkennung für unsere Arbeit, für die endlosen Bemühungen, die durchgemachten Enttäuschungen oder die erzielten Erfolge. Hier war das Unmögliche so lange die Norm gewesen, daß es keinem mehr auffiel. Und aus all dieser sinnlosen Vergeudung, dem entsetzlichen Geschehen und den Härten eines ungeheuren Konfliktes erwuchs eine großartige, neue Technologie.

7 Probleme und Fehlschläge

Ende Dezember 1943, während in Rußland wieder die Winteroffensiven im vollen Gange waren, kamen in Peenemünde vier MW-Geräte an; es waren die allerersten A-4-Geräte, die im Montagewerk in Niedersachswerfen hergestellt wurden. Diese Anlage wurde einfach «Mittelwerk» (MW) genannt, damit ihre Ortslage nicht nach außen hin bekannt würde. Nach einiger Zeit bekam ich diese gigantische, unterirdische Fabrik bei einem kurzen Besuch zu sehen. Sie war enorm; ihre Produktionskapazität betrug bis zu 900 V-2-Geräte pro Monat. Zwei parallele Tunnel waren hier in den Berg getrieben worden, von denen jeder mehr als einen halben Kilometer lang war. Diese Tunnel waren in regelmäßigen Abständen durch Quergalerien verbunden, so daß der Grundriß etwa einer Leiter glich. Die Tunnel und Galerien waren mindestens zwölf Meter breit und fast genauso hoch. An vielen Stellen aber wurden diese Dimensionen beträchtlich überschritten. Das Hauptfließband verlief durch einen dieser Tunnel, wobei von den Galerien Zubringerfließbänder hergeleitet wurden, die wiederum vom zweiten Tunnel her gespeist wurden.

Der Direktor dieses Werkes war Alwin Sawatzki, dessen bescheiden eingerichtetes Büro nahe dem Stolleneingang lag. Zu seinem Stab gehörten erfahrene Fachleute wie Arthur Rudolph und Rudolf Nebel sowie einige aus Peenemünde hinzugezogene Experten; ferner auch Leute, die aus anderen Industriezweigen hierher geholt worden waren. Während gemäß Regierungsbefehl in dem dem Heere unterstehenden Peenemünder Werk für A-4-Entwicklungsarbeiten nur deutsche Staatsangehörige beschäftigt werden durften, hatte das Munitionsministerium im MW auch Zwangsarbeiter unter SS-Aufsicht eingesetzt.

Bei all ihrer Erfahrung war es für die wenigen wirklichen Experten natürlich unmöglich, überall zugleich zu sein, während das Fließband in Gang gesetzt wurde. Deshalb wurden die ersten zwanzig Produktionsraketen nach Peenemünde geschickt, wo sie auf dem Prüfstand P-7 ausgewertet wurden; von dort kamen dann gegebenenfalls die nötigen Korrekturvorschläge. Je besser die Qualität der Produktionsgeräte wurde, desto weniger von ihnen wurden nach Peenemünde geschickt, bis dieses Verfahren Ende 1944 eingestellt wurde. Alles in allem wurden während dieser Zeit ca. fünfzig Produktionsraketen vom Prüfstand P-7 und dem nahegelegenen Prüfstand P-10 abgefeuert. Außerdem wurden in Peenemünde zahlreiche Produktionsraketen für Forschungs- und Entwicklungszwecke umgearbeitet und dann unter einer «V»-Seriennummer abgeschossen, wobei diese wie diejenigen eingeplant wurden, die in Peenemünde hergestellt worden waren und von denen sie sich nun nicht mehr unterschieden.

Im Zuge der weiteren Entwicklung und im Zusammenhang mit militärischen Übungen und Zuverlässigkeitsproben wurden noch weitere Produktionsraketen in Peenemünde und Umgebung abgefeuert, und zwar von einer Armee-Einheit, die dazu sowohl Spezialeisenbahnwagen als auch auf Straßen fahrbare Abschußeinrichtungen einsetzte. Schließlich wurden von deutschen Heereseinheiten noch mehrere hundert in den Sümpfen Polens abgefeuert, und zwar in der Nähe von Blizna, einem Ort, der aus Tarnungsgründen «Heidelager» genannt wurde. Dies diente einerseits zu Ausbildungszwecken und andererseits zur Erstellung einer großangelegten Statistik für Flug- und Zuverlässigkeitsauswertung. Bei diesen Versuchs- und Übungsabschüssen erkannte man erstmals das Problem der Eintauch-Luftzerleger. Heidelager mußte später angesichts der vorrückenden Russen nach Westen in die Tucheler Heide verlegt werden und bekam die neue Bezeichnung «Heidekraut».

Die ersten vier Produktionsgeräte kamen mit der Bahn in Peenemünde an, wobei jeweils zwei Raketen auf drei Waggons geladen wurden, so daß ihre Vorderteile Nase an Nase auf dem mittleren zu liegen kamen. Zur Tarnung und auch zum Schutz gegen Witterungseinflüsse waren sie mit Planen abgedeckt. Als die ersten Waggons in die große Halle geschoben wurden, versammelte sich die gesamte Prüfstandbelegschaft, um der Enthüllung beizuwohnen. Doch die Spannung verlor sich schnell, als die Planen abgezogen wurden und nichts weiter zum Vorschein kam als die ihnen so wohlbekannten «Gurken».

Ich war damals für die zentrale Auswertung der Produktionsraketen verantwortlich. Unsere Leute mußten etwaige Fehler finden und korrigieren, bevor die Auswertung zum nächsten Stadium übergehen konnte. Für jede Phase mußte ein voluminöser Fehlerbericht zusammengestellt und durch einen besonderen Boten an das Produktionswerk überbracht werden. Über den Inhalt dieser Fehlerberichte waren gewisse Leute sicherlich nicht sehr erbaut, doch diese ausgiebigen Analysen trugen dazu bei, daß die Produktionsqualität sich zusehends verbesserte.

Aus mir unerfindlichen Gründen hatte man ein fünfstelliges Nummernsystem gewählt, das mit der Zahl 17001 begann. Bei Kriegsende kamen dann Raketen vom Fließband, deren Nummern mit 22000 anfingen. Die erste Rakete, die das Auswertungsprogramm bestand, trug die Nummer 17003. Die vorangegangenen, 17001 und 17002, fielen zurück, weil sie größere Defekte aufwiesen. Aber selbst 17003 wies anfangs unzählige Undichtheiten auf sowie gebrochene Versteifungen, vertauschte elektrische Anschlüsse, verbrannte Relais-Spulen, beschädigte Ventilsitze und Dichtungen – alles Fehler und Mängel, die in jeder Industrie so charakteristisch sind für den Übergang von handgebauten, komplizierten Vorläufern zur Massenproduktion. Schließlich aber fand nach vielen zeitraubenden Korrekturen ein erfolgreicher Brennversuch statt, und der Start von 17003 konnte für den 27. Januar 1944 angesetzt werden.

Äußerlich bestand zwischen der 17003 und den vorhergehenden 46 abgeschossenen Geräten der V-Serie keinerlei Unterschied. Die Rakete selbst stand geduldig auf dem Abschußtisch und sah genauso aus wie ihre Vorgänger. Ob sie diesen aber wirklich gleichkam, würde sich erst beim Abschuß herausstellen; da würde sich nämlich zeigen, ob ihre Hersteller, was Erfahrung und Geschick betraf, es schon denen gleichtun konnten, die die vorangegangenen gebaut hatten.

Unseretwegen hätte nun also der Abschuß beginnen können, doch Nummer 17003 war immer noch nicht so weit. Als die Rakete auf dem Abschußtisch aufgerichtet wurde, zeigte sich eine ganze Anzahl weiterer schwacher Stellen, und zwar im Triebwerk, im Steuerungssystem und im Rudersteuerungsantrieb. Eine ansehnliche Gruppe von Zuschauern hatte sich eingefunden; sie kamen aus den Konstruktions- und Entwicklungsabteilungen, aus der Fabrikation, der Verwaltung und aus Militärgruppen, um das große Ereignis nicht zu verpassen, doch allmählich verkrümelten sie sich wieder, als die X-Zeit immer wieder zurückgestellt wurde.

Erst lange nach Einbruch der Dunkelheit, die zu dieser Winterszeit ohnehin früh genug kam, hatten wir alle Vorbereitungen hinter uns und durchliefen die letzten Phasen vor dem Start. Unter den wenigen Vertretern höchster Stellen, die im Kontrollzentrum versammelt waren, befand sich auch von Braun selbst, während die Belegschaft sich jetzt von der Abschußbasis zurückzog. Die Wartezeit hatte er in seinem Büro in Haus 4 verbracht. Als alles fertig zu sein schien, hatten wir ihn angerufen.

Seit meiner Versetzung aus der BGS war ich einige Male mit von Braun zusammengekommen, entweder bei Brennversuchen, bei Besprechungen oder in Gegenwart von Besuchern im Prüfgebiet, und jedesmal war ich mehr von ihm beeindruckt. An diesem Abend trug er den üblichen dunkelgrauen Ledermantel und einen Hut, der aussah als hätte er ihn bereits seit 1932 als Kopfschutz getragen, als die Erstlingsmodelle der A-1 oft explodierten. Er kam schon sehr zeitig an, und ich fing im Büro eine Unterhaltung mit ihm an. Wir diskutierten Tatbestände und Zahlen, die die Schwierigkeiten der Produktionsraketen im allgemeinen beleuchteten, sowie solche, die insbesondere mit dem heutigen «Sorgenkind» zu tun hatten. Allmählich verlagerte sich die Unterhaltung auf allgemeinere Dinge, auf Zukunftspläne, Bürokratie und Anekdoten aus der Vergangenheit und Gegenwart. Seine Erscheinung war durchaus athletisch. Es ist zu vermuten, daß man später aus diesem Grund den deutschen Schauspieler Curd Jürgens als seinen Darsteller in dem amerikanischen Film «I aim at the Stars» (Ich ziele nach den Sternen) wählte. Diese Wahl des Hauptdarstellers für den 1960 gedrehten Film (eine Biographie von Brauns) war aber zweifellos eine Überbetonung wie der ganze Film überhaupt.

Gesamtplan von Prüfstand 7

1. Beobachtungs- und Befehlzentrale
2. Kontrollraum für Schuß, Brennen
3. Raum für Meßregistrier-Instrumente
4. Büroräume
5. Lagerraum
6. Tunnel. Dieser erlaubt das Einbringen der Geräte in das Innere des Erd-Schutzwalles.
7. Erd-Schutzwall, etwa 12 m hoch.
8. Schurre, ein langer tiefer Graben zur weiteren Ablenkung des Feuerstrahles nach rechts und links.
9. Wassergekühltes, keilförmiges Rohrsystem unmittelbar unter Brennerkammer, zur Ablenkung des heißen Feuerstrahles.
10. Begehbarer Kabeltunnel.
11. Gleichstrom-Generatoren und Batterien.
12. Befestigtes, betoniertes Häuschen für die Kameras.
13. Speicherbehälter für das Kühlwasser.
14. Halle für die 3 Pumpen zur Wasserkühlung der Rohre.
15. Elektrische Kraft-Umspannstation.
16. Methyl-Alkoholspeicher.
17. Große Halle für Prüfung und Vorbereitung des Gesamtgerätes für Brennversuch oder Schuß.

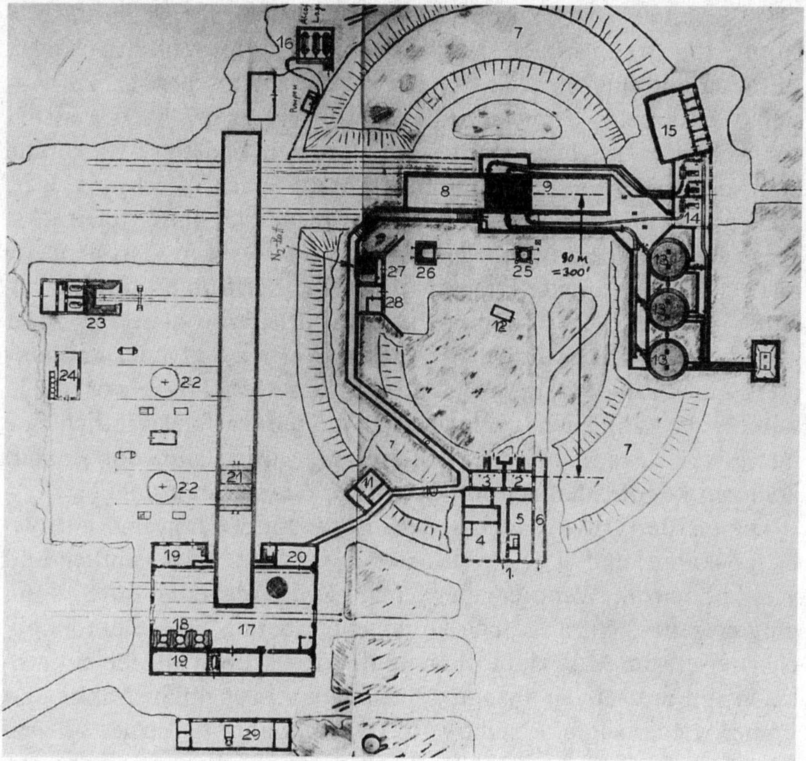

18. Bedienungsgerüste mit Arbeitsbühnen.
19. Büroräume
20. Werkstatt
21. Schlitten zur Verschiebung der Brenntürme.
22. Kalibrierungs-Prüfstände
23. Kalibrierungs-Prüfstand für das Gesamtgerät. (Selten benutzt)
24. Stickstofflager und Büros.
25. Schuß-Plattform, genannt Tisch.
26. Einfaches fahrbares Haus, um das Gerät und die Mannschaften gegen das Wetter zu schützen, während der oft mehrtägigen Versuchsschußvorbereitungen.
27. Stickstofflager
28. Lastwagen-Instandhaltungs-Werkstatt
29. Garage für Bereitschaftsfahrzeuge.

Ob bei einer leichten Unterhaltung oder einer formellen Besprechung, von Braun sprach stets in knappen, gut formulierten Sätzen. Mitunter mischte sich ein kaum merklicher, zischender Laut in seine Aussprache. Und was seine Handschrift betraf, bei der er sich der kühnen, aufrechten Sütterlinbuchstaben bediente, so könnte man sagen, daß sie ein graphisches Abbild seiner Sprechweise war. Später fiel mir immer wieder diese ungewöhnlich klare Ausdrucksweise auf, vor allem bei Reden, die er sich sozusagen «aus dem Ärmel schütteln» konnte. Er war ein Meister der Sprache und handhabte sie geschickt wie ein Instrument; darin kam er einem gewieften Rechtsanwalt gleich. Auch war er ein taktvoller und aufmerksamer Zuhörer. Er wandte einem das Gesicht zu, wobei sich sein breites Kinn leicht nach vorn schob, und warf gelegentlich eine interessierte Frage oder Bemerkung ein, wie sie nur von jemand kommen konnte, der sich mit der Materie bestens auskannte.

Die meisten Anwesenden auf dem Prüfstand waren ihm mit Namen bekannt, und er zeigte sich stets freundlich, zuversichtlich und verständnisvoll. Wenn er aber jemals auf Widerstand stieß, dann ging er ganz dicht an seinen Opponenten heran, packte ihn möglicherweise beim Mantelaufschlag und redete schnell auf ihn ein, wobei er ihn mit seinem absolut gewinnenden Lächeln anstrahlte und immer wieder sagte, «Nicht wahr? Nicht wahr?» In einer solchen Situation bedurfte es schon überdurchschnittlicher Charakterstärke, um sich mit seinen Ansichten bei ihm durchzusetzen. Ich kann mich jedoch nicht erinnern, von Braun jemals aufgeregt oder wütend gesehen zu haben; nie habe ich ihn herumschreien oder bissige Bemerkungen machen hören.

Dies war nun die erste längere Unterhaltung, die ich mit ihm führte. Er hatte ein ausgezeichnetes Gedächtnis für technische Einzelheiten. Probleme faßte er mit leichter Hand an, war aber dabei immer realistisch. Ganz offensichtlich hatte er bedeutende diplomatische Fähigkeiten, die ihm ebenfalls zu Hilfe kamen, wenn er seine Ideen anbringen mußte. Das Wort «Ich» gebrauchte er nur selten, zollte aber anderen bereitwillig die verdiente Anerkennung, was auf überzeugende und angenehme Art geschah. In seiner Gegenwart hatten alle unbedingt das Gefühl, zum Team zu gehören. Während dieser Unterhaltung erkannte ich ganz deutlich, warum er bei den Peenemünder Ingenieuren in so hohem Ansehen stand.

Die erste Warnsirene machte unserem Gespräch ein Ende. Von Braun bezog seinen Posten an einem der Periskope; jemand reichte ihm einen Kopfhörer. Zündung und Vorstufe gingen auf Anhieb.

«Hauptstufe!» kam das Kommando.

Das Höllenfeuer des Gemisches von Flüssigsauerstoff und Alkohol, das hier mit 125 kg pro Sekunde verbrannte, ergoß sich über den Abschußtisch. Und aus diesem riesigen, glühenden Ball und der wirbelnden Rauchwolke erhob sich langsam die Rakete. Atemlos sah ich zu, wie sie den von Scheinwerfern erleuchteten Kreis verließ.

Doch plötzlich – was war das? In mir krampfte sich alles zusammen. Im Bruchteil einer Sekunde begann der Feuerstrahl zu flakkern, wurde schwächer, kroch zurück in die Düse und verlosch. Die Rakete schien einen Moment lang in der Luft zu hängen, ihr Schwanzteil immer noch ins Scheinwerferlicht getaucht. Dann fiel sie zurück, traf den Abschußtisch, sank ein wenig zusammen und kippte dann entsetzlich langsam wie im Zeitlupentempo zur Seite. Mit einem Knall schlug sie auf den Boden auf. Einen Moment lang war's still, dann kamen in schneller Folge einige kleinere Vorexplosionen und danach eine gewaltige Detonation, die das Kontrollzentrum in seinen Grundfesten erschütterte. Ich taumelte unter der Wucht der Druckwelle. Dann fegte ein greller Blitz durch die Arena, gefolgt von einer Feuerwand, die von der Einschlagstelle heranrollte.

Drei Sekunden hatte das Ganze gedauert. Im ersten Moment waren wir alle zu benommen, um überhaupt zu reagieren. Münz kam zuerst zu sich:

«Feuerwehr sofort auf Station», rief er in die Sprechanlage, «alles andere Personal hat im Kontrollzentrum zu bleiben bis zur Entwarnung.» Jetzt würden wir warten müssen, bis der Treibstoff völlig ausgebrannt war. Am gefährlichsten war das hochprozentige Wasserstoffsuperoxyd der Dampfanlage.

Ich sah, wie die Feuerwehr in Aktion trat. Inzwischen hatte im Kontrollzentrum ein großer Tumult eingesetzt. Ein Steuerungsingenieur und ein Triebwerksingenieur führten eine heftige Diskussion, deren Anfang ich wegen der herausstürmenden Feuerwehrleute nicht mitgekriegt hatte. Irgendwie schien man der Ansicht zu sein, daß diese Katastrophe durch ein fehlerhaftes Not-Abschaltsignal hervorgerufen worden war. Der Steuerungsingenieur schrie andauernd, daß der Bediener des Pultes aus Versehen diesen Schalter betätigt hätte. Letzterer war ein älterer Mann, von dem ich wußte, daß er außerordentlich zuverlässig war. Jetzt war er nicht fähig, auch nur einen zusammenhängenden Satz zu seiner Verteidigung hervorzubringen. Ich ging hinüber, um mich einzuschalten.

Von Braun hatte sich die ganze Zeit nicht von seinem Periskop weggerührt. Jetzt legte er seine Kopfhörer ab und kam herüber. Im Hintergrund war Münz, immer noch beschäftigt, gab Anweisungen, gab Meldungen zum Hauptquartier durch und beantwortete Fragen über die Sprechanlage, wobei seine Stimme ruhig und gelassen blieb. Auch von Braun schien unerschüttert, wenn auch ein wenig ernst, aber ganz und gar gefaßt. Nur seine Stimme klang ein klein wenig lauter, als er sich in die Diskussion einmischte.

«Dieses Gerät wird nie wieder fliegen», sagte er mit fester Stimme, und die Wirkung war vollständig. Die Diskussion hörte augenblicklich auf. Alles wurde still; das Einzige, was man hörte, waren die Ansagen von Münz, die er über die Sprechanlage machte.

«Eines liegt auf der Hand», fuhr er fort, «hier ist etwas nicht so gegangen wie wir's erhofft hatten. Da dies nun aber passiert ist, müssen wir ganz genau feststellen, wie es dazu kam. Auf keinen Fall werden wir jetzt nach Schuldigen suchen. Es wird niemandem etwas angehängt. Sollte bei dieser erfahrenen Belegschaft ein Mensch einen Fehler gemacht haben, dann gibt es nur eines: Unsere Kontrollinstrumente müssen absolut idiotensicher gemacht werden.» Dann fügte er mit einem Lächeln hinzu: «Wir dürfen nicht vergessen, daß wir diese Ungeheuer in ein paar Monaten in die Hände von Truppeneinheiten geben müssen.»

Es erhob sich ein erleichtertes Lachen. Die Spannung ließ nach, und der Mann an der Konsole war endlich in der Lage, seinen Bericht abzugeben. Es war keine manuelle Abschaltung erfolgt. Er hatte nur seine Hand zur Seite der Konsole bewegt, nachdem das

Hauptstufenkommando gegeben war, und dann war, soweit es ihn betraf, der Abschußprozess vorbei. Obwohl alles Beweismaterial für immer verloren war, mußte angenommen werden, daß eine interne Fehlfunktion an diesem Desaster schuld war. Ein vibrierendes Relais, eine mangelhafte Lötstelle, die bei der Inspektion nicht gefunden wurde, eine pneumatische Leitung, die durch die Vibration gebrochen war – die Möglichkeiten waren endlos.

Es ist verständlich, daß bei manchem dieser Defekte die Möglichkeit der Sabotage in Betracht gezogen wurde. Seit einiger Zeit war es in Peenemünde bekanntgewesen, daß für die Produktion der A-4 – jetzt V-2 genannt – im Mittelwerk weitgehend KZ-Häftlinge eingesetzt waren, die täglich aus einem von der SS überwachten Lager, genannt Dora, in das unterirdische Mittelwerk gebracht wurden. Ich muß jedoch feststellen, daß ich, in meiner Eigenschaft als Zentralauswerter, mich keines Falles entsinnen kann, wo unter den mehreren Dutzend MW-Geräten, die wir in Peenemünde untersuchten, Sabotage als Grund für eine Beschädigung oder Fehlfunktion festgestellt wurde. In einigen Fällen kratzten wir uns zwar die Köpfe und fragten uns, was wohl hier vorgelegen haben könnte, wenn nicht Sabotage. Aber selbst in diesen wenigen Fällen erwies sich unser Verdacht als grundlos. Dasselbe erlebte ich übrigens dann auch Jahre später auf den Rocketdyne-Prüfständen bei der Firma North American Aviation in Canoga Park in Kalifornien; das war die Firma, die das Triebwerk für die Redstone-Rakete herstellte. Auch dort wurde bei einigen Anlässen Sabotage vermutet, jedoch ergab die Untersuchung in all diesen Fällen völlig natürliche Ursachen.

In einer ganzen Anzahl von Büchern, Artikeln und Filmen ist die Tätigkeit von Saboteuren verherrlicht und manchmal sogar in romantischem Licht dargestellt worden. Hier könnte die Handlung glaubwürdig sein, falls es um die Infiltration einer Anlage wie z. B. eines Kraftwerkes, eines Dammes, einer Befestigung oder dergl. geht, um diese mit einer Zeitbombe in die Luft zu jagen. Eine größere Anzahl solcher Fälle ist belegt worden. Der einleuchtende Faktor dabei ist, daß die Saboteure eine gute Möglichkeit haben, zu entkommen.

Fast ausgeschlossen ist dagegen die Sabotage eines komplizierten Gerätes, das auf einem komplett eingerichteten Fließband zusammengesetzt und kontrolliert wird. Sollte hier jemand absichtlich eine Schraube nicht ganz festziehen, einen Draht falsch anschließen, ein Kugellager beschädigen, etc., es würde sofort entdeckt. Dafür sorgen schon die vielen Inspektions- und Prüfvorgänge, die Qualitätskontrolle und die obligatorischen Unterschriften bei der Abnahme. Dabei denkt man nicht unbedingt an Sabotageabwehr, sondern es handelt sich hier um ganz normale Maßnahmen innerhalb des Herstellungsprozesses, wobei jedes System vom kleinsten bis zum größten Teil genau überprüft wird. Im Falle der A-4/V-2 kam hier noch die Endabnahme durch den Kunden (also durch das Heer) hinzu, ferner die Annahmeinspektionen an der Abschußstelle sowie sämtliche Prüfungen und Inspektionen im Zuge der Abschußvorbereitungen. Jede Fehlfunktion aufgrund von Sabotage hätte sich ohne weiteres auf die betreffende Abteilung und schließlich sogar auf den betreffenden Arbeiter zurückführen lassen. Erwiesene Sabotage wäre also in diesem Fall reiner Selbstmord gewesen.

Sobald die Entwarnung kam, gingen wir hinaus, um uns das Trümmerfeld anzusehen. Die Feuerwehrmänner spritzten immer noch den Erdboden und die verbogenen Reste von Nummer 17 003 ab. Ein seltsamer Geruch hing in der Luft, der mich an Stachelbeermarmelade erinnerte. Dabei war es erstaunlich, wie wenig Schaden an unserer Bodenausrüstung entstanden war. Der Abschußtisch war natürlich hinüber, war aber noch erkennbar. Stücke von der Außenhaut der Rakete und von den Tankwänden waren in der ganzen Arena verstreut. Die Turbopumpe war zu einem Klumpen zusammengeschmolzen. Die Brennkammer hatte nur ein paar Kratzer abbekommen, die aber genügten, um sie auszurangieren. Das transportable Starthaus war ebenfalls schwer beschädigt. Die Fenster fehlten, und einige Bretter waren losgerissen. Auch im Untergrundrelais- und Verteilerkasten wurden Schäden festgestellt; hier waren brennende Treibstoffe um den schweren Deckel herum eingesickert.

Wenn so etwas passiert, kann man nur eines tun: Die Trümmer beseitigen und von vorn anfangen. Innerhalb von zwei Tagen war ein weiterer Abschuß in Vorbereitung – es war fast, als wäre hier überhaupt nichts geschehen.

«Es wäre schon sehr schön, wenn wir wüßten, was mit der 17003 los war», sagte Münz am nächsten Tag zu Hartmut, wobei seine Stimme etwas wehmütig klang, «aber ich fürchte, bis wir ein anständiges Fernmeßsystem haben, wird der Krieg vorbei sein.»

Hier hatte er einen wunden Punkt berührt. Die Leute von der Triebwerksanlage wollten um jeden Preis dahinterkommen, wie sich ihre «Gurken» während des Fluges verhielten. Gewiß, es gab kistenweise Belege über Brennversuche. Was aber geschah während des freien Fluges? Waren die Vibrationen während des freien Fluges genauso wie während der Brennversuche? Und welchen Einfluß hatte in großen Höhen die geringere Luftdichte? Das waren alles Fragen, die dringend einer Antwort bedurften, die aber immer noch offen waren.

Bereits seit geraumer Zeit war ein Fernmeßsender, genannt Messina, bei der BSM im Entwicklungsstadium. Aus unbekannten Gründen ging die Sache aber nur sehr langsam voran. Das Meßgerät erwies sich kaum als nützliche Einrichtung, sondern eher als reiner Passagier beim Raketenflug – und meist wurde dieser Passagier dabei noch luftkrank. Da nur ab und zu ein Fernmeßgerät an Bord war, und da eine große Anzahl dieser Geräte nicht funktionierte, gab es nur sehr wenige brauchbare Daten über den Flug. Darüberhinaus wurden die meisten Sendekanäle von der Steuerungsabteilung selbst mit Beschlag belegt.

«Wir haben gerade eine Million Mark in die Luft gejagt», sagte Hartmut, «und können nur erraten, was wir als genaue Anzeige von einem Meßgerät hätten erhalten sollen – und dieses Gerät würde nicht mehr kosten als ein Kleinmotorrad.»

Mit diesen paar Worten beschrieb er ein Problem, das wir in Peenemünde nie zu lösen vermochten.

* * *

«Diese Stille gefällt mir gar nicht», sagte Hartmut eines Tages. «Ich denke, wir machen uns etwas vor, wenn wir glauben, daß sie nicht wiederkommen. Unsere Tarnung wird uns auf die Dauer nichts nützen, dafür hat hier inzwischen viel zu viel Betrieb geherrscht.»

Ich mußte ihm recht geben. Wir hatten schon einmal tüchtig etwas abgekriegt. Seitdem hing so etwas wie gespannte Erwartung in der Luft. Die Bomber würden ganz gewiß wiederkommen.

«Außerdem – wer kann denn sagen, wann einmal eine A-4 auf das Kontrollzentrum zurückfallen wird?» sagte er mit finsterem Gesicht. Diese Möglichkeit hatten wir schon vielfach diskutiert. Der Kontrollraum, der auch als Luftschutzbunker diente, hatte ein verstärktes Betondach von einem Meter Dicke, doch einem direkten Aufschlag einer Bombe, wie sie bereits auf Peenemünde gefallen waren, würde es nicht standhalten. Daher beschloß Hartmut, bessere Schutzmaßnahmen für P-7 zu treffen.

Möglicherweise wußte er, worauf er sich da einlassen würde – vielleicht wußte er's aber auch nicht. Erst nach mehreren Monaten und zahlreichen Fahrten, Briefen und Konferenzen fing er an, einige Fortschritte zu machen. Zuerst wurden Splittergräben gezogen, acht an der Zahl, jeder 30 m lang und dabei tief genug, so daß ein darin aufrechtstehender Mann nicht über die seitlich aufgetürmten Erdwälle hinaus sichtbar war. Diese Gräben wurden in dem Waldstück ausgehoben, das sich unmittelbar südlich an die große Halle anschloß. Ein leichtes Dach bot Schutz gegen Witterungseinflüsse.

Doch Hartmut war immer noch nicht zufrieden. Er bemühte sich weiterhin um eine Verstärkung des Kontrollzentrums, wobei er von den Vorgesetzten in seiner eigenen Abteilung nur lauwarm unterstützt wurde. Dann endlich wurden im Juni stabile Stahlträger von je 25 cm Höhe mit unterstützenden Tragsäulen installiert, um die Betondecke von einem Meter Dicke sowohl des Kontrollzentrums als auch des Instrumentenraumes zu verstärken. Gleichzeitig wurde eine drei Meter dicke Erdschicht außen auf das flache Dach aufgebracht – als Pufferzone für Bombeneinschläge – damit die Bomben so weit wie möglich vom Betondach selbst zur Explosion kamen.

Inzwischen war die Massenproduktion der Geräte im vollen Gange. Gleichzeitig wurden überall Vorbereitungen für ihren militärischen Einsatz getroffen. Man dachte im Prinzip an zwei Abschußmethoden: einmal von einer großangelegten Festbasis an der

Küste Frankreichs und dann von fahrbaren Abschußtischen. Entgegen den Empfehlungen und Ratschlägen von Leuten, die besser über die Einsatzmöglichkeiten der A-4 Bescheid wußten, bestand Hitler auf der ersteren Methode. So begann man dann mit dem Bau schwerer Betonbunker in Watten bei Calais; das Projekt bekam den Decknamen Kraftwerk Nordwest. Dies gab man jedoch auf, nachdem am 27. August 1943 alliierte Bomber ihre Ladung auf den noch nassen Zement abwarfen. Der Schlamassel war unbeschreiblich; der nasse Zement stob in alle Richtungen und wurde steinhart, wo immer er liegenblieb.

Danach wandte man seine volle Aufmerksamkeit den fahrbaren Abschußbasen zu, die auf den Straßen oder auf Eisenbahnschienen befördert werden sollten. Außerdem zog man von militärischer Seite eine andere Möglichkeit in Betracht. Dieses Projekt bekam den Decknamen «Regenwurm»; danach sollten Tunnel in geeignete Berghänge getrieben werden, aus denen die fahrbaren Abschußbasen herausfahren, die Rakete abschießen und dann sofort wieder zurückrollen könnten. Bald aber erwies sich der Straßentransport als die taktisch weitaus beste Methode. Die Raketen konnten dabei aus den Wäldern abgeschossen werden; hierfür wurden Rodungen gemacht, die gerade groß genug waren, damit die Rakete nicht größere Baumäste streifte. Als Standfläche für Gerät und Abschußtisch genügten eine Straßendecke bzw. sonstiger fester Grund oder eine Unterlage aus Platten oder Baumstämmen. Die dazugehörigen Kontrollkonsolen ließen sich in Gräben in 80 bis 100 m Entfernung unterbringen. Glücklicherweise hatten die Entwickler der V-2 die Weitsicht gehabt, die Dimensionen dieses Gerätes in Grenzen zu halten, so daß es sich ohne weiteres auf den europäischen Straßen- und Eisenbahnnetzen transportieren ließ.

Die einsatzbereiten V-2-Geräte kamen fast ausschließlich auf diese Art zum Abschuß. Die militärischen Abschußeinheiten wurden irgendwo in einen Wald oder an eine Straßenkreuzung gefahren, von wo die Rakete abgeschossen wurde. Innerhalb von 30 Minuten nach dem Schuß war alles wieder verschwunden. Obwohl Ende 1944 und Anfang 1945 die Alliierten die klare Überlegenheit in der Luft hatten, weiß ich von keinem einzigen Fall, wo eine Abschußstelle rechtzeitig entdeckt und von alliierten Flugzeugen angegriffen wurde – und das bei über 4000 Abschüssen.

Um die V-2 in größeren Mengen zum Einsatz zu bringen, bedurfte es fachmännischer Kenntnisse, und die gab es nirgendwo anders als in Peenemünde. Daher verschwanden immer mehr bekannte Gesichter aus unserem Kreis; entweder wurde jemand zum Mittelwerk
gesandt, um Probleme in der Massenproduktion auszubügeln, oder nach Polen geschickt, um beim Abschußtraining zu helfen. Mit der Zeit verloren wir auf diese Art etwa fünfzehn bis zwanzig Prozent unserer technischen Leute. Wir bekamen jedoch Ersatz, zumindest zahlenmäßig; das waren die sogenannten ‹Schmalspuroffiziere›, die zur Ausbildung auf dem neuen Gebiet des Raketenwesens nach Peenemünde geschickt wurden. Diese künftigen Spezialisten, die den Titel «Kriegsverwaltungsrat» bekamen, unterschieden sich von den regulären Militäroffizieren durch die schmalen Achselklappen auf ihren Uniformen – daher der Name «Schmalspur».

Unsere Belegschaft von P-7 hatte zwar keine direkte Verbindung zu militärischen Stellen, doch diese störten trotzdem unsere Tätigkeit, insbesondere durch mehr oder weniger arrogante Besucher, die jetzt immer öfter hereinschneiten. Sie pflegten in Gruppen und in chauffierten Fahrzeugen zu kommen, stiegen aus, streckten die Glieder, lockerten ihre Kniegelenke durch ein paar leichte Beugungen; dann stolzierten sie herum, als wüßten sie hier Bescheid und erwarteten, daß man sich um sie kümmerte. Kamen Unangemeldete, so wurde ich oft hinzugezogen, um sie abzuwimmeln. Das war mir immer ein besonderes Vergnügen, denn ich genoß den vollen Schutz der Werksvorschriften sowie meiner Zivilkleidung. Ich konnte es mir also leisten, bei aller Höflichkeit einfach stur zu sein.

«Verzeihung, Herr Oberst, aber hier ist der Zutritt nur Befugten gestattet. Darf ich Ihren Passierschein sehen?»

«Ich bin Oberst von der Ahe. Wir wollen das Prüfgelände besichtigen.» Wie nicht anders zu erwarten, warf der Offizier mir einen einigermaßen empörten Blick zu und ging weiter in Richtung Eingang. Ich jedoch machte so ganz nebenher die Tür zu und sagte, «Tut mir furchtbar leid, Herr Oberst, aber bei unserer Dienststelle liegt keine Anmeldung in Ihrem Namen vor, würden Sie so freundlich sein, hier einen Moment zu warten, ich werde sofort drinnen anfragen.» Alles, was ich gesagt hatte, war natürlich Wort für Wort wahr.

Dann ging ich hinein und rief die Werkswache in Haus 4 an.

«Hören Sie, wir haben hier einen Haufen Offiziere – ein Oberst von der Ahe oder so etwas ist dabei. Ist Ihnen davon irgendetwas bekannt?»

«Muß mal nachsehen, Moment», kam's vom anderen Ende der Leitung, und dann: «Ja, die sind hier durchgekommen.» Man hörte Papiere rascheln. «Zweck des Besuches – Besprechung mit dem Personal von der Abteilung für Bodengeräte. Wie sind die zu Ihnen durchgekommen?»

«Keine Ahnung», sagte ich ziemlich ärgerlich. «Jedenfalls werde ich sie zu Ihnen zurückschicken. Schlagen Sie sich mit denen herum.»

Dann ging ich wieder hinaus und schickte die ganze Blase zurück nach Haus 4 – mit dem Ausdruck tiefsten Bedauerns natürlich. «Wir müssen uns an die Militärvorschriften halten, das werden Sie sicher verstehen. Wir würden Ihnen furchtbar gerne alles zeigen, aber wir haben schon verschiedentlich einen Verweis dafür bekommen. Tut mir außerordentlich leid, Herr Oberst.»

Noch weit empörter als zuvor, drehten mir die Offiziere dann den Rücken zu und gingen zu ihren Wagen zurück, aus denen die Fahrer heraussprangen, die Türen aufrissen und mit den Absätzen klickten. Dann fuhren sie davon und kamen in der Regel nie wieder.

Diese Art von Besuchern verursachten bei uns endlose Verzögerungen und störten den Betrieb, und ihr oft arrogantes Auftreten half auch nicht gerade. Über dieses ganze Problem sprachen wir oft im Büro. Daß wir Besucher haben würden und haben sollten, war uns zwar klar; wir waren sogar stolz, wenn wir eine gute «Vorführung» geben konnten, besonders wenn prominente Persönlichkeiten angekündigt wurden. Im Grunde genommen wollten wir ja auch zeigen, was wir bisher fertiggebracht hatten, und die Besucher dann wissen lassen, was noch zu tun war; damit sicherten wir uns schließlich den weiteren Rückhalt für unsere Arbeit. Oft wurden wir vorher kurz über gewisse Besucher unterrichtet: Wir erfuhren, welchen Wichtigkeitsgrad sie hatten, wofür sie verantwortlich waren und inwieweit wir uns bei unserer Prüftätigkeit auf ihren Besuch einstellen sollten. Besucher, die für unser Budget und unseren Materialnachschub wichtig waren, hatten Vorrang; gleich dahinter kamen aber die Leute vom Heereswaffenamt.

Was wir vorführten, imponierte allen. Bei unseren Demonstrationen gab es viel Feuer, Rauch und Donner – und die Abschüsse, die von einer hochqualifizierten, zivilen Belegschaft mit fast militärischer Präzision durchgeführt wurden, könnten den Eindruck vermittelt haben, daß wir mit der Entwicklung der Geräte weiter waren, als es wirklich der Fall war. Dies jedoch wirkte sich für uns zum Besten aus. Für Deutschland sah die Kriegslage schlecht aus, und die noch verfügbaren Mittel wurden in zunehmendem Maße dorthin geschickt, wo man sich schnelle Resultate versprach. Um die nötigen Gelder zu bekommen, mußten wir uns den Anschein geben, als hätten wir die meisten Probleme bereits überwunden.

Um fair zu sein, muß allerdings zugegeben werden, daß eine große Anzahl von Besuchern – ob aus zivilen oder militärischen Kreisen – uns sehr viel Verständnis entgegenbrachte. Diese Männer nahmen sich Zeit, den Kontrollraum zu besichtigen und die Prüfeinrichtungen näher zu betrachten, und vor allem stellten sie Fragen. Sie standen in krassem Gegensatz zu jenen anderen, die während des Countdowns im Offiziersklub saßen und ihre Adjutanten alle paar Minuten anrufen ließen, um sich zu erkundigen, warum es immer noch nicht losging. Diese kamen gewöhnlich schon vermekkert am Prüfstand an und hatten sich außerdem vorher mit Alkohol gestärkt, und wenn sie wieder abfuhren, hatten sie kaum ein anerkennendes Wort für das übrig, was sie zu sehen bekommen hatten. Ich werde nie vergessen, wie wir ein Gerät zum Abschuß brachten, ohne vorher gewisse fragwürdige Teile zu ersetzen, weil ein General nicht länger warten wollte.

Der 17. März 1944 war ein heiterer, typischer Vorfrühlingstag. Die Rakete mit der Massenfertigungsnummer 17047 war in der Arena aufgestellt, und die Abschußvorbereitungen waren nahezu abgeschlossen. Die erste Warnung wurde noch vor Mittag gegeben. Ich hatte beschlossen, mir die Sache diesmal von außen her anzusehen und suchte mir einen Platz an der Außengrenze von P-10, wo in regelmäßigen Abständen Zweihundertlitertonnen mit Vernebelungsdüsen aufgereiht waren. (Diese stellten einen Teil unseres dürftigen Luftverteidigungssystems dar.) Ich setzte mich auf eine der Tonnen. Vor mir sah ich gerade noch die Spitze der Rakete No. 17 047 über den Wall der Arena und die Bäume hinausragen. Die Luft war kühl, frisch und salzig; die Sonne schien warm. Auf den Arbeitsbühnen von P-1 drängten sich die Zuschauer. Eine große Anzahl von Militärmannschaften, die zur Ausbildung hier waren, stand erwartungsvoll auf der flachen Düne, die P-1 von der Straße zu P-10 trennte. Das unaufhörliche Rascheln der nahen Riedgräser hatte eine einschläfernde Wirkung. Meine Gedanken waren nicht gerade mit dem Abschuß beschäftigt.

Nach einiger Zeit ertönte die letzte Warnsirene, dann kam die grünliche Spur der Rauchbombe. Staubwolken wurden wieder einmal innerhalb der Arena aufgewirbelt, wie ich es schon so viele Male gesehen hatte, und die Rakete erhob sich langsam und wurde nun voll sichtbar. Es war ein erfolgreicher Start. Es schien, sagte ich mir beruhigt, daß das Produktionswerk doch eine ganze Anzahl von Problemen ausgebügelt hatte. Die Inspektionen und Prüfvorbereitungen hatten in letzter Zeit kaum länger gedauert als die, die wir an unseren Entwicklungsgeräten vornahmen. Fünfzehn Geräte hatten wir in den letzten Wochen abgeschossen, ohne daß etwas Ernstliches vorgefallen war, und die Hälfte davon kam aus der Produktion.

Die Rakete dort oben hatte jetzt eine Höhe von 200 m erreicht und fing an, sich programmgemäß nach vorn zu neigen. Ich bemerkte, daß ich genau in der Fluglinie saß, was mich aber kaum störte. Das Dröhnen des Triebwerks fegte über mich hinweg, und mein Hut flog mir fast vom Kopf, als ich mich zurücklehnte, um den Flug zu verfolgen. Es ist nicht gerade leicht, die Position einer fliegenden Rakete zu bestimmen. Nachdem sie eine gewisse Höhe erreicht hat, sieht's aus, als hätte man sie genau über sich.

Da – plötzlich, in einer Höhe von ca. 300 bis 400 m erlosch der

Feuerstrahl, und kurz darauf trat Totenstille ein. Ich sah, wie die Rakete noch an die hundert Meter weiterstieg. Da das Programm bereits zu laufen begonnen hatte, würde sie eine schmale Schleife ziehen und dann auf die Erde zurückfallen.

Genau in meine Richtung!

Mit einem Schlag waren meine träumerischen Gedanken verflogen. Ich sprang auf und rannte in Richtung See. Für den Bruchteil einer Sekunde sah ich, wie die cirka hundert Soldaten auf der Düne sich herumdrehten und verschwanden, als seien sie weggeblasen. Direkt unterhalb der Rakete rannte ein Mann wie wild auf den Betonwürfel zu, in dem sich die P-10 Relais-Box befand.

In solchen Momenten bin ich immer ganz perplex darüber, was der Mensch innerhalb einiger Sekunden alles wahrnehmen und tun kann. Einer meiner ersten Gedanken war gewesen, daß die Rakete dort oben offensichtlich nicht hängenbleiben würde. Ich fing an zu rennen, ohne eigentlich daran zu denken, daß ich mich retten müßte. Nachdem ich jedoch ca. 100 m gerannt war – und zwar meines Erachtens in Weltrekordzeit – warf ich mich auf den Boden, das Gesicht der Rakete zugewandt. In diesen wenigen Sekunden hatte die 17 047 sich umgedreht und kam jetzt mit der Spitze nach unten heruntergesaust wie eine riesige Bombe. Zuerst hörte man als einziges Geräusch das Pfeifen des gewaltigen Geschosses. Einen Augenblick später schlug die A-4 ein. Sie bohrte sich in das weiche Erdreich, und zugleich hörte man eine ohrenbetäubende Explosion. Der grelle Blitz blendete mich im Moment, aber ich fühlte keinen Einschlag und keine Druckwelle. Dann aber sah ich etwas, das mich wieder auf die Beine brachte und so weit wie möglich von der Einschlagstelle fortlaufen ließ. Durch die Explosion flogen tonnenweise Trümmer und Dreck nach allen Seiten; Steine und Zementbrocken regneten herab wie Meteore. Nach weiteren fast 100 m war ich endlich aus der Gefahrenzone heraus. Dann trat Stille ein, und ich konnte wieder einen Gedanken fassen. Die ganze Zeit über hatte ich absolut keine Angst empfunden, dazu ging alles viel zu schnell. Es dauerte eine gute Stunde, bis ich dann plötzlich eine Art Schock empfand – mir wurden die Knie weich, und ich mußte mich unbedingt hinsetzen.

Im Moment jedoch war die Neugier stärker als alles andere. Ich sprang auf und rannte zurück zur Einschlagsstelle. Ich fand einen riesigen Krater von ca. 12 m Durchmesser und fast genauso tief. Er fing bereits an, sich mit Grundwasser zu füllen. Ein paar Raketenteile waren sichtbar; da waren die wohlbekannte Eiform des Wasserstoffsuperoxydbehälters, dann die arg zusammengehauene Brennkammer und ein paar verbogene Treibstoffleitungen. Ich bemerkte wieder jenen seltsamen Geruch, der an Stachelbeermarmelade erinnerte. An der Tiefe und Form des Kraters konnte ich sehen, warum ich keine Druckwelle gespürt hatte. Der Explosionsdruck war nach oben entwichen.

Jetzt gesellte sich jener Mann zu mir, den ich kurz zuvor hatte übers Feld rennen sehen. Es war einer unserer Photographen. Er hatte den schützenden Betonwürfel erreicht. Nach einer weiteren Minute kamen japsend Münz und die Belegschaft an. Dann sahen sie uns auf der anderen Seite des Kraters stehen.

«Wie sind Sie so schnell hierhergekommen?» rief er.

«Oh, ich war zufällig hier, als sie runterkam», sagte ich so beiläufig wie möglich.

Münz starrte mich an. «Menschenskind», sagte er, «dann müssen Sie uns unbedingt erzählen, wie das ist, wenn man vor einer Rakete wegrennt.» Übrigens war dies dann nur das erste Mal, daß ich meine Geschichte über jene kritischen Sekunden erzählte; ich mußte sie noch oft wiederholen, wobei meine Zuhörerschaft stets fasziniert war.

Eines Tages gegen Ende April 1944, gerade als ich zu einer Besprechung in Haus 4 eintraf, wobei es um Testschwierigkeiten mit Raketen aus der Produktion ging, hielt von Braun mich an:

«Ich möchte anschließend mit Ihnen sprechen», sagte er mit einem Lächeln. «Kommen Sie zu meinem Büro herauf, ja?»

Als ich eine Stunde später dort ankam, warteten außer ihm auch Dr. Martin Schilling und Dr. Ernst Steinhoff, der Direktor von BSM, auf mich. Von Braun kam sofort zur Sache.

«Die Fertigungsabteilung bekommt ständig dringende und immer noch dringendere Anfragen von den verschiedensten Gruppen, die experimentelle Instrumente in die Raketen einbauen lassen wollen. Einige davon sind kompatibel, andere wiederum nicht. Die Fertigung kann aber nicht wissen, was hier der Fall ist, auch kann man dort die Dringlichkeit nicht beurteilen. Wir brauchen eine Einbauplanungsstelle.» Er lehnte sich vor. «Sie haben inzwischen eine gute Allgemeinkenntnis aller wesentlichen Systeme und wissen, was für Probleme diese konkurrierenden Einbauten auf dem Prüfstand verursachen können. Sie haben das Raketenauswertungsprogramm gut in der Hand. Wären Sie daran interessiert, diese Dienststelle einzurichten?»

Ich sagte ohne Zögern: «Das hört sich interessant an.»

Das erörterte Problem war mir nichts Neues. Es machte nicht nur dem Endmontagewerk Schwierigkeiten, sondern des öfteren auch uns auf P-7. Es kamen A-4-Geräte an mit Einbauten, die es unmöglich machten, andere von uns für den Prüfstand bereits geplante Einbauten vorzunehmen. Auch bekamen wir dauernd in letzter Minute Anweisungen für Zusätze, die zum großen Teil andere Einheiten, die bereits eingebaut waren, nutzlos gemacht hätten. Über all dieses war man in weiten Kreisen sehr ungehalten. Hinzu kam, daß man sich bei derartigen Anfragen oft auf höchste Dienststellen berief bzw. vom unmittelbaren Zusammenbruch des ganzen Projektes redete, falls ihnen nicht sofort entsprochen würde, ja daß dadurch sogar der ganze Krieg verloren werden könnte. Außerdem war einfach nicht genügend Zeit verfügbar, um dem Dringlichkeitsfaktor jeweils auf den Grund zu gehen.

«Ich habe das eben hier mit Schilling und Steinhoff besprochen und auch mit Rees», fuhr von Braun fort und lehnte sich in seinem Stuhl zurück. «Sie werden sich mit Herrn Kuers von der Fertigungsplanung ein Büro teilen; nur Sie zwei werden dort arbeiten. Wir werden Ihnen eine dreiziffrige Gruppennummer und die nötige Autorität geben, um die Sache auf die Beine zu bringen. Danach sind Sie auf sich selbst gestellt.»

Innerhalb weniger Tage war das neue Büro im Haus 4 eingerichtet. Werner Kuers, mit dem ich bereits vielfach zusammengetroffen war, war ein liebenswürdiger und kompetenter Mensch, der dazu beitrug, daß dieses Projekt bestens lief. Er war ein schlanker, fast asketisch wirkender Mann von vielleicht 35 Jahren. Er hätte ein

Mönch sein können, dachte ich. Er unterstrich seine Argumente und Erklärungen mit einem Lächeln sowie mit einem ständigen knappen, ruckartigen Kopfnicken.

Wir brachten in unserem Büro eine große Wandtafel an, die wir in Felder aufteilten, welche die Hauptstationen einer Rakete während ihrer Lebensdauer aufzeigten: Montagegebäude, P-7-Halle, Brennstand, Abschußbasis. Wir gebrauchten Metallmarken, die die einzelnen Raketen repräsentierten und die jeweilige Nummer trugen und auch die Art der bereits geplanten wichtigsten experimentellen Einbauten anzeigten. Alle neuen vorliegenden oder eingehenden Anträge auf Spezialeinbauten wurden auf ihre Kompatibilität mit den bereits geplanten geprüft und demgemäß den im Bau befindlichen oder bereits fertiggestellten Raketen zugewiesen. Was übrigblieb, wurde für künftige von der Fertigung geplante Raketen eingeordnet. Auf diese Art konnten wir dafür sorgen, daß die eingebauten Ausrüstungen sich vertrugen. «Waisen», d. h. übriggebliebene Instrumente, die sonst nie im richtigen Verhältnis zu anderen Teilen hätten geprüft werden können, konnten jetzt ebenfalls richtig eingesetzt werden, wodurch sich viele der Besprechungen erübrigten, bei denen sich die jeweiligen Konkurrenten oft in den Haaren gelegen hatten.

Innerhalb weniger Wochen hatten wir dadurch zehn Raketen für die zusätzlichen Einbauten frei. Millionen von Mark und – was noch mehr bedeutete – Zehntausende von Arbeitsstunden waren eingespart worden, und die Experimentiergruppen, die früher kaum weiterkamen, machten jetzt große Fortschritte. Selbst wenn durch unsere Bemühungen auch nur eine einzige Rakete freigeworden wäre, so wäre das der Mühe wert gewesen.

Ende Mai trat bei uns eine weitere Änderung ein. Hartmut wurde unerwartet zum Kommandeur einer militärischen Einheit ernannt, die mit der Erprobung von Sonder-Bodengeräten für den Abschuß der A-4, wie z. B. Eisenbahnwagen, und anderen Spezialgeräten beauftragt war. Mir wurde nun sein Posten als Prüfstandsleiter auf P-7 übertragen.

P-7 lief jetzt auf vollen Touren; seit langem fanden hier täglich zwei Brennversuche statt. Außerdem fand fast jeden Tag ein Abschuß statt und manchmal sogar zwei. Nachbarstand P-10 hatte inzwischen einen Kontrollraum erhalten, ein einfaches Blockhaus, das die nötigste Ausstattung enthielt, wodurch P-10 nun eine fast selbständige Abschußbasis geworden war. Auf Hartmuts Drängen waren an den Boxen der großen Halle Balkons angebracht worden, wodurch nun insgesamt neun solcher Versuchsvorbereitungsplätze vorhanden waren.

Am 13. Juni 1944, nur wenige Tage nach dem D-Day der Alliierten, die damals ihre massive Invasion an der Küste Frankreichs begannen, und nachdem ich den P-7 übernommen hatte, schossen wir die Rakete V-89 ab. Dies war zumindest in einer Beziehung eine ganz besondere Prüfung. Dieses Gerät war mit Steuerelementen der vom Boden aus kontrollierten Flugzeugabwehrrakete Wasserfall ausgerüstet. Letztere, die ebenfalls in Peenemünde im Entwicklungsstadium war, hatte einen Schub von etwa 7 Tonnen und war so konzipiert, daß sie vom Boden aus manuell gesteuert werden konnte, und zwar mittels eines Steuerknüppels. BSM hatte beschlossen, die Reaktionsfähigkeit dieses Systems an einer fliegenden A-4 auszuprobieren und festzustellen, welchen Einfluß die Raketendüse auf das Radiosignal der Steuerung hatte. Man sagte uns, das Gerät würde im allgemeinen die Prüfung nicht nennenswert beeinflussen. Der Bediener des Bodensteuergerätes schien bei der Lenkung der A-4 keine Schwierigkeiten zu haben, bis sie in einer Wolkendecke verschwand und er sie aus den Augen verlor. Soweit wir das damals beurteilen konnten, war dies ein absolut erfolgreicher Flug, völlig frei von Störungen.

Einige Tage später erfuhren wir jedoch etwas, das unseren Optimismus wieder zunichte machte und uns die nun fast täglichen Luftalarme noch ernster nehmen ließ. Es traf die Nachricht ein, daß die V-89 in Südschweden niedergegangen war. Die Rakete, so hieß es, sei dort Hunderte von Metern über dem Boden explodiert. Die Tatsache, daß sie völlig zerstört war und außerdem ein Fremdsteuersystem an Bord hatte, schloß zwar einen Nachbau oder die schnelle Entwicklung von Gegenwaffen aus, aber eines wußte man drüben jedenfalls: Bei diesem Eindringling handelte es sich um eine große Langstreckenbombe mit Raketenantrieb. Insoweit war nun also die Katze aus dem Sack.

8 Brennschluß

Dienstag, der 18. Juli 1944 brach mit hellem Sonnenschein an – ein schöner Sommertag, und wir hofften, eine weitere Rakete zum Abschuß zu bringen. Ich ging nochmals alle Einzelheiten durch, als Münz ins Büro gestampft kam. Ich sah auf; er schien verärgert zu sein.

«Wir haben gerade eine Vollalarmmeldung bekommen», sagte er. «Ich habe bereits alles gestoppt; die meisten Männer sind schon in den Splittergräben.»

Ich sah auf meine Uhr.

«Bißchen früh, nicht wahr? Nun ja, dann lassen Sie die anderen ins Kontrollzentrum kommen. Bleiben Sie in Telefonverbindung mit dem Warnzentrum. Sie wollen wahrscheinlich wieder nach Stettin», sagte ich, wobei ich das Letztere selbst nicht glaubte. Ich dachte ständig an die Rakete, die in Schweden gelandet war, und daß die Allierten jetzt über unsere Tätigkeit sehr gut Bescheid wissen müßten.

«Vielleicht ist's wieder eines von diesen Aufklärungsflugzeugen», meinte Münz nach einer Weile. «Ich hoffe, die Entwarnung kommt bald, wir sind ohnehin schon verspätet.»

Diese Unterbrechungen kamen nun immer öfter. Sobald sich auch nur ein einziges Flugzeug in der Gegend befand, kam bei uns alles zum Stillstand – stundenlang.

Eine halbe Stunde, eine Stunde, eineinhalb Stunden vergingen, während deren wir Meldungen über Flugzeuge erhielten, die sich am Rande unseres Warnbereiches befanden. Dann aber bekamen die Ansagen plötzlich einen dringlichen Ton: «Feindflugzeuge im Anflug auf unsere unmittelbare Umgebung; höchste Vorsicht ist geboten.»

Es wurde ernst.

Wir alle begaben uns in den inzwischen mit einer Erdschicht und Stahlträgern verstärkten Kontrollraum bzw. in den Instrumentenraum und schlossen die Stahltüren hinter uns. Ich sah durch das Periskop, eigentlich nur aus Zeitvertreib.

«Sie werfen Flugblätter ab!» rief ich aus.

Durch das vergrößernde Periskop konnte ich sehen, wie ein Wirbel von weißen Papierblättern in die Arena hineingeschneit kam; einige davon schwebten ganz dicht am Periskop vorbei. Ich konnte die großgedruckte Überschrift lesen: Deutsche Arbeiter. Der weitere Text erwies sich dann später als ein sehr naiver Versuch, uns dazu zu bewegen, die Waffen zu strecken.

Es wurde sehr wenig gesprochen. Dann hörten wir in der Ferne die FLAK schießen. Mitunter war durch das kleine Luftloch zwischen Kontrollraum und Tunnel auch ein seltsames, raschelndes oder pfeifendes Geräusch hörbar, aber es folgte keine Detonation darauf.

Ich hatte gerade wieder durch das Periskop geschaut, als eine furchtbare Explosion erfolgte. Die Lichter erloschen, und die Welt schien einzustürzen.

Mir schoß nur der eine Gedanke durch den Kopf: Dies ist das Ende. Ich war wie gelähmt und verlor in der Dunkelheit jeden Sinn für die Gegenwart. Ich erinnere mich, daß enorme Staubwolken um uns herumwirbelten, wobei es krachte, als ginge alles aus den Fugen. Dann herrschte Stille, und überall hing der Geruch von verbranntem Pulver. Eine Ewigkeit verging, dann machte jemand die Tür zum vorderen Korridor auf. Einige mutige Seelen pirschten vorsichtig an die Außentür heran. Von den Flugzeugen war nichts mehr zu hören.

Immer noch zögernd ging ich mit den anderen hinaus und blinzelte in das grelle Sonnenlicht. Die Ingenieure aus dem benachbarten Instrumentenraum schlossen sich uns an. Alle sahen sehr mitgenommen aus, mit Verputzstaub weiß überpudert und mit wirren Haaren.

«Kann jemand mal Haus 4 anrufen? Vielleicht sollten wir uns noch nicht zu weit hinauswagen. Alle anderen bleiben hier», mahnte ich.

Erstaunlicherweise war die Telefonverbindung mit den Hauptbüros in Haus 4 noch intakt.

«Die Feindflugzeuge befinden sich im Abflug aus unserem Gebiet; keine weiteren Anflüge.»

Ich nickte. «Gut, dann wollen wir uns mal umschauen. Geben Sie Ihre Meldungen an das Büro durch. Und seien Sie vorsichtig! Herr Melchior, könnten Sie uns ein paar Leuchten besorgen?»

Meister Melchior nickte und machte sich auf den Weg zum Werkzeuglager, um einige tragbare Leuchten zu holen. Er war der Mann, der für die Wartung, Instandhaltung und, wo nötig, die Reparatur aller mechanischen Einrichtungen auf Prüfstand 7 verantwortlich war. Etwa vierzigjährig, war er in seinem militärischen Mantel, obschon Zivilist, eine imposante Erscheinung, die eine kraftgeladene Autorität ausstrahlte. «Ein Schrank von einem Kerl», war mir bei seinem Anblick oft in den Sinn gekommen. «Melchior könnte die A-4 ohne Hilfe des Meillerwagens eigenhändig aufrichten», hatte ich einmal schmunzelnd Hartmut gegenüber bemerkt.

Einige Männer kletterten über den Erdwall; zwei oder drei weitere gingen um ihn herum. Jetzt kamen auch die ersten Leute aus den Splittergräben an; sie sahen genauso zerzaust aus wie wir. Sie hatten ein paar Einschläge ganz in der Nähe gehabt, aber es schien niemand verletzt zu sein.

«Ich habe mal in die Halle geschaut», sagte jemand zu mir. «Da war mindestens ein Einschlag. Einer der Kräne ist hin. Sieht fürchterlich aus da drinnen.»

Weitere Meldungen kamen eingetrudelt: Das Dach des Pumpenhauses ist fast völlig eingestürzt ... die Kühlpumpen scheinen sehr viel abgekriegt zu haben ... kein Licht ... Einsturzgefahr ... verschiedene Einschläge im Kontrollraum ... die Erdaufschüttung ist weg ... Risse im Beton ... mehrere Periskope beschädigt ... eine Anzahl von Einschlägen in der Arena ... aus dem Starthaus sind praktisch alle Planken und Fenster weggefegt ... das Rahmenwerk steht aber noch ... Feuermelder unversehrt ... direkter Einschlag an einem der Brennversuchsstände, keine Reparatur mehr möglich ...

Die Meldungen kamen Schlag auf Schlag und vervollständigten das trostlose Bild. Ich mochte gar nicht daran denken, was sich bei einer näheren Inspektion dieses komplizierten Gewirrs von Kabeln, Leitungen, Drähten und vielfältigen Gerätschaften noch alles zeigen würde. Wir fürchteten, daß diese Arbeitsstätte, auf die wir alle so stolz gewesen waren, für immer dahin war. Melchior kam jetzt mit den Leuchten zurück, und wir begaben uns wieder in das Kontrollzentrum. Das Büro war fast in normalem Zustand bis auf die Fenster, deren Scheiben fast alle zerbrochen waren, und bis auf die Papiere, die überallhin verstreut waren.

Auf den ersten Blick sah der Kontrollraum unversehrt aus. Dann entdeckten wir, daß der untere Teil eines der Periskope von der Decke gefallen war und eine Kontrollkonsole zerschmettert hatte. Das schwere Metallstück wog mindestens 250 kg. Es hatte zu jenem Periskop gehört, das ich gerade vor dem Bombeneinschlag noch benutzt hatte. Was für ein Glück, dachte ich, daß es mich nicht getroffen hat. Oder hatte es mich doch getroffen? Jetzt fühlte ich zum ersten Mal einen stechenden Schmerz in meinem rechten Unterarm; vor lauter Aufregung hatte ich während der letzten halben Stunde überhaupt nichts davon bemerkt. Ich versuchte, den Arm zu heben. Es ging nicht. Das Periskop hatte mich getroffen! Jetzt setzte der Schmerz wirklich ein. Ich hängte meinen Daumen in ein Knopfloch meines Mantels, was ein wenig half.

Dann bemerkte ich, wie alle um mich herum stehenblieben und zur Decke hochstarrten. Ich sah nach oben und wurde blaß. Gleich neben dem zerschlagenen Periskop war der horizontale, etwa 25 cm breite Stahlträger um mehrere Zentimeter nach unten verbogen, und ein Stützpfeiler war grotesk verkrümmt. Welch ein Inferno hatte da nur wenige Zentimeter über unseren Köpfen getobt! Hartmuts Name fiel an diesem Tag immer wieder; seinen stetigen Bemühungen, das Kontrollzentrum zu verstärken, verdankten nun viele von uns ihr Leben.

Nach zwei weiteren Stunden wußten wir das volle Ausmaß der Zerstörungen. Das Pumpenhaus für das Kühlwasser war zerstört. Die Pumpengehäuse hatten Risse und waren von Bombensplittern durchlöchert. Der Batterieraum war ein Wirrwarr von Glasscherben, erfüllt von dem penetranten Gestank verschütteter Säuren. Die Halle war schwer mitgenommen; im Dach gähnte ein großes Loch, und einer der Kräne war vollständig ruiniert. Nachdem jedoch später die Trümmer beseitigt waren, konnten wir uns mit dem verbleibenden Kran behelfen. Glücklicherweise war der Schaden an den Kabeleinrichtungen viel geringer als wir zuerst befürchtet hatten. Die Leitungen zum Abschußtisch in der Arena schienen alle intakt zu sein, nur die Leitungen zu P-10 waren von einem direkten Einschlag unterbrochen.

Jetzt wurde uns die Strategie dieses Angriffs klar. Vierunddreißig amerikanische Bomber hatten einen «Teppich» von Fünfhundertkilobomben gelegt, der den ganzen Prüfstand hätte vernichten können, wenn der Hebel nicht cirka eine Sekunde zu spät ausgelöst worden wäre. So aber hatte es P-7 nur ganz am Rande des Bombenteppichs erwischt, und die meisten Bomben waren unmittelbar auf das gleich dahinterliegende Waldstück bzw. in die Umgebung der Splittergräben gefallen. Wir konnten es kaum glauben, daß kein einziger der Männer, die dort gesessen hatten, auch nur einen Kratzer abbekommen hatte, denn dort befand sich ein Bombentrichter am anderen. Wie sich herausstellte, hatte ich als einziger bei dem Angriff auf P-7 eine Verletzung erlitten. Noch am gleichen Tag hatte ich meinen Arm im Gipsverband.

Nachdem wir alle Schäden registriert hatten, hatten wir auch die Gewißheit, daß wir die Schußversuche wieder aufnehmen konnten, und zwar sowohl von P-7 als auch von P-10. Die Reparaturarbeiten wurden sofort eingeleitet, und in weniger als zwei Wochen ging der Abschuß von V-205 erfolgreich vonstatten. Auch die Arbeiten in der Halle gingen mit der Zeit immer besser voran. Es wurden Maßnahmen getroffen, durch die wir das zerstörte Pumpenhaus zu umgehen hofften. Wir setzten statt der Pumpen ein System ein, das aus miteinander verbundenen Hochdruckflaschen bestand, die mit Stickstoffgas (einem Nebenprodukt aus der Flüssigsauerstoffanlage) unter Druck gesetzt wurden.

Es gab jedoch auch Totalschäden in Peenemünde. So war z. B. der A-4-Kalibrier-Brennstand in der Nähe von Werk Süd, P-11, völlig zerstört. Alles in allem waren fünfzig Menschen bei diesem Angriff umgekommen, darunter auch FLAK-Soldaten.

Bereits vor dem Angriff ging das Gerücht um, daß das Entwicklungswerk Peenemünde in einen privaten Konzern umgewandelt werden sollte. Jedesmal gab es darüber heftige Diskussionen. Ansonsten aber herrschte die Meinung: Das ist zu schön, um wahr zu sein. Diejenigen unter uns, die noch in Uniform steckten, schüttelten nur mißtrauisch die Köpfe.

«Laßt euch nichts vormachen, wir sind schon zu oft enttäuscht worden.»

Doch das Unglaubliche wurde Wirklichkeit. Am 1. August 1944 wurde das gesamte Aufsichtspersonal zu einer kurzen Besprechung in den Offiziersklub beordert. Dort wurde Paul Storch, der vorübergehend von der Firma Siemens nach hier versetzt worden war, als der neue Generaldirektor des Entwicklungswerkes vorgestellt. Er erklärte die Neuorganisation.

Das Werk, so sagte er, würde in Zukunft den Namen Elektromechanische Werke, Karlshagen, Pommern führen. Diese Firma würde von jetzt ab die bestehenden Betriebszweige leiten, sie jedoch nicht besitzen. Wartung, Transport und Betriebsschutz seien Sache des Heeres und gehörten zum Verantwortungsbereich von Oberst Kamenitzki. Die technische Organisation des Werkes bliebe von diesen Änderungen größtenteils unberührt.

Obwohl jetzt die Fertigung, Prüfung und Verwaltung nicht mehr von Braun unterstanden, machte sich dies während der paar Monate, die das Werk noch bestand, praktisch überhaupt nicht bemerkbar. Was Storch betraf, so war er hier allen eine unbekannte Größe, und unser Produkt war ihm fremd. Ebensowenig kannte er sich mit der Betriebsführung von Peenemünde aus. Es war mit Sicherheit anzunehmen, daß er diese Position nie freiwillig übernommen hätte.

Meinen Beobachtungen nach muß ich jedoch sagen, daß Storch die ihm übertragene Aufgabe mit Takt, Zurückhaltung und Diplomatie ausführte.

Die höchsten Stellen der neuen Organisation sorgten wahrscheinlich dafür, daß wenigstens der gröbste militärische Unsinn abgeschafft wurde, dem wir bisher ausgesetzt gewesen waren. Für den weitaus größten Teil der Werksangehörigen blieb jedoch alles beim alten. Die Firma war nach wie vor Eigentum der Regierung; die Anlagen wurden immer noch von einer Militärorganisation verwaltet, das VKN existierte ebenfalls noch, und ein verwirrendes Netz von Militärdienststellen erteilte immer noch Anweisungen an das A-4-Programm.

Eine größere Änderung war jedoch die Versetzung von General Dr. Walter Dornberger vom Heereswaffenamt in die Organisation für Militärische Verwendung der A-4. Dornberger hatte viele Jahre lang die Abteilung für Raketenwesen im Heereswaffenamt geleitet. Als Chef Wa Prüf 11/V hatte er diese Abteilung unter sich gehabt, damit auch Peenemünde. Auch war die Abteilung 11 für die Entwicklung von festen Treibstoffen zuständig gewesen (im Gegensatz zu unserer Flüssigtreibstoffentwicklung) und ebenso für das Planungsprogramm der Massenproduktion der A-4. Letzteres hatte unter der Leitung von Kriegsverwaltungsrat Schubert gestanden, wurde aber jetzt vom Ministerium für Bewaffnung und Munition unter Albert Speer übernommen.

Dornberger hatte sich bereits seit 1930 mit festen Treibstoffen für Raketen befaßt. Unter seiner Betreuung kam es dann trotz unzähliger Hindernisse schließlich dazu, daß in Deutschland auch die Arbeiten mit flüssigen Treibstoffen offiziell anerkannt wurden. Dornberger war nicht nur Soldat, er hatte auch eine abgeschlossene Ausbildung als Ingenieur, und seine technischen Arbeiten brachten ihm den Ehrendoktortitel der Technischen Universität Berlin ein.

Ich lernte Dornberger erst nach seiner Versetzung persönlich kennen. Diejenigen, die ihn hier noch von alten Zeiten her kannten, hatten ihm den Spitznamen Seppl verliehen – wegen der Lederhosen oder «Seppl»-Hosen, die er manchmal außer Dienst trug. Schon damals in den Anfangszeiten des Werks Peenemünde war Dornberger dort eine bekannte und geachtete Persönlichkeit gewesen, die man allgemein respektierte. Viele der leitenden Ingenieure hatten ihn seit Anfang der dreißiger Jahre gekannt, also seit den Tagen, als der Kern dieser Gruppe sich in Kummersdorf bei Berlin zusammenfand. Im Jahre 1937 wurden die meisten dieser Leute nach Peenemünde versetzt, wo im August 1936 aufgrund eines Übereinkommens zwischen Heer und Luftwaffe der Grundstein für das Werk gelegt worden war. Während der Baujahre, der Anlaufzeit des Werkes und der Entwicklungsanfänge der A-4 hatte Seppl hier viel Zeit zugebracht.

Ich beneidete alle, die in diesem Anfangsstadium mit dabeigewesen waren. Besonders aufregend und interessant müßten die A-5-Oie-Abschüsse gewesen sein. Die Greifswalder Oie, gewöhnlich nur Oie genannt, ist eine kleine Insel in der Ostsee, zwölf Kilometer nordöstlich der Spitze von Usedom gelegen. Sie ist nur einige Quadratkilometer groß, und ihre einzigen Bewohner waren damals die Mitglieder der Leuchtturmbelegschaft. Während das Hauptwerk auf Usedom noch im Bau war, erwies sich die Oie als eine ausgezeichnete Versuchs-Abschußstation für die A-5, das kleine «Arbeitspferd», das der Vorläufer der A-4 war. Die A-5 besaß einen Antrieb mit Drucktreibstoff-Förderung. Sie hatte einen Schub von 1 500 kg und wurde dazu verwendet, Steuergeräte für Studien- und Entwicklungszwecke hochzuschießen. Zwei Fallschirme, die sich am Flugbahngipfel der Rakete, also in einer Höhe von mehreren Kilometern, entfalteten, trugen diese sanft wieder abwärts und ließen sie meist unbeschadet auf dem Wasser landen, so daß sie nach entsprechender Überholung oft wieder verwendbar war.

Diese Abschüsse durften nur an klaren Tagen stattfinden, wenn sie ihren Zweck erfüllen sollten. Das bedeutete oft tagelanges oder gar wochenlanges Warten und viele Abende des Nichtstuns, die man in den dürftigen Quartieren zubrachte. Das führte dazu, daß die hier untergebrachten Wissenschaftler mit der Zeit eine kleine, sehr exklusive Gemeinde formten; dies war ein Faktor, der später viel zum Charakter von Peenemünde selbst beitrug.

Mit der zunehmenden Arbeitslast von Dornbergers Dienststelle wurden seine Besuche in Peenemünde notwendigerweise immer kürzer und seltener. Da Peenemünde inzwischen den Militärs immer wichtiger geworden war, kam er jetzt immer öfter in Begleitung von Generälen und anderen Offizieren hier an, die mit Regelmäßigkeit den Prüfstand P-7 heimsuchten.

Mit Dornbergers Rückberufung wurde der Sektor, der sich mit Flüssigtreibstoff befaßte, von seiner Abteilung abgetrennt und als separate Einheit mit dem Namen Wa Prüf 10 aufgestellt, deren Hauptbüro sich direkt im Gebäude des militärischen Hauptquartiers von Peenemünde befand. Diese Maßnahme schien in Anbetracht unseres Wachstums zwar logisch, doch gleichzeitig schossen jetzt andere Organisationen wie Pilze aus dem Boden. Ihre Urheber waren die Heeresnachschubsorganisationen, das Heereswaffenamt, SS-Kommandeure und Parteigrößen, ferner diverse Regierungsstellen und Industrieverbände. Das Ergebnis war ein Labyrinth von Abteilungen, Spezialabteilungen, Hauptbüros, Nebenbüros, Kommissionen, Unterkommissionen, Sonderkommissionen, Einsatzgruppen, Ausschüssen, Prüfungsausschüssen und Aufsichtsräten. Es ist schwer zu sagen, was davon wirklich notwendig und was reine Verschwendung war, da es sich mit den Funktionen anderer Stellen überschnitt.

Wahrscheinlich muß man derlei Dinge als notwendiges Übel betrachten, sobald ein Projekt Erfolg verspricht. Raketen, die bis vor kurzem von den Nazigrößen, darunter auch Hitler selbst, mit Spott und Skepsis betrachtet wurden, waren auf einmal die «Wunderwaffe», die eine Wende in diesem Krieg herbeiführen sollte. Raketen waren jetzt große Mode, und wir merkten das allmählich auch. Unsere Belange wurden mit Vorzug berücksichtigt, doch wir mußten uns jetzt auch sehr viel Einmischung gefallen lassen; vor allem wurden wir jetzt «organisiert» wie nie zuvor. Es ging jetzt bei uns zu wie bei der A-4 nach dem Brennschluß – das Konzept der Geheimwaffe flog selbständig weiter.

So lag ich eines Nachts in meinem Zimmer und lauschte in die Dunkelheit hinaus auf das endlose Dröhnen der Bomber, die auf dem Wege nach Berlin waren. Mit Schaudern dachte ich daran, was Irmel bevorstand. Schon mehrere Tage hatte ich nichts von ihr gehört – die Post kam jetzt unregelmäßig und war unzuverlässig. Ich hatte Irmel seit mehreren Wochen nicht gesehen. Zu meiner Anfangszeit in Peenemünde, als der Zug nach Berlin noch ging, hatten wir uns fast an jedem Wochenende getroffen, gewöhnlich in Ahlbeck bei Swinemünde, wo wir viele schöne Stunden am Strand verbrachten. Der Gedanke daran wärmte mir das Herz; während wir dort beisammensaßen, stopfte sie meine Socken – und jedesmal brachte sie die herrlichsten Kuchen mit. Ich lächelte in glücklicher Erinnerung daran. Jetzt aber wäre eine solche Reise ein gewagtes Unternehmen gewesen, sofern sie überhaupt möglich war. Im Halbschlaf geisterten mir Gedanken und Pläne durch den Kopf, was wir nach dem Krieg tun würden. Nach dem Krieg? Mir wollte das Herz stillstehen, wenn ich mich fragte, ob es für uns überhaupt eine Zeit «nach dem Krieg» geben würde. Wenn sie nur aus Berlin fortgegangen wäre, was ich ihr so oft dringend geraten hatte. Als mich endlich der Schlaf übermannte, bohrte sich das an- und abschwellende Geräusch der Flugzeugmotoren in mein Unterbewußtsein. Es war eine der vielen unruhigen Nächte.

9 «Gnadenstöße»

Der verbogene Stahlträger und der Riß in der Decke des Kontrollraums erinnerten jetzt ständig daran, daß Peenemünde ein Ziel für die alliierten Bomber war. Jeden von uns beschäftigten nun zwei Fragen. Die erste war: Werden sie wiederkommen? Die zweite, die sich unweigerlich daraus ergab, war: Wird diese Decke einen weiteren Volltreffer durchhalten?

Niemand glaubte, daß wir vor weiteren Angriffen sicher waren oder daß die Decke noch einigermaßen sicher war – und an eine Reparatur war überhaupt nicht zu denken. Trotz der Vorzugsstellung, die wir höherenorts genossen, konnte man uns mittlerweile kaum genügend Material für unsere eigentliche Aufgabe in Peenemünde bewilligen, geschweige denn Mittel zum Bau von Luftschutzbunkern abzweigen. Mit diesem Problem mußten wir selber fertigwerden, und es war der Gegenstand häufiger Diskussionen.

«Diese Decke übersteht keinen weiteren Angriff», sagte ich eines Nachmittags kopfschüttelnd. Diese Bemerkung war schon oft gefallen, und niemand bestritt sie.

«Aber wohin sollen wir uns wenden?» rief einer unserer Ingenieure aus und warf resigniert die Arme in die Luft. «Wir haben nach dem Vollalarm genau 15 Minuten, um zu einem Schutzraum zu kommen, und unser einziges Transportmittel sind unsere Füße.»

Damit hatte er an einen unserer kritischsten Punkte gerührt: Transport. Wo immer wir in Zukunft einen Schutzraum anlegten, er mußte zu Fuß, nötigenfalls im Laufschritt zu erreichen sein. Je mehr wir darüber diskutierten, umsomehr hatte ich das trostlose Gefühl, daß Peenemünde bereits im Sterben lag. Gewiß, wir schossen Raketen in immer schnellerer Folge ab, und es gab immer weniger Fehlschläge. Doch es schien, daß nach Peenemünde nichts mehr kam außer Raketen vom Mittelwerk und dem notwendigsten Material für Raketen, die wir selber bauten; dann waren da höchstens noch der Lebensmittelnachschub und der endlose Strom von Besuchern. Andere Lieferungen gab es praktisch nicht mehr. Was wir hatten, das hatten wir, und sonst nichts. Wenn aufgrund von Verschleiß oder Bombeneinwirkung etwas ersetzt werden mußte, improvisierten wir oder behalfen uns irgendwie.

«Was ist denn mit dem Schilfgürtel entlang der Küste? Den werden sie doch bestimmt nicht bombardieren», meinte jemand.

«Absichtlich nicht», entgegnete ich kopfschüttelnd. «Wenn sie aber aus dieser Richtung kommen und den Teppich ein wenig früher abwerfen ...»

So gingen unsere Gespräche. Auch die Bäume in Richtung Werk West halfen hier nicht viel – aus dem gleichen Grunde. Ohne motorisierte Fahrzeuge waren die Schutzräume um Haus 4 einfach zu weit fort, und außerdem waren sie wahrscheinlich schon anderweitig zugeteilt. Dann meinte jemand, da sei doch noch ein relativ neuer Schutzraum in der Nähe vom Werk West der Luftwaffe. Der Weg sei zwar viel zu weit, wenn man sich an die Straße hielt, doch wenn man durch den Wald ginge, dürfte man zu Fuß nicht länger als zehn Minuten brauchen. Wir schickten ihn mit jemand anderen zusammen los, um die Strecke abzugehen. Sie blieben zwei Stunden fort.

«Wir hatten uns verirrt, und es ist etwas weiter, als wir gedacht hatten, aber wir könnten es trotzdem in 15 Minuten zu Fuß schaffen», meinten sie.

Fünfzehn Minuten, das kann eine lange Zeit sein – oder nicht genug Zeit, wenn man bedenkt, daß wir ja nicht einfach aufspringen und im Testzentrum alles stehen und liegen lassen konnten. Da gab es vieles abzustellen und auszuschalten, und das brauchte Zeit. Wir hatten jedoch keine Alternative, und meine Überlegung war die:

Falls die Bomben fielen, bevor wir den Schutzraum erreichten, dann bot uns der Wald wenigstens einigen Schutz. Dann fielen mir die zwei Stunden ein, die unsere zwei Pfadfinder gebraucht hatten, um den Weg zu finden.

«Wie können wir den Schutzraum aber schnellstens finden?» fragte ich. «Wir müssen die Strecke markieren. Herr Kaschig, besorgen Sie doch einfache Metallstreifen oder so etwas. Mit denen können wir die Bäume markieren, und wir machen uns besser gleich an die Arbeit.»

Meister Erich Kaschig war der Führer der Gruppe von Spezialmechanikern, die die umfangreichen, nötigen Vorbereitungen von Triebwerksbrennversuchen und A-4-Starts trafen. Wie Meister Melchior trug er meistens einen schweren Militärmantel, war jedoch von kleinerer Statur. Seine Probleme trug er gewöhnlich mit drastischen Schilderungen vor, wobei er einen durch seine dicken Brillengläser scharf ansah.

Bis zum Abend des folgenden Tages hatten wir das erste Drittel des Fußpfades markiert. Am nächsten Morgen wollten wir alles fertighaben; das wäre am Freitag, dem 4. August, gewesen. Doch wie alle anderen Arbeiten in der Anlage wurde auch diese von Fliegeralarm unterbrochen; erst kam die Vorwarnung und kurz danach der Vollalarm.

Innerhalb weniger Minuten waren wir auf dem markierten Pfad. Wir gingen nicht in einer großen Gruppe, sondern verteilten uns unterwegs. Ich befand mich in einer Gruppe von fünf oder sechs Leuten. Andere Gruppen waren vor uns und nicht mehr sichtbar, andere kamen hinter uns. Einige beschlossen, einfach im Wald sitzen zu bleiben und alles vorübergehen zu lassen, wieder andere waren zum Strand hinuntergegangen.

Bald sahen wir keine Metallstreifen mehr; die markierte Strecke hatte aufgehört. Wir folgten jetzt einem kaum wahrnehmbaren Pfad entlang einer Rodung, die mit Gras, Unkraut und Buschwerk überwachsen war. Außer den Geräuschen, die wir selbst verursachten, herrschte absolute Stille. Die Augustsonne schien heiß, doch die sanfte Brise von der See her brachte erfrischende Kühle. Es erstaunte mich, eine solche Urwelt wie diese so nahe bei einer ultramodernen Einrichtung wie der unsrigen zu finden. Wenn wir nicht so dringend weitergemußt hätten, hätte mir diese Wanderung große Freude gemacht. Dann hörte der Pfad auf. Vor uns lag dichter Waldbestand. Von einem Pfad war nichts zu erkennen; es schien, als wäre hier noch nie eines Menschen Fuß gegangen. Wir verhielten einen Augenblick lang, dann gingen wir achselzuckend schnurgerade in den Wald hinein. Es war dunkel und kühl hier; durch den Lichtfilter der Kiefernzweige über uns drängten sich kleine, helle Sonnenstrahlen. Hin und wieder hatte sich eine gewaltige Buche oder massive Eiche durch das Kieferndickicht hochgearbeitet. Unser Weg schien endlos zu sein; von einem Schutzraum oder einer Straße war weit und breit keine Spur zu sehen. Es war auch überhaupt nichts zu hören; wann immer wir stehenblieben, um uns an Geräuschen zu orientieren, hörten wir nichts als das Atmen des Waldes. Ich wurde langsam nervös.

«Hier ist's genauso sicher wie woanders auch», meinte einer, «wir sollten uns erst einmal ausruhen.»

«Also gut», sagte ich, «wenn wir innerhalb der nächsten fünf Minuten nichts finden, dann wird Ihr Vorschlag angenommen. Einverstanden?»

Wir machten uns wieder auf den Weg. Unsere ursprünglich angesetzten «fünfzehn Minuten» waren ohnehin längst um. In der Ferne hörte ich das Brummen von Flugzeugmotoren, dann verlor es sich wieder. Die fünf Minuten, die wir uns jetzt gesetzt hatten, waren fast um, als plötzlich ein riesiger Betonbunker direkt vor uns zwischen den Bäumen sichtbar wurde. Er war so gut getarnt, daß wir ihn fast nicht bemerkt hätten. Wir waren haargenau auf ihn zugegangen; selbst mit Markierungen hätten wir's nicht besser machen können.

Hier herrschte ganz allgemein eine entspannte Stimmung. Aus verschiedenen Richtungen, meist von der Straße her, kamen die Menschen zum Bunker geströmt. Einige standen bei der offenen Eingangstür und rauchten, was im Schutzraum nicht gestattet war, oder sie unterhielten sich nur. Etwas weiter weg saß merklich abgesondert eine Gruppe von dreißig oder vierzig KZ-Häftlingen. Was mir auffiel, war der Unterschied zwischen diesen armen Kerlen und den einzigen anderen KZ-Häftlingen, die ich je zu sehen bekommen hatte; das war während meiner Zeit bei Siemens im Jahre 1938. Häftlinge in Konzentrationslagern trugen farbige Kennzeichen, die die Art von Vergehen anzeigten, deretwegen sie inhaftiert waren. Vor sechs Jahren trugen die meisten von ihnen noch die Kennzeichen von Mördern, Dieben, Sittlichkeitsverbrechern und dergl.; nur ein kleiner Teil davon waren politische Gefangene. Jetzt bemerkte ich mit Bestürzung, daß hier die weitaus meisten das rote Kennzeichen der politischen Häftlinge am Arm trugen. Wo man früher arbeitsfähige Gefangene für nützliche Arbeiten eingesetzt hatte, machte man hieraus jetzt offensichtlich eine Handhabe zur politischen Verfolgung.

Es wurde mir unbehaglich zumute …

«Achtung! Alles in den Schutzraum. Feindlicher Kampfverband im Anflug auf Peenemünde.»

Ich ging in den Bunker. Ich bemerkte noch, daß die Gefangenen von Wachen des Werks West vor uns hineingeführt und in eine besondere Ecke dirigiert wurden. Nachdem alle hineingegangen waren, schlugen mit lautem Klappen die schweren Stahltüren zu. Ein Luftschutzwart hielt uns dazu an, in die oberen Stockwerke zu gehen. Es war ein recht gut ausgestatteter Bunker mit vielen einfachen Bänken, mit sanitären Einrichtungen und Belüftungssystemen.

Einige von unserer P-7-Belegschaft versammelten sich in einem Raum im oberen Stockwerk. Ich sah mich um – wie kam mir das doch alles so bekannt vor! Wie viele hundert Male war ich in jenen Tagen in Berlin genötigt gewesen, bei Fliegerangriffen den nächstgelegenen Schutzraum aufzusuchen. Fuhr ich aber gerade mit der U-Bahn, dann blieb ich meist auf der Haltestelle, wo ich gerade gestrandet war, bis das Entwarnungssignal kam. Manchmal mußte man stundenlang darauf warten, weswegen ich stets ein Buch mit mir herumtrug, damit ich etwas zum Lesen hatte.

Aber wo immer ich war, ob in einer U-Bahnstation, in einem regulären Luftschutzraum oder jetzt hier in Peenemünde, es war immer dasselbe: Elektrische Birnen ohne Lampenschirme verströmten ihr kaltes Licht über harte Bänke und kahle Betonwände. Die Sorte Menschen, die man dort vorfand, änderte sich je nach Ort und Tageszeit, ja sogar Jahreszeit. Manchmal fand ich mich inmitten von Gruppen, die von der Arbeit kamen und auf dem Nachhauseweg waren; diese waren müde, verschlafen und schweigsam. Zu anderen Zeiten, besonders an Samstagabenden und in Gegenden, wo sich Theater und Restaurants befanden, war ich oft inmitten einer lauten, fröhlichen und anscheinend unbekümmerten Menschenmenge. Fanden die Angriffe während des Tages statt, hörte ich um mich herum Geschäftsgespräche, wobei man immer wieder auf die verlorene Zeit zu sprechen kam und nervös nach der Uhr sah. Doch wenn die nahen FLAK-Geschütze zu feuern anfingen oder die Bombeneinschläge den Schutzraum erzittern ließen, dann nahm dieser seinen Universalcharakter an. Um einen herum saßen plötzlich nicht mehr individuelle Menschen mit verschiedenen Interessen, sondern eine vor Furcht erstarrte Masse Mensch: gesteifte Rükken, todernste Gesichter, schreckerfüllte Augen, die geradeaus starrten, besorgte Frauen, die ihre erschrockenen Kinder an sich zogen, wobei diese Kinder Fragen stellten, auf die es keine Antworten gab.

Für mich war das Schlimmste an diesen Minuten und Stunden, daß ich absolut nichts tun konnte außer abzuwarten und das Beste zu hoffen. Mein Instinkt aber kämpfte trotzdem immer gegen dieses Gefühl an; ich wünschte, daß ich etwas dagegen tun könnte, daß ich mich irgendwie verteidigen könnte – ein Gewehr abfeuern, mit Steinen werfen – irgend etwas!

Ein fernes Donnern brachte mich wieder in das Jahr 1944 zurück. «Der Teppich», hörte man ein halbes Dutzend Stimmen zischen.

Sie hatten's wieder auf Peenemünde abgesehen! Der rollende Donner ließ keinen Zweifel darüber bestehen. Das Ganze, genannt ein «Bombenteppich», dauerte wahrscheinlich nicht länger als ein paar Sekunden, doch im Geiste konnte ich beinahe die Einschläge zählen. Es hörte sich etwa so an, wie wenn ein Sack mit Kartoffeln auf einen Holzfußboden geschüttet würde, jedoch mit tausendfacher Verstärkung des donnernden Geräusches. Alle Gespräche verstummten, und der unvermeidliche «Luftschutzraumcharakter» mit seiner Angst und Hilflosigkeit bemächtigte sich der Menschen. Das

Dröhnen der Einschläge wiederholte sich mehrere Male jeweils im Abstand von einigen Minuten. Dann war alles wieder still.

Bald darauf wurden die Türen des Schutzraumes geöffnet, und wir eilten auf dem uns jetzt bekannten Pfad wieder zurück zum Prüfstand. Ich war auf Schlimmes gefaßt. Was war wohl jetzt wieder mit unseren kostbaren Einrichtungen passiert? Um den Bunker herum und in dem umliegenden Waldgelände war von einem Luftangriff keine Spur zu sehen.

Dann sah ich plötzlich die große Halle. Mir fuhr das Entsetzen in die Glieder. Alle Fenster waren weg, das große Tor war zerstört, und es sah aus, als hätten auch die Büro- und Laborflügel etwas abgekriegt. Diejenigen von unseren Leuten, die in der Nähe Unterschlupf gefunden hatten, waren bereits wieder auf P-7 und löschten kleinere Brände, als ich dort ankam. Einer davon hatte den Angriff von einem nahegelegenen Ein-Mann-Bunker aus beobachtet und schnatterte vor lauter Aufregung immer nur das eine: Nie wieder würde er so nahe dabeibleiben.

Dieses Mal waren weniger Bomben abgeworfen worden, dafür aber mit tödlicher Genauigkeit. Das noch nicht fertiggestellte Drucksystem, das wir improvisiert hatten, um das Schurren-Kühlwasser für die Brennversuche bereit zu haben, war bei dem Angriff in Stücke gegangen. Von den drei fahrbaren Brennversuchsständen war nur noch einer intakt. Während ich die Schäden besichtigte, kam Willi Münz zu mir herüber. «Na», sagte er, «Sie wissen ja, was das bedeutet.»

Ich nickte nur grimmig mit dem Kopf. Das bedeutete jedenfalls das Ende aller Brennversuche auf P-7. Selbst die Abschüsse würden wegen der Beschädigung von Kabeln und Leitungen sehr erschwert werden, und die Reparaturen in der Halle würden weitere Verzögerungen hervorrufen. Doch wie immer nahmen wir unverzüglich und mit fieberhafter Eile die Instandsetzungsarbeiten in Angriff.

Auch P-11 hatte wieder etwas abgekriegt, und auch die großen Hallen im Werk Süd waren getroffen worden. Menschenleben waren jedoch nur wenige zu beklagen: zehn Tote einschließlich einiger FLAK-Soldaten. Die verhältnismäßig geringe Zahl der Todesopfer schrieben wir unserer zunehmenden Bereitschaft zu.

Das «Kameradschaftsheim der Heeresversuchsstelle Peenemünde» in Karlshagen. Hier wohnten viele Stabshelferinnen und dienstverpflichtete Mädchen und Frauen, auch einige Junggesellen. Das Heim lag am Strand und wurde während des britischen Luftangriffs vom 17./18. August 1943 zerstört. Die aus dem brennenden Gebäude ins Wasser fliehenden Bewohner wurden von tieffliegenden Bombern beschossen.

Wohnunterkünfte. Die Gebäude hatten Zentralheizung und fließendes Wasser, manchmal warm.

Während der Reparaturarbeiten nahm ich einen kurzen Urlaub, damit mein gebrochener Arm völlig ausheilen konnte. Daher war ich abwesend, als am 25. August 1944 der vierte und letzte Luftangriff auf das Werk erfolgte. Es war ein Tagesangriff, und ich sah ihn von Koserow aus – es war eines der schlimmsten Erlebnisse, die ich jemals durchzustehen hatte.

Als die Flugzeuge ihr Zerstörungswerk endlich vollendet hatten und den Heimflug antraten, eilte ich nach Peenemünde und zum Prüfstand 7 zurück. Wegen der unterbrochenen Verkehrswege brauchte ich mit dem Fahrrad einige Stunden dazu. Vor meinen Augen sah ich ein fast schon wohlbekanntes Bild. Das genaue Ausmaß der neuen Einschläge ließ sich nur schwer feststellen, doch es war klar, daß die früheren Schäden noch verschlimmert und daß viele Reparaturen wieder zunichte gemacht worden waren. Und wieder machten sich unsere Leute ans Reparieren und Improvisieren und stopften Löcher, wo sie nur konnten. Doch das Material war knapp, und der Transport war in ganz Deutschland schwierig. Unsere Reparaturarbeiten gingen deswegen nur langsam voran. Dennoch konnten wir bereits sechs Wochen später die Abschüsse auf P-7 mit Erfolg wieder aufnehmen.

Auch fanden auf Peenemünde keine weiteren Angriffe statt, was wir damals allerdings nicht wissen konnten.

10 Neue Aufgaben

Wir hatten gerade eine Besprechung in von Brauns großem, holzgetäfeltem Büro in Haus 4 beendet; es ging um den kürzlichen Luftangriff auf Peenemünde, der zur Folge hatte, daß die Brennversuche auf Prüfstand 7 eingestellt werden mußten. Ich hatte meine Papiere aufgelesen und wollte gerade gehen, als von Braun mich ansprach:

«Herr Huzel, würden Sie bitte einen Moment warten?»

Er schloß die Tür und bedeutete mir, Platz zu nehmen. Im Raum waren jetzt nur er und sein jüngerer Bruder Magnus, der sein technischer Assistent war. Er setzte sich, machte eine Pause und sah fragend zu Magnus hinüber, dann wandte er sich mir zu:

«Wie Sie vielleicht wissen, haben wir Schwierigkeiten im Mittelwerk, und zwar auf einigen kritischen Gebieten. Die schlechte Qualität gewisser Teile hat zu ernstlichen Produktionsausfällen geführt. Wir müssen mehr Leute nach dorthin delegieren, um das Programm wieder flott zu machen.»

Er machte wieder eine Pause, stand auf und sah zum Fenster hinaus; er dachte sichtlich nach. Ich wußte natürlich über das Mittelwerk und die dortigen Schwierigkeiten Bescheid und war ziemlich gut darüber im Bilde, wie es in dieser riesigen unterirdischen Fabrik aussah, obwohl ich sie selber noch nie gesehen hatte. Sie lag am Fuße des Harzgebirges inmitten einer großartigen Landschaft, doch falls dieses Gespräch darauf abzielte, mich nach dorthin zu versetzen, war ich nicht gerade davon begeistert.

Von Braun wendete sich wieder vom Fenster ab und setzte sich auf eine Ecke seines Schreibtisches. Er lehnte sich nach vorn, und man sah ihm an, daß er einen Entschluß gefaßt hatte.

«Wir werden Magnus dorthin schicken, damit er die Gyroskop-Produktion übernimmt. Wären Sie daran interessiert, hier seinen Posten als mein technischer Assistent zu übernehmen?»

Ich war völlig überrascht und unbedingt interessiert. Ich machte das von vornherein klar. Mit Wernher von Braun unmittelbar zusammenzuarbeiten reizte mich sehr. Meine Versetzung sollte wirksam werden, sobald ich meinen Nachfolger auf P-7 eingearbeitet hatte. Wir sprachen über die verschiedenen Probleme, die durch meine Versetzung entstehen würden, und nach etwa einer Stunde ging ich fort, erfüllt von Hochgefühlen. An jenem Abend feierte ich mit Hartmut zusammen mein unverhofftes Glück.

Dr. Debus wurde mein Nachfolger auf P-7, und ich pendelte während der nächsten Tage ständig zwischen Haus 4 und P-7 hin und her. Debus war für diesen Posten geradezu ideal. Er war ein fähiger, energischer Mann, der außerdem beträchtliche Erfahrung als leitender Ingenieur der Steuerung hatte, und zwar in bezug auf Brennversuche und Abschüsse. Die mechanischen Aspekte unserer

Arbeit waren ihm bestens bekannt, und er hatte viel zur Planung der Tätigkeit auf den Prüfständen beigetragen. Es war nur bedauerlich, daß P-7 während des letzten Luftangriffes so schwer getroffen worden war, denn dadurch würde dieser hochbefähigte Mann nicht sein Bestes hergeben können.

Die Reaktion des gesamten Prüfstandpersonals von der Prüfbelegschaft bis zu den Mechanikern war sehr ermutigend, wo es jetzt darum ging, P-7 schnellstens wieder funktionsfähig zu machen. Die Unterstützungswerkstätten gaben uns Liefertermine von nur wenigen Tagen, die erstaunlicherweise fast immer eingehalten wurden. Diese bedingungslose Einsatzbereitschaft meiner dortigen Mitarbeiter machte mir den Abschied von P-7 schwer.

Meine Aufgaben bei von Braun waren sehr verschiedenartig: Ich hatte einen großen Teil seines eingehenden Schriftverkehrs zu bearbeiten, Besprechungen festzusetzen, diverse Betriebsprobleme zu beheben, knappes Material zu besorgen, mich um Personalprobleme zu kümmern sowie politische und technische Schwierigkeiten auszubügeln, wie sie sich in einer so intensiv arbeitenden und vielfach verflochtenen Organisation wie der unsrigen nun mal ergaben. Durch meinen neuen Posten kam ich mit fast allen Dienststellenleitern im Werk in Kontakt, und es stellte sich heraus, daß meine praktische Erfahrung auf P-7 geradezu unbezahlbar war, denn dadurch hatte ich eine genaue Kenntnis vieler Situationen, mit denen ich mich jetzt verwaltungsmäßig befassen mußte.

Als ich meinen neuen Posten antrat, setzte ich zunächst für mich selbst eine Fahrt nach Bayern fest, wo ich viele meiner Habseligkeiten – hauptsächlich Kleidung – untergebracht hatte, als ich einberufen wurde. Auf dem Prüfstand hatte ich mich lässig gekleidet, das war nicht nur gestattet, sondern wurde sogar empfohlen. In dieser Position aber brauchte ich Anzüge, und die konnte ich wegen der Rationierung nicht neu kaufen, sondern mußte auf meine alten Bestände zurückgreifen.

Auf dieser Reise gingen mir die Augen auf. In der Abgeschiedenheit von Peenemünde hatte ich nicht bemerkt, wieviel Schaden die Luftangriffe der Alliierten in Deutschland angerichtet hatten. Praktisch jede größere Stadt, durch die ich kam, wies schwere Bombenschäden auf, besonders in der unmittelbaren Umgebung der Bahnhöfe und längs der Schienen. Es verkehrten nur wenige Züge, und die waren überfüllt. Die Wagen waren zum Teil sehr alt und klapprig, dazwischen gab es aber auch neue, moderne. Die Hotelunterkünfte an der Strecke waren dürftig, und das Essen war miserabel. Die Menschen sahen abgehärmt und mutlos aus.

Im Gegensatz dazu wirkte das abgelegene kleine Dorf Oberstaufen in Bayern, wo meine Freunde wohnten, wie ein romantisches Bild aus dem Buch Heidi. Vom Bahnhof ging ich auf einem gewundenen Fußpfad durch grüne, mit Blumen übersäte Wiesen – es war ein Bild tiefsten Friedens und unverdorbener Natur, fern von der rauhen Wirklichkeit des Krieges. Beim Anblick des dreistöckigen Landhauses mit seinen drei Söllern, die um das ganze Haus herumliefen, und dem für Bayern typischen, abgeflachten Dach empfand ich Dankbarkeit für diese Gelegenheit zu einer kurzen Verschnaufpause von der Welt da draußen. Gartenstühle und ein bunter Sonnenschirm vervollständigten das Bild.

Der Zauber dieses Augenblicks aber verflog, als ich erfuhr, daß der Schwiegersohn meines Freundes soeben an der Front gefallen war. Ich blieb nur kurze Zeit und war innerhalb weniger Tage wieder in Peenemünde. Ich schrieb Irmel von all der Traurigkeit und all der Schönheit, an der ich gerade teilhatte – eigentlich nur, um es mir von der Seele zu schreiben.

Das Büro von Magnus befand sich an der Nordseite des ersten Stocks des Hauptflügels von Haus 4 und war außerordentlich einfach eingerichtet, jedoch sehr geräumig. Während des Großangriffs hatte es schwere Feuerschäden erlitten, und es waren nur die notwendigsten Reparaturen gemacht worden. Die Wände waren verputzt, aber nicht gestrichen. Es gab keinen Teppich, und Möbel waren nur wenige vorhanden. Später, nachdem Magnus abgereist war, hängte ich ein paar Bilder an die Wände, was ein wenig half.

Eines Tages gingen Magnus und ich die Korrespondenz von Brauns durch. Die Tür war geschlossen, so daß wir ungestört arbeiten konnten. Seine Sekretärin, Fräulein Beise, übernahm im Vorzimmer die Rolle des Aufpassers. Es war der 8. September 1944. Wir hatten uns bis zum alleruntersten Schriftstück durchgearbeitet und lehnten uns in unsere Stühle zurück, um uns zu entspannen und einige der weniger formellen Aspekte dieser Position zu besprechen. Plötzlich flog die Tür auf, und Fräulein Beise stand vor uns, eine Zeitung in der Hand.

«Entschuldigen Sie, Herr von Braun, aber ... sehen Sie sich das an!» Sie hielt die Zeitung hoch, so daß wir die Überschriften lesen konnten.

Vergeltungswaffe 2 gegen London im Einsatz, hieß es da.

Magnus und ich standen augenblicklich auf und eilten durch die Halle in das Büro seines Bruders. Auch dort war diese Nachricht schon eingetroffen, und der Raum füllte sich rasch mit Ingenieuren aus benachbarten Büros. Von Braun dämpfte die Begeisterung mit ernsten und nüchternen Worten. Dies sei noch nicht das Endresultat unserer Arbeit – bis dahin sei es noch weit, sagte er. Die A-4 sei noch nicht voll entwickelt. In der Tat gab es immer noch viele einzelne Probleme, die der Lösung bedurften – trotz der übertriebenen Propaganda der Hitlerregierung. Propaganda greift immer den nackten Tatsachen vor, doch dabei ist es unerläßlich, daß die Propagandisten selbst über die Wirklichkeit Bescheid wissen. Das aber bezweifelten wir in diesem Moment sehr. Wir fürchteten, Josef Goebbels und seine Kumpane glaubten selbst, was sie da über das jetzt V-2 genannte Gerät sagten. Da waren die immer wiederkehrende Bezeichnung Wunderwaffe und die Bemerkung, die Goebbels vor weniger als einer Woche zu General Friebe gemacht hatte, und die seither oft zitiert wurde: «Herr General, wenn das deutsche Volk nur wüßte, wie nahe wir dem Endsieg sind!»

Von Braun blieb realistisch. «Wir dürfen nicht vergessen», äußerte er zu der aufgeregten Gruppe von Leuten in seinem Büro, «daß dies nur der Anfang eines neuen Zeitalters ist, nämlich des Zeitalters des Raketenfluges. Die traurige Wahrheit ist nur, wie wir auch jetzt sehen, daß wichtige neue Erfindungen meist niemanden interessieren, bevor sie nicht erst als Waffen eingesetzt werden können.»

Mir, wie wahrscheinlich auch allen anderen Anwesenden wurde mit großer Schärfe bewußt, wie vorsichtig von Braun seine Worte wählte. Er war erst kürzlich von SS-Denunzianten, die Himmler eingeschmuggelt hatte, offiziell angeschwärzt worden, wobei behauptet wurde, er sabotiere die Kriegsführung im Interesse «phantastischer Weltraumfahrt-Projekte». Dies beruhte auf einer geselligen Unterhaltung, die er in Zinnowitz geführt hatte; man hatte hierzu eine seiner Bemerkungen von den Zusammenhängen isoliert, um ihm einen Strick zu drehen. Jedenfalls wurde er daraufhin mit noch zwei anderen Leuten unter Bewachung nach Stettin gebracht und «in Gewahrsam» genommen. Daß er nicht vor Gericht gestellt wurde, ist wahrscheinlich nur dem energischen Eingreifen von General Walter Dornberger zu verdanken. Die Anklage war natürlich absolut idiotisch. Man bedenke, daß im zweiten Weltkrieg die Rakete die gleiche historische Bedeutung hatte wie im ersten Weltkrieg das Flugzeug – und was hat sich seither in den «ersten fünfzig Jahren der Luftfahrt» alles getan! Wir alle träumten davon und glaubten daran, daß unsere Arbeit eines Tages die Raumfahrt möglich machen würde. Was die Verhaftung von Brauns betraf, war ich schon immer davon überzeugt, daß seine Verdächtigung und die der anderen in der Hauptsache ein taktisches Manöver in Himmlers Machtkampf darstellte. Er wollte Peenemünde an sich reißen, was ihm später auch gelang.

Im Laufe der Zeit erkannte ich mehr und mehr, daß praktisch alles, was ich tat, zumindest teilweise von zunehmender Verknappung diktiert wurde: Es mangelte an Arbeitskräften, an Material, an Zeit. Mir kam's vor, als müßte ich ein Puzzle zusammensetzen, bei dem immer mehr Teile fehlten. Das zeigte sich vor allem bei der Abwicklung meiner täglichen Aufgaben. Ein typischer Arbeitstag spielte sich z. B. folgendermaßen ab: Ich rief Fräulein Beise an. «Ich habe ein paar Briefe zu diktieren, würden Sie bitte hereinkommen?»

Ilse Beise war ein junges Mädchen, das als Kriegshilfsdienstmaid zu uns ins Werk gekommen war. In Peenemünde war eine beträchtliche Anzahl dieser «Maiden» angestellt, die während des Krieges als Arbeitskräfte eingezogen wurden. Fräulein Beise verstand es, ihre jugendliche Erscheinung mit dem nötigen Ernst zu verbinden, d. h., sie gab sich das Flair einer seriösen Sekretärin, wobei ich jedoch feststellte, daß das Letztere wahrscheinlich von ihrer randlosen Brille herrührte.

Sie zog einen Stuhl heran und nahm an einer Seite des Schreibtisches Platz, mit Stenoblock und Bleistift bewaffnet.
Ich sortierte meine Papiere. «Zuerst ein Brief über das Salbei-Lagerhaus. An die: Flakversuchsstelle.» Dies war der Deckname der Dienststelle, die an der Entwicklung des Wasserfall arbeitete. «Etc., etc.», sagte ich und winkte mit der Hand, «Sie wissen ja die Adresse.» Sie nickte. «Und wie ist die Verteilung?» Ich lehnte mich zurück und dachte nach. «Nun ja, das hat mit Chemieangelegenheiten zu tun. Ich denke, wir sollten Kopien an Hauptmann Prof. Dr. König, Oberleutnant Dr. Haase, Unteroffizier Dipl. Ing. Barth und den Gefreiten Dr. Tschinkel senden.

Ich lachte vor mich hin. Was für eine Kombination von Titeln! Was war dies doch für eine seltsame, verrückte Welt, dachte ich – aber hier in Peenemünde war das nun einmal so.

Nachdem dieser Brief erledigt war, ging ich zum nächsten über. «An: Beck & Dahlheimer GmbH, Berlin-Schmargendorf.» Dies war der Deckname für eine Scheinfirma, wobei jedoch die beiden Personennamen echt waren genau wie die dazugehörigen Leute. Es waren dies zwei VKN-Männer, deren «Dienststelle» eine Wohnung in Berlin war. Ihre Aufgabe war es, eine unauffällige Verbindung zwischen dem Peenemünder Werk und diversen Heeresabteilungen, Regierungsstellen, Universitätsinstituten und der Industrie aufrechtzuerhalten, indem sie Post weitergaben und persönliche sowie telefonisch Kontakte herstellten. Ihre Namen wurden als Tarnung für ihre Tätigkeit benutzt.

«Betrifft», fuhr ich fort, «kunststoffüberzogene Textilbehälter. Eh ... Der erste Behälter hat kürzlich die Druckprüfung mit Erfolg bestanden und ist zum Einbau in das Gerät V 245 bestimmt worden. Beim zweiten Behälter sind während der Druckprüfung leider die Nähte geplatzt, und beim dritten haben sich schon bei der Sichtprüfung die Nähte als schwach erwiesen, so daß er die Druckprüfung daher kaum überstehen dürfte. Absatz. Eh ... Da wir fünfzig weitere Behälter dieser Art bestellt haben, ist Winkler in Lauban, Schlesien, davon in Kenntnis zu setzen, damit dieser Mangel berichtigt wird. Mit deutschem Gruß!»

Dies war einer unserer neuesten Versuche, der ständig kritischer werdenden Materialknappheit Herr zu werden. Man stelle sich das vor: Aus lauter Verzweiflung wurde hier ein Textilbehälter entwikkelt, der zum Gebrauch in einer Rakete bestimmt war! Er sollte über 4 500 Liter Alkohol aufnehmen und Beschleunigungen von mehr als der sechsfachen Erd-Fallbeschleunigung aushalten können. Viel konnte man sich davon bestimmt nicht versprechen, und ich persönlich traute der Sache auch nicht – es war zum Verzagen.

Und so ging das weiter. Ein Rundschreiben sollte entworfen werden – zur Bekämpfung des «Papierkrieges». Jeder sollte versuchen, die Anzahl der Durchschläge von Briefen und Konstruktionsberichten so gering wie möglich zu halten. Das Rundschreiben enthielt sogar gesonderte Anweisungen an wohlbekannte, «durchschlagswütige» Urheber von Schriftstücken. Dann folgte ein Begleitschreiben für einige Berichte, die für das BZBV Heer bestimmt waren, das war «Befehlshaber zur besonderen Verwendung» General Dornbergers Hauptquartier in Schwedt an der Oder. Als nächstes kam ein Brief an Major Lenker der Kraftfahrzeugabteilung, um ihn von dem derzeitigen Werksbedarf an Fahrzeugen in Kenntnis zu setzen, der uns von den verschiedenen Abteilungen gemeldet worden war. Auf der Liste standen 25 Motorräder, 60 Personenwagen, 41 Lastwagen, 29 Sonder-Prüffahrzeuge und 35 »Tempo»-Lieferwagen. Dabei wußte ich nicht einmal, was wohl schwieriger sein würde: Wie ich an diese Fahrzeuge kommen sollte, oder wo ich den Kraftstoff für die bereits vorhandenen herkriegen sollte.

Transportprobleme nahmen überhaupt viel von meiner Zeit in Anspruch. Der heutige Tag brachte wie immer einen Wust von Briefen mit Anfragen, Ablehnungen, Rechtfertigungen und Erklärungen. Da wollte jemand zusätzliche Benzinmarken haben; jemand anderes hatte einen Lastwagen ohne ordentliche Genehmigung gefahren, und die Einheit, die für die Lastwagen verantwortlich war, geriet darüber in Aufruhr.

Dann gab es da diese unangenehmen und peinlichen Berichte über Machenschaften, die nur schwer nachzuweisen waren: Mißbrauch von Dienstfahrzeugen und sonstigen Dingen für private Zwecke, Schwarzhandel mit knappem Material in den Werksläden, Eintausch gegen Zigaretten, Benzinmarken, eine Speckseite von einem «schwarzgeschlachteten» Schwein. Oft bestand hier lediglich ein Verdacht, bzw. man wollte jemanden «anschwärzen». Derlei Beschwerden konnte man jedoch meist als unbedeutend oder schlichtweg als unbegründet zu den Akten legen.

Aber hier kam nun etwas über eine mir bekannte Materie: ein Antrag auf Zulassung von Raketenantriebsalkohol als Treibstoff für Fahrzeuge. Den Anstoß hierzu hatte das ständige Ringen um die Aufrechterhaltung des innerbetrieblichen Transports angesichts der immer knapper werdenden Benzinvorräte gegeben. Ein besonderes Problem stellte der Zubringerbusdienst zwischen Haus 4 und P-7 dar. Hier war offensichtlich zuerst einmal nötig, daß man die Zahl der Fahrten reduzierte, damit würde natürlich auch der Benzinverbrauch reduziert. Das hatte wiederum zur Folge, daß immer weniger Leute die Busse benutzten, weil diese so selten fuhren und man nicht rechtzeitig an seinen Bestimmungsort kommen konnte, so daß dann die Busse noch seltener fahren würden. In neunzig Prozent der Fälle kam man leichter und schneller ans Ziel, wenn man einfach zu Fuß ging oder «per Anhalter» fuhr, wenn ein Lastwagen, Motorrad oder einer der wenigen Personenwagen vorbeikam, die man im Werk noch sah. Eine andere Lösung waren Fahrräder und Mopeds, die in immer größerer Zahl eingesetzt wurden.

Die Benzinknappheit hatte uns dazu bewogen, mit einer Mischung aus Benzin und Methylalkohol, dem A-4-Treibstoff, zu experimentieren. Diese hatte sich sehr gut bewährt. Ich diktierte die entsprechende Anfrage. «Danke, das ist im Moment alles», sagte ich. Fräulein Beise nahm ihre Notizen und ging hinaus.

Während sie die Briefe tippte und für meine Unterschrift vorbereitete, sah ich mir meine eigenen Notizen an. Als erstes war da Major Heigel. Ich mußte ihn jetzt zum zweiten Mal anrufen, weil wir Wachen für die Panzerschränke in Karlshagen 4 brauchten. Karlshagen 4 war der Deckname für Kölpinsee, das weiter südlich auf der Insel lag und wohin große Teile der Konstruktionssabteilung evakuiert worden waren.

Die Konstruktionsabteilung, die jetzt den Decknamen Ostverlag trug, befand sich im Moment in größter «Konfusion», die zum Teil durch den Anlauf der Produktion im Mittelwerk verursacht wurde.

Der «Ostverlag»- Direktor, Walther Riedel III, war gezwungen gewesen, viele seiner Konstrukteure an das Mittelwerk abzugeben oder zumindest auszuleihen, hauptsächlich, um die Entwurfszeichnungen auf dem Laufenden zu halten. Wer also versetzt wurde, nahm dann oft auch das Meiste von seiner Ausrüstung mit, selbst Lichtpausmaschinen. In Peenemünde aber mußte jederzeit ein kompletter Satz der neuesten Zeichnungen zur Hand sein. Diese Originalzeichnungen waren von größter Wichtigkeit und mußten gegen Sabotage, Diebstahl oder Feindeinwirkung geschützt werden, koste es, was es wolle. Doch mein Anruf bei Major Heigel erwies sich als genauso ergebnislos wie der vorherige. Dabei hatte ich gedacht, dies wäre seine große Chance für einen bedeutenden Beitrag gewesen. Aber er ging nicht darauf ein. «Ich werde tun was ich kann», war alles, was ich von ihm zu hören bekam.

Ich schüttelte den Kopf. Dies waren Anzeichen des allmählichen Verfalls.

Als nächstes beschloß ich, der Versorgungsabteilung ein wenig auf die Nerven zu gehen. «Wie ist das mit den Kunststoffmänteln aus Opanol für die Prüfstandbelegschaften? Der Winter steht vor der Tür, und Sie wissen ja, es ist kalt da draußen.»

Anruf an die Photo-Abteilung: «Professor von Braun wartet immer noch auf die Vergrößerungen der Porträtaufnahmen der verstorbenen Herren Klaus Riedel und Dr. Walter Thiel. Sie sollen im Konferenzraum aufgehängt werden. Wir möchten sie bis zum kommenden Montag hier haben.»

Und wieder wurde es mir unheimlich bei dem Bewußtsein, daß ich einfach nicht weiterkam, was immer ich auch tat, weil einfach nichts mehr da war. Es fehlte an Zeit, an Arbeitskräften, an Material. Die Entwicklungsarbeiten konnten nicht weitergehen ... und die Bombenangriffe der Alliierten sowie ihre vorrückenden Bodentruppen zerstörten unser Land mehr und mehr.

Ich riß mich von diesen trüben Gedanken los und wandte mich dem Stapel Briefe zu, der auf meinem Schreibtisch lag. Im Vorzimmer hörte ich Fräulein Beise auf ihrer Schreibmaschine hämmern. Die Tagespost für von Braun hatte mir morgens wie immer Fräulein Haase hereingebracht, die von guten Bekannten auch Häschen genannt wurde. Gewöhnlich ging ich erst einmal so schnell wie möglich durch diesen Postberg, wobei ich zunächst aussortierte, was ich selbst bearbeiten konnte, und dann das zerriß, was keine Aufmerksamkeit verdiente. Was dann übrigblieb, mußte von Braun persönlich vorgelegt werden. Nachdem ich die Schriftstücke entsprechend vorbereitet hatte, trug ich sie in sein Büro hinüber und legte sie in die dafür bestimmten Ablagekästen. Er hatte drei davon, und ihre Bedeutung hatte ich schnell erfaßt. Nummer 1 war für Post, die wichtig genug war, daß er sie selbst lesen mußte. Nummer 2 war für Briefe bestimmt, die ihn interessieren könnten, und Nummer 3 war für reine Formalitäten. Was in den letzteren Kasten kam, erregte nur selten seine Aufmerksamkeit, und nachdem es dort eine Weile gelegen hatte, wanderte es in den Papierkorb.

Einer der ersten Briefe, die ich an diesem Morgen öffnete, kam von der Dienststelle General Dornbergers. Betreff: Flüssigsauerstoff-Versorgung. Der Brief war ein erschreckender Bericht. Er trug das Datum vom 2. September 1944 und setzte uns davon in Kenntnis, daß eine größere Produktionsanlage in Frankreich demnächst in die Hände der Feinde fallen würde. Danach würden uns noch sieben Anlagen verbleiben, die insgesamt 200 Tonnen Flüssigsauerstoff pro Tag produzieren könnten. Eine detailierte Aufstellung über die Standorte und Produktionskapazität der verbleibenden Anlagen war beigefügt. Die Schlußfolgerung war höchst unerfreulich: Nach Berücksichtigung der Verluste durch Verdampfung während des Transports und der Lagerung sowie der Menge, die für die Entwicklung und Produktionskalibrierung und die Tests abgezweigt werden mußte, würden wir in Zukunft gerade genug Flüssigsauerstoff für 25 Abschüsse pro Tag haben. Für unsere Entwicklungsarbeiten in Peenemünde würde also kaum etwas übrigbleiben. Auf jeden Fall weniger, als wir gedacht hatten! Das Schreiben besagte ferner, daß es sich bei diesen Anlagen um oberirdische handelte (bis auf eine) und daß sie alle bereits mindestens einmal angegriffen worden waren. Wir konnten also bereits die Schrift an der Wand sehen.

Dieser Brief landete auf von Brauns Schreibtisch in Kasten Nummer eins.

Der Summer tönte.
«Ja?»
«Herr Schäfer von der Personalabteilung ist hier, Herr Huzel.»
«Schicken Sie ihn herein.»

Schäfer trat ein und fummelte dabei in sämtlichen Taschen herum, als suchte er etwas. Es war ein Wink mit dem Zaunpfahl. Ich lachte und reichte ihm eine Zigarette aus meiner kärglichen Ration. Er wußte, daß ich Nichtraucher war. Er war ein liebenswürdiger, gutmütiger und gesprächiger Mann, der gewöhnlich auch über die neuesten «Latrinenparolen» Bescheid wußte. Für einen so jungen Mann hatte er eine verblüffend spiegelblanke Glatze, was ihm den Namen «Plattenschäfer» eingebracht hatte, der ihn außerdem von den anderen Leuten im Werk unterschied, die ebenfalls den Namen Schäfer hatten.

«Hier in Peenemünde sind zwanzig Leute für eine Auszeichnung empfohlen worden, und ich habe von oben her noch keine Antwort darauf gehabt.» Er atmete genüßlich den Zigarettenrauch ein. «Aber das andere ist noch viel schlimmer. Ich muß eine Liste von Leuten zusammenstellen, die nicht mehr vom Frontdienst befreit werden können. Eine widerwärtige Aufgabe.»

Ich glaubte es ihm. Hier im Werk Männer herauszusuchen, die zum Sterben fortgeschickt werden sollten, während andere hierbleiben konnten, wo sie mehr oder weniger sicher waren, das war ihm zuwider.

«Ich kann da gar nichts machen. Befehl direkt von Berlin. Eine Notstandsmaßnahme...»

Wieder eine Mangelerscheinung, die dringende Maßnahmen erforderte – und dringende Maßnahmen, die Mangelerscheinungen hervorriefen. An der Front wurden mehr Männer gebraucht. In Peenemünde wurden auch mehr Männer gebraucht. Auch in der deutschen Industrie wurden Leute gebraucht und bei der Bahn; es wurden Hände gebraucht, um die zerstörten Telefonleitungen zu reparieren und die Bauernhöfe in Gang zu halten – überall war Not am Mann. Und der Nachschub an Menschen, wenn man's so sagen darf, wurde immer dünner, genau wie jeder andere Nachschub. Schäfers Sorgen um die Auszeichnungen ließen mich ziemlich kalt; worum ich ihn jedoch nicht beneidete, war die Entscheidung, die er zu treffen hatte: Der geht zur Front, der bleibt. Ich konnte ihm in keinem der beiden Fälle helfen. Plötzlich hörte ich eine laute, schnarrende Stimme auf der anderen Seite der Tür.

«Ach, der schon wieder», murmelte Schäfer, «Nimwegen»!

Obschon in gewisser Weise ein Teil von Peenemünde, war Herr Nimwegen allen hier ein Rätsel. Er war eines Tages einfach aufgetaucht: ein großer, schwerer, korpulenter Mann, der früher einmal ein Hotel in dieser Gegend betrieben hatte und der auf irgendeine Art an eine Stelle in der Fahrzeugabteilung gekommen war. Sein Talent im «Organisieren» (sprich «Besorgen») war im ganzen Werk bekannt – doch er tat es immer für das Werk und nicht, um sich zu bereichern. Er war ein Geschäftemacher ersten Ranges, der sich stets zu helfen wußte und auf die tollsten Einfälle kam. Er machte sich z. B. gar nichts daraus, den Admiral der Marinestation in Swinemünde anzurufen, sich als Mitglied des Stabes von Reichsführer SS Himmler auszugeben und dann Material, Lebensmittel, Treibstoff anzufordern – und das fast immer mit Erfolg.

Trotzdem war er ein Großmaul, hatte ungehobelte Manieren, und seine Methoden gingen oft haarscharf an der Gesetzesübertretung vorbei. Das alles isolierte ihn mehr oder weniger von uns anderen hier im Werk. Eigentlich war das sehr schade, denn oft war er dem Werk eine große Hilfe, und später machte er per Lastwagen tollkühne Fahrten in die östlichen Frontgebiete, was viel Mut und selbstlosen Einsatz erforderte. Dort fing er Schweine und andere Haustiere ein, die von der fliehenden Bevölkerung zurückgelassen wurden – und das alles direkt vor der Nase der anrückenden Russen. Damals wußten wir jedoch noch nicht, daß er auch bei der späteren Verlegung der gesamten Peenemünder Werke nach Bleicherode im Harz eine wichtige Rolle spielen würde.

In jenen Tagen stand Peenemünde unter der Leitung von zwei grundverschiedenen Persönlichkeiten: Paul Storch von der Firma Siemens, dem das gesamte Werk unterstand, und Wernher von Braun. Von Braun gehörte zu den Menschen, die Energie und Begeisterung ausstrahlen und deren Autorität in Wort und Tat zum Ausdruck kommt; es ist die Autorität des umfassenden Wissens, des absoluten Verständnisses einer Materie. Wernher von Braun war jung, dynamisch und überzeugend.

Storch war ein Mann von etwa 55 Jahren, bereits leicht ergraut, aber gut erhalten; sein rundes, gesund wirkendes Gesicht zierte ein Schnurrbart. Seine Kleidung war konservativ und geschmackvoll; er sprach mit einer etwas gedämpften, aber festen Stimme. Er war es nicht gewohnt, daß man ihm widersprach oder Fragen stellte, und wenn es während einer seiner vielen Besprechungen Zwischenfälle gab, dann hörte er einfach auf zu reden, bis wieder Ruhe herrschte. Während von Braun unumwunden und manchmal sogar mit brutaler Offenheit sagte, worauf er hinaus wollte, machte Storch Umschweife. Er hätte z.B. nie gesagt, jemand solle entlassen werden, sondern daß es «zu seinem Bedauern notwendig sei, daß wir uns von (einem gewissen Mitarbeiter) trennen müßten».

Da ich zum damaligen Zeitpunkt länger bei Siemens gearbeitet hatte als in Peenemünde, beobachtete ich mit wachsendem Interesse und Vergnügen, wie man einander irritierte und keinesfalls harmonierte; Siemens und Peenemünde – zwei verschiedene Welten. Das eine war die Großindustrie, das andere die Versuchsstation einer neuen Technologie, wo das scheinbar Unmögliche an der Tagesordnung war. Ich glaube, daß Storch sich nie richtig darüber im klaren war, was für einen Betrieb er hier leitete. Bis heute habe ich das Gefühl, daß wir ihm immer unbegreiflich blieben – nicht so sehr wegen unserer Arbeit, sondern wegen der Art, wie wir alles anpackten; das trat auch bei seinen Besprechungen immer wieder zutage.

Diese Besprechungen führte er jedoch mit großer Würde oder versuchte es zumindest. In Format und Redeweise wurde er seinem Image als leitender Angestellter einer Firma gerecht, die immerhin fast hundert Jahre alt war – also gut und gern fünfmal so alt wie die Raketenindustrie, die noch in den Kinderschuhen steckte!

In einer seiner Besprechungen, die typisch war, eröffnete Storch die Diskussion mit ein paar allgemeinen Bekanntmachungen. Dann schnitt er das Problem an, wie im Falle eines feindlichen Angriffs so schnell wie möglich die Geheimakten vernichtet werden sollten. Hierfür hatten die Chemiker im Werk eine Flüssigkeit entwickelt, die Papier auflöste, wenn sie darübergeschüttet wurde. Es mußte aber für die Panzerschränke noch ein System von Rohrleitungen und Betätigungsschaltern entwickelt werden, um die Flüssigkeit gegebenenfalls dort hineinzuleiten. Außerdem brauchten wir mehr Panzerschränke. Alles Geheimmaterial sollte jeden Abend in diese Schränke eingeschlossen werden.

«Da wir diese Angelegenheit bereits in einer früheren Besprechung erörtert haben», sagte Storch, «können wir uns nunmehr der Frage zuwenden, was wir eigentlich unter ‹Geheimakten› verstehen, besonders im Hinblick auf deren schnelle Zerstörung im Notfalle. Sie werden mir sicherlich alle beistimmen, wenn ich sage, es wäre wünschenswert, wenn wir die Papiermenge etwas reduzierten, die die Angestellten jeden Abend in die Panzerschränke tragen müssen. Ich schlage vor ...»

«Entschuldigen Sie, Herr Generaldirektor, wenn ich Sie unterbreche», fiel jetzt Dr. Ernst Steinhoff ein, während er sich räusperte, «aber es gibt da einige Umstände, die ich glaube, in diesem Zusammenhang erwähnen zu müssen.»

Storch nahm mit würdevoller Geste seine Brille ab, lehnte sich in seinen Stuhl zurück und sah den Sprecher wohlwollend und mit einer Spur toleranten Erstaunens an. Sollte er womöglich etwas übersehen haben? Er hatte seine Ausführungen vom Papier abgelesen und nicht bemerkt, wie Steinhoff immer unruhiger geworden war und schon einige Male versucht hatte, zu Wort zu kommen, bis ihm endlich der Geduldsfaden riß. Steinhoff sah noch sehr jung aus; man hätte ihn für einen Universitätsstudenten höheren Semesters halten können. Er war zäh und tüchtig und hatte für Schöntuereien nichts übrig. Sein Verhalten lag in seiner ehrlichen, direkten Art begründet, doch wirkte es manchmal etwas linkisch.

«Ich habe mit meinen Leuten darüber gesprochen», fuhr er fort, «aber sie weigern sich, den Plan, wie er hier vorgeschlagen wird, auszuführen.»

Storch sah Steinhoff an, als sei dieser ein fremdartiges Wundertier; er saß mit leicht geöffnetem Mund da und sah fast ein wenig verstört und ausgesprochen ungläubig aus.

«Sagten Sie, daß Sie, der Direktor, Ihren Leuten diese Maßnahmen erklärt hätten, und sie weigerten sich, sie auszuführen?»

Ein solcher Fall war ihm wahrscheinlich in all den Jahren seiner Zugehörigkeit zur Firma Siemens noch nie vorgekommen – zumindest war ein Bericht darüber nie bis zu ihm vorgedrungen. Die Stille, die jetzt eintrat, wurde allmählich unerträglich. Dann meldete sich Herr Rees, der Direktor der Versuchsproduktion, zu Wort:

«Wir haben ähnliche Probleme wie Dr. Steinhoff. Wir glauben aber, eine Lösung zu haben. Ich schlage vor, Dr. Steinhoff und ich sollten uns später näher darüber unterhalten.»

Eberhard Rees, der mit leichtem schwäbischem Akzent sprach, fand stets zur rechten Zeit das rechte Wort. Seine Worte waren klar, knapp und überzeugend. In diesem Falle hatte er eine heikle Situation abgebogen.

Dieser Vorfall beleuchtet die Persönlichkeitsprobleme, die von Zeit zu Zeit auftraten, vor allem seit Peenemünde ein pseudoprivater Betrieb geworden war, aber unter die Regie eines entliehenen Geschäftsführers aus der etablierten deutschen Großindustrie kam. Von da ab herrschte bei uns ein stilles Einvernehmen, daß wir alles, was problematisch zu werden drohte, aus den Besprechungen mit Storch heraushalten würden, es sei denn, es ließ sich nicht vermeiden. Von Braun hatte ausdrücklich gewünscht, daß die neue Betriebsorganisation reibungslos weiterlief und daß Sonderwünschen, die von Storchs Büro kamen, prompt und wirksam nachzukommen sei.

Es gab in Peenemünde Besprechungen verschiedenster Art. Da gab es einmal die Storch-Besprechungen, dann die oft ergebnislosen Zusammenkünfte von Vertretern diverser Dienststellen, denen Zuständigkeiten am wichtigsten waren, aber auch die Besprechungen der «technischen Fronttruppen», bei denen es um harte Tatsachen und die Beseitigung von Problemen ging – und schließlich die Besprechungen, die von Braun einberief: gut durchdachte und geleitete Diskussionen, zu denen jeder seinen Beitrag liefern konnte, was zu einem fruchtbaren Gedankenaustausch führte. Die letzteren fand ich am nützlichsten und anregendsten.

Von Braun teilte sich seine Arbeit in große Portionen ein. Besprechungen setzte er verhältnismäßig selten an, doch wenn er's tat, dann wurde viel erreicht. Von Braun «hielt» keine Besprechungen, sondern er führte sie im wahrsten Sinne, wobei er Einfühlungsvermögen und Scharfsinn an den Tag legte. Er kannte die meisten Probleme aus eigener Praxis, und wo das nicht der Fall war, verstand er sie instinktiv dank seiner langen, erfolgreichen Karriere auf seinem Arbeitsgebiet. Er bewies wiederholt seine Fähigkeit, ein Problem oder eine Situation auf Anhieb zu erkennen, und wenn dann den Anwesenden die näheren Umstände erklärt wurden, hatte er bereits die Lösung dafür, die fast immer einstimmig angenommen wurde. Allerdings gab es hin und wieder Leute, die von Braun flüchtig oder vom Hörensagen kannten und die behaupteten, er sei nur ein guter Politiker; andere bezeichneten ihn als technisches Genie, als Diplomaten oder lediglich als «fähigen Verwalter». Er hat jedoch sowohl in Peenemünde als auch später in den USA bewiesen, daß diese Beschreibungen alle auf ihn paßten, je nachdem, was gerade von ihm gefordert wurde. Vor allem aber war er immer ein Führer, und zwar nicht im Sinne eines Demagogen, sondern weil er Mut, Einsatzfreudigkeit, Begeisterung, Genialität, die Weisheit der Erfahrung und die Gabe der klaren Ausdrucksweise besaß.

Von Braun mag zeitweise viel von seinen Leuten verlangt haben, aber er verlangte nie mehr von ihnen als von sich selbst. Es gab Aufgaben zu erfüllen, für die nur wenig Zeit und Material zur Verfügung standen. Je knapper die Zeit und das Material wurden, wobei die Anforderungen vom Oberkommando ständig stiegen (größere Ladefähigkeit, mehr Genauigkeit, etc.), umso härter arbeiteten wir und improvisierten, wo immer es ging. Dabei kam uns die Erkenntnis, daß ein neues Zeitalter nicht einfach geboren wird, es wird gebaut. Und uns fiel damals die Aufgabe zu, das Fundament dafür zu legen.

11 Peenemünde stirbt

Inzwischen änderte sich die Kriegslage zusehends. Russische Truppen waren dabei, Deutschland vom Osten und Norden her einzuschließen, während vom Süden und Westen her die Alliierten die andere Hälfte der Zange bildeten. So wurde aus Deutschland der letzte Tropfen Lebensblut herausgequetscht. Alle unsere Gedanken und alle unsere Arbeit, die wir als Ingenieure leisteten, richteten sich zwangsläufig nach der sich ständig ändernden Kriegslage. Das Gebiet, das noch unter deutscher Kontrolle stand, wurde immer kleiner, und die zunehmende Schwere der alliierten Bombenangriffe unterbrach immer wieder die Produktions- und Transportkapazität, von der unsere Arbeit abhängig war. Alles war knapp; wohin wir uns auch wendeten, es war nichts da. Es gab kaum Rohmaterialien oder Fertigteile, und neuerdings war auch noch etwas anderes knapp geworden, nämlich das, was man in offiziellen Reden als Menschenmaterial bezeichnete.

Mittlerweile waren die Alliierten in Frankreich vorgestoßen und drängten unsere Abschußbasen immer weiter nach Norden und nach Holland hinein, immer weiter von London fort. Wir waren gezwungen, jede Möglichkeit für einen größeren Flugbereich zu untersuchen. Im Augenblick waren wir dabei, die Tanks zu vergrößern, damit die Raketen mehr Treibstoff mitführen und somit länger brennen konnten. Das aber erforderte Änderungen am gesamten Raketensystem, wodurch noch höhere Anforderungen an den Ingenieursstab gestellt wurden als beim Entwurf eines völlig neuen Systems. Wir versuchten nicht nur, ein Produkt vom Versuchsstadium in die Massenproduktion zu bringen, wir waren gleichzeitig dabei, es zu modifizieren, und sollten dabei möglichst nicht die Produktion beeinträchtigen. Hier arbeiteten gleich zwei Faktoren gegen uns: einmal der Zeitdruck und zum anderen Mal die als «endgültig» erklärte Konstruktion mit ihren begrenzten Möglichkeiten für Änderungen.

Hinzu kam jetzt noch ein neues und völlig unvorhergesehenes Phänomen, das wir Luftzerleger nannten. Viele unserer Raketen gingen nicht in einem Stück nieder, sondern zerbrachen in der Luft, bevor sie ihr Ziel treffen konnten. Als wir ursprünglich die A-4 über der Ostsee abschossen, hatten wir dies nie bemerkt. Der Farbfleck war immer auf dem Wasser, und die Tatsache, daß es manchmal mehrere Flecke gab, die dicht zusammen lagen, schrieben wir dem Umstand zu, daß die Farbbehälter beim Einschlag in verschiedene Richtungen geschleudert worden waren.

Als wir aber dann später in der Gegend von Blizna im Südwesten Polens die ersten Abschüsse tätigten, die auf festem Boden einschlugen, also in der unbewohnten Gegend der Pripet-Sümpfe, entdeckten wir bald das Luftzerleger-Phänomen. Die Regelmäßigkeit, mit der der Einschlag durch einen Hagel von Raketensplittern und nicht von dem wohlbekannten, tiefen Trichter angezeigt wurde, war – milde ausgedrückt – beunruhigend.

Um die Raketen während der letzten Sekunden ihrer Flugbahn besser beobachten zu können, experimentierten wir unter Hartmuts Leitung mit Abschüssen auf der Insel Oie, wobei die Raketen im Sommer 1944 senkrecht hochgeschossen wurden. Der Belegschaft war das zwar nicht ganz geheuer, doch wie vorher berechnet, schlug zufolge der Rotation der Erde die Rakete stets ca 1 km westlich der Insel im Wasser ein, bzw. sie explodierte zuweilen in der Luft – sehr zur Erleichterung der Leute.

Manchmal fanden diese Abschüsse kurz nach Sonnenuntergang statt, und es war immer eine atemraubende Show, wenn die Rakete in großer Höhe aus dem Schatten der Erde trat und plötzlich wie ein heller Stern erstrahlte, der sich schnell über den Himmel bewegte. Je mehr sie an Höhe gewann, umso langsamer wurde ihr Flug, bis sie den Gipfelpunkt ihrer Flugbahn erreicht hatte und einen Augenblick lang bewegungslos im All zu hängen schien, bevor sie in Richtung Erde zurückfiel – schneller und immer schneller, bis sie wieder vom Schatten der Erde aufgeschluckt wurde. Bei einem dieser Abschüsse wurde von einer A-4 ein Höhenweltrekord von 189 km bei einer Brennzeit von 67 Sekunden aufgestellt.

Die Senkrechtschüsse lieferten leider zunächst keine klaren Aufschlüsse. Im Laufe der nächsten Monate festigte sich jedoch die Erkenntnis, daß die Luftzerleger durch Überhitzung und dadurch Schwächung der Haut im Vorderteil der Rakete während der letzten Phase des Wiedereintauchens in die Atmosphäre verursacht wurden. Durch Materialverstärkungen waren wir schließlich in der Lage, das Problem in Grenzen zu halten; ganz beseitigt wurde es jedoch nie.

Es ist vielleicht interessant zu erwähnen, daß sich die Luftzerleger stets in geringer Höhe über dem Boden ereigneten. Jahre später, zwischen dem 16. April 1946 und dem 19. September 1952, wurden insgesamt 64 von den USA erbeutete V-2-Raketen von einer Gruppe des von-Braun-Teams verschossen. Dies fand im US-Army White Sands Proving Ground im südlichen Teil des US-Bundesstaates New Mexico statt, wobei das Prüfgelände von White Sands etwa 1300 m über dem Meeresspiegel liegt, also eine etwas geringere Luftdichte hat. Kein einziger Luftzerleger wurde in dieser Serie beobachtet!

Alles in allem fanden in Peenemünde 282 Erprobungsabschüsse mit der A-4/V-2 statt, die am 13. Juni 1942 begannen und am 19. Februar 1945 endeten. Von diesen erfolgten 175 vom Prüfstand P-7, 46 vom Prüfstand P-10, 24 senkrecht von der Oie aus und 37 von anderen Abschußbasen wie z. B. von Werksstraßen und aus der zerstörten Siedlung. Von diesen kamen 117 aus der Produktion des Mittelwerkes, die restlichen waren A-4-Raketen, die aus der Peenemünder Versuchsproduktion stammten.

In der Zahl der Peenemünde-Schüsse sind zwei Modelle A-4b enthalten. Dies waren reguläre A-4-Geräte, die jedoch mit zwei Tragflächen ausgerüstet waren in einem weiteren, verzweifelten Bestreben, die Reichweite durch Gleitflüge zu erhöhen. Beide Geräte versagten im Schußversuch beim Durchgang durch die Schallmauer.

Unabhängig von den Peenemünder Versuchen erfolgte eine große Anzahl von Probeschüssen durch militärische Organisationen, die teils dem Studium der Luftzerleger dienten, teils der Ausbildung der Truppe. Anfänglich fanden diese Schüsse in der Nähe von Blizna statt. Von diesem mit dem Tarnnamen «Heidelager» gekennzeichneten Ort wurden 139 Geräte verschossen. Ende Juli 1944 mußte Heidelager wegen der näherrückenden russischen Front nach Westen in die Tucheler Heide verlegt werden. In diesem, «Heidekraut» genannten Ort fanden dann noch 107 Abschüsse statt.

In dem am 8. September 1944 beginnenden militärischen Einsatz wurden insgesamt 3530 A-4/V-2 verschossen: 1115 gegen London, 1775 gegen Antwerpen und andere Festlandziele. 640 Geräte versagten, fast alle durch Luftzerleger. Die Zahl der letzteren wäre zweifellos wesentlich höher gewesen, wären die Verstärkungen im Vorderteil der Rakete nicht vorgenommen worden. Der Anteil der Versager beim Aufstieg war bei diesen durch das Militär getätigten Abschüssen nur vier Prozent, vorausgesetzt, daß die Raketen richtig gelagert waren und innerhalb weniger Tage nach der Herstellung abgeschossen wurden. Da die Anzahl aller Abschüsse pro Monat nur wenig unter der Produktionszahl lag, kam es jedoch selten zu einer längeren Lagerzeit. Die Produktionszahlen des Mittelwerks betrugen von September 1944 bis März 1945 durchschnittlich 650 pro Monat.

Mein Studium verschiedener Statistiken ergab, daß alles in allem 4058 A-4/V-2-Abschüsse zuverlässig belegt sind. Da Auslassungen zweifellos vorgekommen sind, ist eine angenommene Gesamtzahl von etwa 4100 Abschüssen realistisch.

Was die Produktion betrifft, wurden in Peenemünde 200 Geräte und im Mittelwerk 5957 gebaut, also insgesamt 6157. Es muß jedoch berücksichtigt werden, daß eine große Zahl von Geräten der letzten Produktionswochen gegen Ende des Krieges das Mittelwerk nie verließ und später erst von den Amerikanern und danach von den Russen vereinnahmt wurde. Viele weitere Geräte blieben auf dem Transportwege stecken.

Jede A-4/V-2 war mit Explosivstoffen (Einsatz) oder Ballast (Versuch) im Gewicht von einer Tonne geladen. Versuchsraketen mit vergrößerten Treibstofftanks erreichten maximal eine Entfernung von 480 km, wobei jedoch in der Praxis eine mittlere Entfernung von etwa 350 km für die einsatzbereite V-2 erreicht wurde. Im Einsatz war die Auftankzeit auf nur zwölf Minuten reduziert worden.

Dank ihrer zunehmenden Zuverlässigkeit wurde die V-2 mit der Zeit eine fast «idiotensichere» Waffe.

Meine neue Aufgabe in von Brauns Stab brachte beträchtliche Änderungen in meiner Lebensweise mit sich, genau gesagt: «unregelmäßige Arbeitszeit». Viele Male mußte ich kurzfristig zu dringenden Besprechungen im Zusammenhang mit dem Abschußprogramm «Heidelager» und dem uns immer noch plagenden Luftzerleger-Problem antraben. Oft saß ich auch bis zum Morgengrauen in Steinhoffs Hauptquartier in Pudagla bei einer technischen Besprechung über Gyroskope. Andermal wieder schlug ich mir eine Nacht um die Ohren, weil eine Konferenz wegen der Druckreglerjustierungen im Ersalin (Ersatzteillager Lindenmair) stattfand; das war der Deckname für das Teile-Labor, das aufs Festland verlegt worden war.

Zwar war früher auf P-7 meine Arbeitszeit auch nicht gerade sehr regelmäßig gewesen, aber dort kannte ich mich wenigstens in technischer Hinsicht gut aus, und P-7 befand sich immer an der gleichen Stelle. Jetzt aber mußte ich mich mit technischen Aspekten auf Gebieten befassen, deren Einzelheiten mir neu waren, und ich mußte zu Besprechungen, die an weit auseinanderliegenden Orten stattfanden. Wenn ich dann zurück nach Koserow fuhr, wurden mir die Nächte oft lang. Die Zugverbindungen waren bestenfalls unregelmäßig, und vom Bahnhof bis zu meiner Unterkunft war's ein langer Fußweg. Um hier wenigstens teilweise Abhilfe zu schaffen, nahm ich mir ein Zimmer in Haus 1, wo sich die Junggesellenunterkünfte befanden; das war nur ein paar Schritte von Haus 4 entfernt.

Jetzt, da ich oft wieder im Werk wohnte, hatte ich mehr Gelegenheit, mich mit Freunden im Offiziersklub zum Essen und zu einem Plauderstündchen zu treffen oder mich dort zu entspannen und zu lesen. Das Kino in der großen Halle des Betreuungsgebäudes im Lager Karlshagen bot eine willkommene Chance, die rauhe Wirklichkeit für eine Weile zu vergessen. Glücklicherweise hatten die Filme mit Krieg meist nichts zu tun; oft waren es ältere Produktionen, die aber durchweg gut waren. Es ist seltsam, woran der

Offiziers-Kasino. Festessen zu Ehren von General Dr. Walter Dornberger gelegentlich seines Empfangs des Ritterkreuzes. Zu seiner Linken Wernher von Braun und General Rossmann, Chef von WaPrüf 10 (Flüssigkeitsraketen).

Mensch sich klammert, wenn um ihn herum die Welt zusammenstürzt.

Gewöhnlich sind es Dinge, die einem aus der Vergangenheit gut bekannt sind, und die einen an bessere und schönere Zeiten erinnern. Doch oft genug wurden wir auch dort aus unseren Träumen gerissen. Dann fing der Film an zu flimmern, der Ton endete mit einem Grollen, und auf der Leinwand erschien die Mitteilung:

FEINDLICHE BOMBER IM ANFLUG

Manchmal gelang es uns aber auch, nach Zinnowitz hinüberzufahren, wo man abends zum Essen ausgehen konnte wie in besseren Tagen. Diese Stadt war zu einem eleganten Seebad ausgebaut worden, und es gab hier noch eine ganze Anzahl guter Restaurants, die offen waren. Am liebsten ging ich in den Preußenhof, der direkt am Strand lag und einen Blick auf die See bot. Dort gab es Kellner im Frack mit weißer Krawatte. Blütenweiße Tischtücher lagen auf den Tischen, und die Gerichte waren in Anbetracht der schlechten Zeiten bemerkenswert gut. Da das Fleisch streng rationiert war, waren die Fleischportionen meist klein. Fisch dagegen war nicht rationiert, und Fisch war zudem die Spezialität des Hauses. Da es keinen Wein gab, war es hier zulässig, daß der Gast seinen Wein selbst mitbrachte, wozu er meist in der Lage war. Nach dem Essen verbrachte der Kellner doppelt soviel Zeit mit dem Zählen der Lebensmittelmarken wie mit der Rechnung. So stahlen wir uns in diesen tragischen Zeiten manchmal ein paar schöne Momente und waren dann immer bei entsprechend guter Laune, wenn wir wieder zum Haus 1 zurückkamen.

Die Wochenenden verbrachte ich gewöhnlich in meinem gemieteten Zimmer in Koserow, wo manchmal Post von Irmel und meinen Eltern auf mich wartete. Dort machte ich Spaziergänge entlang den Klippen an der Küste, schrieb Briefe, las und hörte Nachrichten, um mich zu informieren, was mit Deutschland passierte, doch diese Nachrichten wurden von Woche zu Woche schlimmer. Was in Wirklichkeit vorging, ließ sich natürlich nur schwer feststellen. Die Zeitungen berichteten nur, was offiziell zugelassen war, und mit den Radionachrichten war's genauso, doch im Radio gab's wenigstens gute Musik. Aber noch etwas anderes kam übers Radio: eine höchst wirksame Form russischer Propaganda. Wenn z.B. ein deutscher Berichterstatter sagte,

«... und gegen Abend hatten deutsche Streitkräfte die Dörfer wieder zurückerobert, die innerhalb der letzten vierundzwanzig Stunden verlorengegangen waren», dann rief plötzlich eine deutlich hörbare Stimme dazwischen:

«Alles Lügen! Die Russen haben die ganze Front durchbrochen! Die Deutschen reißen aus!» Es hörte sich an, als stünde der Zwischenrufer direkt neben dem deutschen Sprecher im Senderaum.

Allem Anschein nach hatten die Russen einen sehr starken Richtstrahler und einen Ansager, der fließend deutsch sprach und außerdem schlagfertig und intelligent war. Er hörte erst immer die deutsche Ansage ab und gab dann sofort seinen Kommentar auf derselben Wellenlänge. Besonders gebildet hörten sich diese Zwischenrufe zwar nicht an, aber das war auch nicht nötig. Dies war ganz einfach die Stimme des Schicksals. Es war keine Rede mehr von einer bevorstehenden Befreiung, sondern lediglich die Ankündigung des Untergangs, die Prophezeihung von Tod und Verderben.

Die Regierung befahl als Gegenmaßnahme dem deutschen Sprecher, die Nachrichten so schnell zu lesen, daß keine Zeit für Zwischenrufe blieb. Diesen Redeschwall über sich ergehen zu lassen war nicht gerade angenehm, aber die Zwischenrufe hörten auf, bis die Russen ihre Propagandasalven in die Pausen zwischen Musikstücken und auch sonst in jeden Moment der Stille hineinfeuerten. Mit der Zeit setzte man jedoch einen Sender ein, der die russische Ansage abfing und wiedergab, wobei aber eine Phasenverschiebung um eine halbe Wellenlänge erfolgte, durch die die ursprüngliche Sendung gelöscht wurde.

Es bedurfte jedoch nicht der russischen Propaganda, um uns klarzumachen, wo wir standen. Der allgemeine Zusammenbruch wurde in unserem täglichen Leben immer ersichtlicher. Wir waren längst an die allgemeine Verknappung gewöhnt. Jetzt aber konnte man auch die kleinsten Dinge nicht mehr bekommen. Dieser Mangel wirkte zwar gegen das, was auf uns zukam, lächerlich, war aber eines der sicheren Anzeichen, daß das Ende nahe war. Kleidung war so rationiert, daß man sich vor die verrücktesten Alternativen gestellt sah: Entweder gab es einen Mantel pro Jahr, oder man konnte statt dessen ein Hemd und etwas Unterwäsche haben. Und wehe, wenn ein metallener Kragenknopf verlorenging! Er war unersetzlich. Schuhe gab es absolut nicht – mit oder ohne Bezugsschein, es sei denn, man konnte eines alten Treibriemens habhaft werden und außerdem einen Schuster ausfindig machen, der einem ein Paar Schuhe damit besohlte. Erst waren alle bedeutenden Artikel vom Markt verschwunden, jetzt aber verschwanden auch die unbedeutenden. Bald würde alles zu Ende sein, und wenn Deutschland unterging, würde auch Peenemünde untergehen. Und was würde aus der Raketenforschung werden und aus der Raumfahrt, aus den Reisen zu anderen Planeten und fernen Sternen? Wer würde weitermachen, was wir hier gezwungenermaßen abbrechen mußten?

Schon seit einiger Zeit gingen Gerüchte um, daß unser gesamtes Werk verlegt werden sollte. Jetzt verdichteten sich diese Gerüchte. Die Russen hatten die Weichsel überschritten und ergossen sich über ganz Polen. Bald würden sie in Ostpreußen sein, und dann in Pommern. Es war klar, daß mit Peenemünde irgend etwas geschehen mußte.

Doch wir, die wir in Peenemünde arbeiteten und genau wußten, wie kompliziert und schwierig unser Programm war und von welcher Art und Größe die dafür erforderlichen Werksanlagen sein mußten, konnten uns nur schwer vorstellen, wie man dieses ganze Werk verlegen wollte. Tausende von Angestellten und deren Familien mußten dazu umgesiedelt werden, dazu ganze Wagenladungen von Geräten und Akten – und das alles bei dem vielfach unterbrochenen Eisenbahnnetz, bei dem Mangel an Lastwagen und Benzin und bei den täglichen Luftangriffen durch die Alliierten.

Das bevorstehende Dilemma zeichnete sich plötzlich scharf am Horizont unseres Denkens ab, während die Tage und Wochen dahingingen. Eines der furchterregendsten Bilder, die uns vor Augen führten, was sich abspielte, war der endlose Flüchtlingsstrom aus den Ostprovinzen, in die die Russen bereits eingefallen waren. Schon seit Anfang des Jahres zogen diese Elendsgestalten durch Usedom auf ihrer tragischen Flucht vor Krieg und Zerstörung. Sie zogen gen Westen – von Ostpreußen, von Pommern, zogen weiter in den Oderbezirk. Hier standen sie vor der Wahl, den Fluß entweder bei Stettin oder weiter südlich zu überqueren oder weiter nach Norden und Westen zu ziehen und die Fähre bei Swinemünde zu benutzen. Diejenigen, die sich für das letztere entschlossen, zogen weiter durch Usedom und über die Wolgast-Brücke nach Mecklenburg; sie kamen also direkt bei uns vorbei. Es war ein trauriger und erschreckender Anblick. In diesem Treck sah man alle erdenklichen Transportmittel, meist von der primitivsten Art: Pferdewagen, Schubkarren, Handwagen – alle schwer beladen mit Haushaltsartikeln und Bettzeug; obenauf saß oft ein müdes und verdrecktes Kind. Die erschöpften Menschen bewegten sich nur mühsam vorwärts, dumpfe Verzweiflung in den Augen, die noch nicht glauben wollten, was sie sahen. Meist waren es alte Männer und Frauen – und Kinder. Den ansässigen Dorfbewohnern und anderen Leuten, die mit ihnen sprachen, erzählten sie von den unglaublichen Greueltaten der Russen – wie sie die Ortschaften geplündert und in Brand gesteckt und wahllos die Menschen umgebracht hatten. Das Schlimmste aber waren die Vergewaltigungen und Morde an alten Frauen, werdenden Müttern und jungen Mädchen. Diese Schrekkensnachrichten waren immer die gleichen und hörten nicht auf, genau wie der Elendszug dieser bedauernswerten Menschen.

Da wir nicht helfen konnten, betäubten wir uns mit Arbeit. Hier schien auf den ersten Blick alles unverändert. Wir machten Fortschritte bei einer Sache, von der wir wußten, daß wir sie nie zu Ende bringen würden.

In jenen schweren Tagen redeten manche von uns ganz offen davon, daß man sich evtl. am besten von Peenemünde absetzen sollte. Schließlich, so sagten sie, stehe das Werk unter dem direkten Kommando Himmlers! Jeder von uns, der in russische Hände fiele, würde ganz gewiß umgebracht werden. «Ich habe das über den russischen Sender gehört», sagte jemand.

Am Ende aber kamen wir alle zu dem gleichen Schluß. Es blieb uns nur eine vernünftige Wahl: Weiterarbeiten. Wir konnten den Lauf der Ereignisse nicht mehr beeinflussen, aber wir konnten auf unserem Posten bleiben.

Für alle Fälle fing ich an, meine Habseligkeiten in Koffer und Kartons zu packen und sie nach Haus 1 in mein Zimmer zu bringen. Ich wollte meine persönlichen Dinge jetzt erledigen und nicht erst dann, wenn's Zeit zum Fortgehen war, was nicht mehr lange dauern konnte. Dann würde mich nämlich das Werk voll in Anspruch nehmen. Ich schrieb an Irmel, daß ich fürchtete, meine Arbeit würde wohl bald zu Ende sein.

Am 31. Januar 1945, einem kalten, bewölkten Mittwoch, wurden mehrere von uns – Werksleiter, Abteilungsdirektoren und der unmittelbare Kreis um Professor von Braun – in dessen Büro gerufen. Er beschrieb uns genau die Situation. In seiner Stimme lag bitterer Ernst.

«Kammler hat soeben die Evakuierung aller wichtigsten Verteidigungsprojekte nach Mitteldeutschland angeordnet», sagte er ganz ruhig. «Dies ist ein Befehl, kein Vorschlag.» (SS-Obergruppenführer Hans Kammler war Himmlers Bevollmächtigter für alle Geheimwaffen und war für sein arrogantes Auftreten weithin bekannt.) Von Braun hielt einen Moment inne, damit wir uns beruhigen konnten. Nachdem das Gemurmel und die Ausrufe verstummt waren, fuhr er fort.

«Wir werden wahrscheinlich in die Gegend von Nordhausen in der Nähe des Mittelwerks verlegt. Es könnte auch Frankenhausen sein, evtl. sogar beides.

Wir müssen jetzt erstens entscheiden, wer mitgeht, und zweitens in welcher Reihenfolge. Zu allererst kommen diejenigen, die für die Weiterführung der Produktion im Mittelwerk gebraucht werden. Als nächstes gehen die, die an der Verbesserung der Reichweite und Zielsicherheit der Raketen arbeiten. An dritter Stelle gehen die, die an der Flugzeugabwehrrakete Wasserfall arbeiten.

Dr. Debus und die gesamte Abschußbelegschaft von P-7 bleiben bis auf weiteres hier. Dazu gehören übrigens auch alle, die für die Montage der Versuchsraketen in IW Süd gebraucht werden.

Ich benötige einen sofortigen Bericht von allen Abteilungsleitern, wieviele Leute und wieviel an Einrichtungen jeder mitzunehmen gedenkt.

Alle Fahrzeuge müssen überprüft und auf optimale Fahrbereitschaft gebracht werden. Dafür hat Hans Hüter zu sorgen. Wir brauchen eine komplette Inventur von unserem gesamten Benzin- und Reifenvorrat. Diese werden proportional zugeteilt. Außerdem brauchen wir einen Schneepflug. Herr Hüter, besorgen Sie das bitte. Herr Schäfer, Sie reduzieren bitte auf schnellstem Wege das Personal. Es dürfen hier nicht mehr als tausend Leute zurückbleiben, wenn der Hauptumzug stattgefunden hat.»

«Mit was für Transportmitteln sollen wir in das andere Werk kommen?» fragte ich.

«Der Transport erfolgt hauptsächlich mit Lastwagen. Uns steht auch ein Zug zur Verfügung, der – so glaube ich – von einer Diesel-Lokomotive gezogen wird.» Er drehte sich in seinem Stuhl um. «Herr Nimwegen, ich möchte, daß Sie die Leitung sämtlicher Transportangelegenheiten übernehmen. Damit Sie Hilfe haben, teile ich Ihnen Feldwebel König nebst drei Mann und einer Schreibkraft zu.

Ich möchte nochmals betonen, daß Eile nottut, was die vollständigen Berichte angeht. Ich brauche sie innerhalb von zwei Stunden, und sie müssen genau anzeigen, wieviele Leute Sie mitnehmen, wieviel Laderaum Sie brauchen und wieviel Platz Sie am neuen Standort benötigen werden. Ebenso muß ich wissen, was Sie ganz und gar abzustoßen gedenken.»

Hier fiel Schäfer ein: «Das bedeutet, daß eine Anzahl von Wehrdienstbefreiungen aufgehoben wird, nehme ich an.»

Von Braun nickte. Dies war traurig und so völlig sinnlos, denn uns allen hier im Raum war es klar, daß jeder weitere Widerstand und jedes weitere Sterben umsonst sein würden.

«Wir brauchen eine Liste mit allen Namen und Geburtsdaten.»

Ich war kaum wieder in meinem Büro, als ich mit Anrufen überflutet wurde. Jeder brauchte Hilfe oder wollte wissen, wohin er sich wenden sollte. Die einen brauchten Ersatzteile für Lastwagen, andere wollten wissen, welche Steuerungsprojekte am wichtigsten waren, wieder andere erkundigten sich nach Marschbefehlen, aufgeregte Stimmen fragten nach genaueren Einzelheiten. Am späten Nachmittag des 31. Januar kam Nimwegen in mein Büro gestürzt und erklärte atemlos, daß er ein zweites Telefon brauche. Es bedurfte meiner ganzen Redekunst, aber ich konnte ihm eines besorgen.

Darüber hinaus gab es endlose Besprechungen mit von Braun, manchmal waren's nur wir zwei, manchmal waren aber auch die Abteilungsdirektoren oder Werksleiter dabei.

Das neue Jahr brachte heftige Kämpfe an der Ostfront mit sich, und die westlichen Alliierten bereiteten sich auf die ersten Vorstöße über den Rhein vor. Deutschland wurde jetzt in eine große Zange genommen, die sich allmählich schloß. Innerhalb weniger Tage verließen die ersten Gruppen Peenemünde. Es war der Anfang vom Ende.

In den späten Abendstunden des 2. Februar, als die meisten von uns noch wach und sehr beschäftigt waren, traf die Nachricht ein, daß die Russen Eberswalde angriffen, das an der Hauptbahnstrecke zwischen uns und Berlin lag. Vierundzwanzig Stunden später wußten wir allerdings, daß dies nur ein Gerücht war, aber es verfehlte seine Wirkung nicht. Niemand wollte abgeschnitten werden, und das trieb uns alle zur höchsten Eile an.

Inzwischen waren sich die meisten von uns über eines im klaren: Wenn der Krieg verloren war, und wenn wir in Gefangenschaft geraten sollten, dann wollten wir den Westmächten und nicht den Russen in die Hände fallen.

Die letzte und eingehendste Besprechung in bezug auf die Umsiedlung fand am Morgen des 3. Februar statt, während das Gerücht vom Fall von Eberswalde noch auf uns lastete. Von Braun leitete die Besprechung; außer ihm waren Riedel III, Schilling, Rees, Butt von der Werksbahn, Hüter, Schäfer, Debus, Reinke vom Nachschub, Nimwegen und eine Anzahl von Verwaltungsassistenten anwesend. Auch Militärvertreter waren dabei.

Als erste wichtige Erklärung wurde verkündet, daß unser gesamter Stab mitgehen würde und nicht nur ein Teil davon, wie anfänglich vorgeschlagen. «Wir gehen als ganze Organisation», erklärte von Braun mit fester Stimme. «Das ist wichtig. Wir bringen unsere Verwaltung und Struktur mit, und wenn wir das alles durch ganz Deutschland transportieren müssen. Wir lassen nicht einfach alles stehen und liegen.»

Das hörte sich einigermaßen vertrauenerweckend an. Von Braun wandte sich jetzt an Schäfer: «Haben Sie die Personalliste fertig?» Schäfer nickte. Die Liste war in sechs Kategorien eingeteilt:

A-4-Entwicklung und Konstruktion: 1940 Leute
A-4b-Entwicklung: 270 Leute
Wasserfall-Entwicklung: 1220 Leute
Taifun-Entwicklung: 135 Leute
Werkstätten: 435 Leute
Verwaltung: 325 Leute

«Das sind insgesamt 4325 Leute», schloß er. «Achtzehn Prozent davon sind Frauen. Dreitausendachthundert befinden sich in Usedom, der Rest ist auf verschiedene Arbeitsgebiete in den Außenbezirken verteilt.

Davon werden aber schätzungsweise dreißig Prozent nicht mitkommen.» Er ging seinen Papierstoß durch. «Diejenigen, die nicht mitgehen und die militärische Klassifizierung 1-A haben, melden sich beim hiesigen Inselkommandanten, und alle, die nicht darunter fallen, werden einfach entlassen oder an andere Kriegsbetriebe in dieser Gegend weitergegeben.»

Nimwegen gab einen kurzen Bericht über die Transportlage.

«Ab sofort werden alle im Werk befindlichen Eisenbahnwaggons hier zurückgehalten; leere Waggons werden nicht an die Reichsbahn zurückgegeben. Wir müssen auch vorläufig alle Kraftfahrzeuge hierbehalten, denn wir brauchen sie für den Zubringerverkehr zwischen Laboratorien und Werkstätten und den Bahnrampen. Andere Fahrten sind nicht zulässig außer für die Lebensmittelversorgung.»

Jetzt kam die generelle Frage auf, unter wessen Leitung der Umzug nun in der Praxis vor sich gehen sollte. Aufgrund der Erfahrungen, die die meisten von uns mit Militärdienststellen gemacht hatten, waren wir uns in einem Punkt alle einig: Das Werk selbst sollte über eine Sonderkommission den Umzug in die Wege leiten. «Lassen wir das Militär ganz aus dem Spiel», knurrte jemand. Doch hier schaltete sich Rees ein:

«Das wäre ein schlechter Schachzug. Es könnte einige von uns die nötige Dringlichkeitsstufe kosten. Außerdem – meinen Sie nicht, daß die Anwesenheit des Militärs uns etwas Schutz gegen das Eingreifen verschiedener Regierungsbehörden bieten würde?»

Wie immer hatte Rees uns mit seiner knappen, klaren Darstellung überzeugt. Wir beschlossen daher, Oberstleutnant Börgemann, einen energischen Offizier vom Stab der Wa Prüf 11, als unseren Haupt-Transportoffizier anzufordern; der wiederum sollte Nimwegen als seinen Vertreter einsetzen.

Ein Problem jagte das andere.

«Aber die verfügbaren Waggons reichen doch niemals aus, um die ganze Ladung aufzunehmen.»

«Stimmt,» sagte von Braun, aber es stehen uns auch einige Schiffe zur Verfügung – etwa zehn große Punten mit eigenem Antrieb, die überall im Hafen von Peenemünde herumliegen, und wahrscheinlich eine gleiche Anzahl Lastkähne. Diese können durch den Trave-Elb-Kanal nach Lübeck und von dort nach Schönebeck südlich von Magdeburg geschleppt werden; das liegt verhältnismäßig nahe an unserem Bestimmungsort.» Er ging zu einer Landkarte, die an der Wand hing, und fuhr mit dem Finger darüber, um den Wasserweg anzuzeigen. «Außerdem hoffen wir, daß uns die Marine in Swinemünde ein 2000-Tonnenschiff leihen wird.»

Am Ende dieser Besprechung wurden vier Leute für drei ganz bestimmte Aufgaben eingesetzt: Butt und Reinke wurden für sämtliche Bahntransporte verantwortlich gemacht, Nimwegen für den Lastwagentransport, und Bernhard Tessmann sollte für die Schiffe verantwortlich sein.

Wir stürzten uns sofort in die Arbeit. Dabei liefen praktisch alle Fäden in von Brauns Dienststelle zusammen, und so waren wir als sein Stab Tag und Nacht beschäftigt. Selbst eine so banale Angelegenheit wie die Beschaffung von Kisten für das Packen war jetzt eine gigantische Aufgabe – und einige technische Abteilungen brauchten Hunderte davon. Wir entwarfen ein System von Farbkennzeichen, mit dessen Hilfe man den Inhalt jeder Kiste beim Eintreffen am Bestimmungsort sofort identifizieren konnte. Demnach war Weiß die Kennfarbe für die Verwaltung, Grün für die Konstruktions- und Entwicklungsabteilung, Blau für die Produktion, Rot für die Prüfstände und so fort. Während dieses alles vor sich ging, bemühte sich jede Abteilung verzweifelt um die Entscheidung, welche dreißig Prozent ihrer Leute sie nicht mitnehmen durfte und wie viele von den siebzig Prozent, die mitkamen, Familien hatten – und wieviele Köpfe jede Familie zählte.

Eines steht fest: Wir entledigten uns während dieses Umzuges aller überflüssigen Papiere, denn alles, was nicht unbedingt aufgehoben werden mußte, wurde vernichtet.

Inmitten dieser Vorbereitungen erfuhren wir, daß die Russen immer noch ein gutes Stück weiter von uns fort waren, als anfangs gemeldet worden war. Wir verlangsamten jedoch unser Tempo keineswegs, denn es konnte sich nur noch um Tage handeln, bevor die einstige Falschmeldung von den Tatsachen eingeholt wurde. Immerhin ließ die Hektik etwas nach, so daß wir jetzt ruhiger arbeiten und uns besser organisieren konnten; die anfängliche Aufregung hatte sich halbwegs gelegt. Das Wichtigste aber war, daß wir inzwischen alles schnellstens in den Griff bekamen, und daß keine Panik ausbrach.

An jenem Abend rief mich von Braun noch spät in sein Büro und eröffnete mir, daß er jetzt zum neuen Bestimmungsort fliegen würde. Er würde dort alles besichtigen und dann feststellen, was die Behörden mit uns vorhatten, und sobald er Bescheid wüßte, würde er den verschiedenen Einheiten ihre neuen Unterkünfte anweisen. In seiner Abwesenheit sollten hier alle Vorbereitungen im selben Tempo weitergehen.

Nicht lange nachdem von Braun abgeflogen war, begann das Beladen der ersten Waggons. Als nächstes fingen wir an, die Büromöbel zu den Schleppkähnen zu transportieren.

Der erste Zug sollte 525 Leute mitnehmen, Angestellte und ihre Familien. Auch einige Güterwagen waren angehängt. Als Abfahrtsdatum wurde der 17. Februar festgesetzt.

Nimwegen erwies sich in diesen hektischen Tagen als unbezahlbar. Er schien überall zugleich zu sein, beschaffte Decken, Petroleumlampen, Benzin, Dieselöl und viele andere Dinge, die man normalerweise kaum noch kriegen konnte. Er brachte es sogar fertig, nicht weniger als zwanzig komplett eingerichtete Feldküchen aufzutreiben.

Seine Methoden? Nun ja, wir sahen nicht so genau hin und sagten uns, der Zweck heiligt die Mittel. Außerdem bewiesen die Ereignisse, daß Nimwegens knallharte, realistische Einstellung durchaus richtig war. Er war zu dem Schluß gekommen, daß es nicht mehr wichtig war, welche deutsche Dienststelle dieses Material bekam, sondern daß es überhaupt eine deutsche Dienststelle bekam, bevor es dem heranrückenden Feind in die Hände fiel.

Inzwischen hatte die SS fast die unumschränkte Gewalt über Deutschland. Um die dünn gewordenen Ränge der Militäreinheiten aufzufüllen, hatten SS-Truppen im ganzen Land Straßensperren und Kontrollstationen eingerichtet, um Soldaten abzufangen, die «ihre Einheiten suchten» und dabei in die falsche Richtung marschierten. Auch für jüngere Zivilisten interessierten sie sich, da diese evtl. Deserteure waren. Wir hatten nun die Befürchtung, daß diese mächtigen Herren uns bei unserem Umzug Schwierigkeiten machen würden. Doch Nimwegen, der sich stets zu helfen wußte, wurde auch damit fertig. Er lud kurzerhand den SS-Offizier, der für unseren Bezirk zuständig war, zur einer Besprechung in sein Büro ein, spielte sein Spielchen bis zur höchsten Potenz und hatte außerdem «ganz zufällig» eine hübsche Sekretärin und einige Flaschen Portwein da.

Da unser Waffensystem direkt dem SS-Chef Heinrich Himmler unterstellt war, nutzten wir diese Tatsache so weit wie möglich aus. Pompöse Pässe und Briefköpfe wurden entworfen, die aller Welt verkündeten, daß wir eine SS-Organisation waren. Natürlich wurde auch darauf hingewiesen, daß wir mit Dornbergers Hauptquartier zusammenarbeiteten, das er als BZBV Heer führte. Durch ein bizarres Mißverständnis wurden jedoch einige Briefköpfe gedruckt, auf denen es nicht BZBV, sondern VZBV hieß, was natürlich völlig sinnlos war. Aber auch hier zeigte sich wieder Nimwegens unglaubliches Talent, aus der Not eine Tugend zu machen. Er erklärte einfach, daß VZBV ab sofort als Bezeichnung für eine streng geheime Dienststelle zu gelten hätte, der niemand Vorschriften machen könnte außer Himmler selbst. Bald wurden nun die Buchstaben VZBV riesengroß und unübersehbar auf Kisten, Lastwagen und Autos aufgemalt. Und siehe da, sie gaben uns absoluten Schutz gegen jede Intervention. So brachten wir es denn fertig, trotz des ständig wachsenden Durcheinanders, das in Deutschland herrschte, alle unsere wichtigsten Leute und einen beträchtlichen Teil unserer Einrichtung an den neuen Bestimmungsort zu schaffen.

Mitunter wurde uns Hilfe in seltsamer Form zuteil. Die Steuerungsgruppe in Lubmin entdeckte, daß sie fünfzehn Maultiere zur Verfügung hatte, und diese wurden nun vor schwerbeladene Karren gespannt. Und eines Tages kam mit einem Flüchtlingstreck, der nach Westen zog, eine Frau mit fünfzig wertvollen Pferden in Peenemünde an, die sie selbst in Ostpreußen gezüchtet hatte. Peenemünde war ihr Ziel, da sie dort Freunde und Verwandte hatte, und so bot sie uns buchstäblich zusätzliche Pferdestärken an, damit wir unsere Einrichtung nach Süden transportieren konnten.

Am 27. Februar war von Braun wieder zurück und setzte sofort eine Besprechung in seinem Büro an, wozu er sämtliche Abteilungs- und Werksleiter sowie deren Stabsleute beorderte. Er erklärte uns den Aufbau einer neuen Organisation.

«Was man ins Leben gerufen hat», erklärte er, «ist die Entwicklungsgemeinschaft Mittelbau, eine Art Interessengemeinschaft für die Zusammenarbeit auf allen Gebieten der Entwicklung. Wir werden nur ein Teil dieser Organisation sein, zu der ebenfalls die Henschel-Flugzeugwerke, die Ruhrstahlwerke, verschiedene Firmen für Flugzeugteile, die Firma ‹Kreiselgeräte›, die Dornier Flugzeugwerke und die Walterwerke gehören sowie eine Anzahl kleinerer Organisationen.»

Von Brauns Funktion in der neuen Organisation war die eines Technischen Generaldirektors, dem ein Planungsstab zur Seite gestellt wurde.

«Für die Entwicklungsgemeinschaft ist organisatorisch eine Reihe von Arbeitsgebieten mit Prüfeinrichtungen erstellt worden. Kleinere Gebiete betreffen die X-4, X-7, Taifun- und Schmetterling-Raketen, die größeren die A-4 und den Wasserfall.»

Wir sahen uns ungläubig an. Prüfstände für die A-4? Sollten wir die einfach aus dem Boden stampfen? Jetzt wußten wir die ganze traurige Geschichte! Von Braun ignorierte unsere mißtrauischen Gesichter. Er hatte es immer verstanden, seine Gefühle zu verbergen, wenn es seiner Sache geschadet hätte, sie offen zu zeigen. Seine Idee war das alles bestimmt nicht gewesen, daran gab es für mich keinen Zweifel.

In der neuen Gruppe tauchten Namen auf, die uns neu waren. Da gab es einen Dr. Konrad, dem die Koordination der Antriebssysteme oblag, und einen General Gyldenfeldt, dem als BZBV Luft das Gegenstück der Luftwaffe zu Dornbergers BZBV Heer unterstand.

Die Arbeit sollte sich hauptsächlich in der Gegend von Bleicherode abspielen, einer kleinen Stadt mit Baumwollspinnereien, die südlich des Harzgebirges lag. Dornbergers Hauptquartier sollte im nahegelegenen Bad Sachsa eingerichtet werden, das früher ein Mineralbad gewesen war. Für viele unserer Abteilungen waren bereits Bestimmungsorte festgelegt worden, u. a. Sangerhausen, Weißenborn, Artern, Groß Bodungen.

«Die Abschüsse von Peenemünde aus werden endgültig eingestellt,» setzte von Braun hinzu. «Dr. Debus, formieren Sie eine Kolonne mit allen Fahrzeugen, die für den Abschuß nötig sind, und begeben Sie sich in die Gegend von Cuxhaven.»

Debus konnte es damals nicht wissen, aber wir anderen ahnten es alle, daß er niemals Raketen von Cuxhaven aus abschießen würde, zumindest nicht unter deutscher Regie. Von Braun blieb noch ein paar Tage in Peenemünde, um die letzten Einzelheiten abzuwickeln, dann verließ er diesen Ort für immer. Ich bin sicher, daß es ihm seltsam zumute gewesen sein muß, als sein Flugzeug startete; dies war das letzte Mal, daß er Peenemünde sah, wo er einen so wichtigen Teil seines Lebens verbracht hatte.

Wir luden weiter Möbel auf die Schleppkähne, doch ich glaube, viel davon kam nicht am Bestimmungsort an. Später hörte ich von Schreibtischen, Reißbrettern, Stühlen und Schränken, die am Zielort Schönebeck am Elbufer verlassen herumlagen. Trotz aller Mahnungen befand sich in einigen der Schreibtische noch Geheimmaterial, und das bedeutete, daß jemand dafür geradestehen mußte. Weitere Züge setzten sich in Bewegung; sie hatten Ingenieure und ihre Familien an Bord und hatten auch schwerbeladene Güterwagen dabei. Allmählich wurde es sehr still in Peenemünde; im krassen Gegensatz zu früheren Jahren lag jetzt eine seltsame, todernste Stimmung über dem Werk.

Meine ganze Arbeit drehte sich nur noch um den Umzug. Von der Dienststelle von Brauns war ich der letzte Vertreter, der hier noch anwesend war. Schon bald erhielten wir dann Meldungen von Münchhausen, das war der Deckname für die Telefonzentrale im neuen Bereich. Es schien, daß es Schwierigkeiten beim Einrichten der Büros gab; zwar standen Räume zur Verfügung, doch es fehlte an Möbeln. Weitere aus Peenemünde zu schicken stand außer Frage. Wir gaben kurz darauf überhaupt jeden Versuch auf, noch mehr Büromöbel abzutransportieren.

Zu den Aufgaben, mit denen ich mich in jenen letzten Tagen in Peenemünde ständig befassen mußte, gehörte unter anderem das Ausstellen von Marschbefehlen für die Leiter der Wagenkolonnen und für die Transportbegleiter, die in Richtung Süden abfuhren. Dies waren die Männer, die unsere Einrichtungen und Dokumente zu ihrem neuen Bestimmungsort dirigieren mußten. Diese Papiere waren für sie unerläßlich, wenn sie vor den Zugriffen der SS sicher sein wollten. Gewöhnlich lautete der Text etwa so:

MARSCHBEFEHL

Herr Hans Schulz hat die Anweisung, sich zu einem geheimen Ausweichort in Mitteldeutschland zu begeben; dies geschieht auf Befehl No. A-12110 des Reichsführers SS, datiert vom 11. Februar 1944, und betrifft die Verlegung kriegswichtiger Anlagen. Er ist ermächtigt, alle dafür nötigen Transportmittel zu beschaffen und auch sonst alles zu veranlassen, was zur Ausführung dieses Befehls nötig ist. Er ist dafür verantwortlich, daß sämtliche Werksangehörigen in seiner Begleitung, die mit Werksausweisen versehen sind, ihren Bestimmungsort erreichen. Dieser Transport erfordert absolute Geheimhaltung. Der Befehl für diesen Ortswechsel wurde durch Funkspruch übermittelt und muß innerhalb von fünf Tagen ausgeführt werden. Herr Schulz ist außerdem berechtigt, die Telefon- und Telegrafenleitungen der höchsten Militärdienststellen zu benutzen und hat sofort Meldung zu machen, falls bei der Ausführung dieses Befehls Verzögerungen eintreten sollten.

Alle Dienststellen des Heeres, der SS und der zivilen Verwaltung werden hiermit angewiesen, Herrn Schulz jede mögliche Unterstützung bei der prompten Erledigung seines Auftrages zu gewähren.

für den Reichsführer SS

– gefolgt von irgendeiner Unterschrift. Danach kann man sich wohl ein Bild von den Zuständen machen, die zu jener Zeit in Deutschland herrschten. Ein solches Stück Papier konnte dem Inhaber freien Zugang zu den erwähnten Hilfsmitteln verschaffen; auch das zeugte von der verzweifelten Situation und der herrschenden Angst vor der SS.

In den Speisesälen wurde die Einrichtung ausgebaut und verladen; auch das Personal ging mit. Zurück blieb nur eine kleine Stammbesatzung. Von jetzt ab verbesserte sich die Qualität der Mahlzeiten beträchtlich; es gab schließlich auch keinen Grund, mit dem zu sparen, was zurückgelassen wurde. Selbst alkoholische Getränke waren plötzlich wieder da, die noch bis vor kurzem genauso knapp gewesen waren wie Zigaretten.

Es herrschte eine seltsam unwirkliche Atmosphäre; die Zeit schien zum Stillstand gekommen zu sein. Im Kino von Karlshagen wurden noch Filme gezeigt, und zwischen den umliegenden Orten verkehrten noch einige Züge mit nur wenigen Wagen. Eine der FLAK-Einheiten, zu der auch eine Anzahl Nachrichtenhelferinnen gehörte, veranstaltete ein paar Tanzabende. Diese endeten jedoch meist früh, denn der süße Portwein, der sich leicht trinken ließ, machte die Mädchen müde; sie waren derlei Dinge nicht mehr gewohnt.

Die wenigen Wochenenden, die Peenemünde noch beschieden waren, verbrachte ich meist in Koserow. Oft machte ich dann Radtouren durch die Wälder bis nach Zinnowitz und weiter bis zum Werk. Diese Touren waren mir immer ein Vergnügen, und zu jener Zeit war selbst das unschuldigste Vergnügen eine Seltenheit geworden.

In Koserow besuchte ich gewöhnlich Hartmut und seine Familie, oder ich machte Wanderungen am Strand, sah dem Spiel der Wellen zu und betrachtete die Wolkenformationen. Mitunter kamen Besucher zu mir in die Wohnung, dann machten wir Musik und tranken etwas dabei. Wir kümmerten uns mit der Zeit auch nicht mehr um die Fliegeralarme – wer würde denn schon Koserow bombardieren wollen? Während der Woche, wenn ich im Werk war, schlief ich in Haus 1 und gelegentlich in meinem Büro, denn dort war fast nie der Strom abgestellt, und die Einrichtung war verhältnismäßig komfortabel.

Die letzten Tage wickelten sich vor meinen Augen ab wie ein Faden von einer Spule, und die Spule war nun fast leer. Auch Hartmut und seine Familie waren inzwischen fort; seine Einheit war nach Bad Sachsa verlegt worden. Ich kümmerte mich jetzt um meine persönlichen Angelegenheiten, packte meine wichtigsten Sachen zusammen, und das war nicht viel, da ich alles andere bereits zum Haus 1 gebracht hatte, und wartete auf weitere Anweisungen.

Im Unterbewußtsein wartete ich immer noch auf das ferne Donnern von Prüfstand 7, an das ich mich so gewöhnt hatte, aber nichts war zu hören.

Eine ahnungsvolle Stille hatte sich auf Peenemünde gesenkt.

12 Verlagerung und Flucht

Was meinen Abzug aus Peenemünde betraf, so brauchte ich keine besonderen Anweisungen. Von Braun hatte mir vor seiner Abfahrt klargemacht, daß ich dazubleiben hätte, solange ich mich im Werk nützlich machen konnte; danach sollte ich mich so schnell wie möglich absetzen.

Doch als der Februar vorbei war und der März allmählich auch verging, gab es immer weniger Möglichkeiten, nach Bleicherode zu kommen. Die Verlegung des Werkes war nun fast abgeschlossen, und so fuhren immer weniger Gruppen oder Transporte in Richtung Süden ab. Mit dem Mittelraum, dem neuen Betriebszentrum, gab es praktisch überhaupt keinen Kontakt. Die Telefonverbindung war oft unterbrochen, und es kamen nur wenige Leute zurück in meine Richtung, von denen ich hätte etwas erfahren können.

Fast alles Personal mit Versetzungsbefehlen war schon fort, und wer noch hier war, traf die letzten Vorbereitungen für seinen Abzug. Nun gab es hier für mich nichts mehr zu tun. Die Russen standen vor den Toren von Swinemünde, weniger als 80 km entfernt, und die Frontlinie war keineswegs klar. Es wurde Zeit, daß ich von hier verschwand.

Zuerst hatte ich vorgehabt, mich der Heereseinheit anzuschließen, die um Peenemünde herum die militärischen Abschüsse getätigt hatte. Auf diese Art wäre ich über den Stab von Dornberger, der sich jetzt am Südabhang des Harzes befand, wieder zu meinem Betrieb gekommen.

Doch dann ergab sich eine bessere Gelegenheit, und ich nahm sie wahr. Am 13. März sollte ein Opel-Personenwagen vom Wagenpark nach Süden gefahren werden. Den Abend des 12. März verbrachte ich dann noch in angenehmer Gesellschaft von Freunden aus dem Werk. Irgendjemand hatte eine Flasche guten Wein «organisiert» (in jenen Tagen wurde fast jede Flasche Wein als gut bezeichnet), und wir saßen zum letzten Mal bei gemütlichem Gespräch beisammen. Hinterher klapperte ich die Straße vom Werk Süd zum Werk Nord ab, nachdem ich mich endgültig von allen verabschiedet hatte. Zwischen den stillen, verlassenen Gebäuden schimmerte – fast noch voll – der Mond.

Auf meinem Weg zum Werktor und zum Haus 1 nahm ich hin und wieder einen Lichtschimmer wahr, der von der Flakstation bzw. vom Krankenhaus herkam. Besonders erinnere ich mich an die Kiefern. Schweigend und majestätisch ragten sie im Licht des Mondes. «Wie lange noch?» dachte ich, als ich am Eingang von Haus 1 stehenblieb. Einen flüchtigen Augenblick lang wünschte ich, daß ich irgendwie die Zeit zum Stillstand bringen könnte.

Am nächsten Morgen, nach unruhiger Nacht, wachte ich früh auf. Ich schrieb einen hastigen Brief an Irmel und teilte ihr mit, daß ich Peenemünde nun endlich verlassen würde. Dann kamen noch alle möglichen Verzögerungen. Ich war fertig, aber der Wagen nicht. Endlich, gegen neun Uhr morgens, rief der Fahrer an und sagte, es sei soweit; er habe die Benzinkarten und müsse nur noch auftanken. Ob ich fertig sei. «Ja», sagte ich, «ich bin fertig.» Dann nahm ich meinen Koffer, ging hinunter auf die Straße und postierte mich vor Haus 1. Einige Augenblicke später fuhr der Opel vor, der mich aus Peenemünde fortbringen sollte. Es wurde nicht viel gesprochen. Ich warf einen letzten, langen Abschiedsblick auf Peenemünde, das hinter uns zurückblieb, und tief in der Seele wußte ich, daß ich diesen denkwürdigen und wundersamen Ort nie wiedersehen würde. Rasch drehte ich mich um und sah nur noch geradeaus.

Wir hielten noch in Koserow, um einige Ersatzteile abzuholen, die mitgenommen werden sollten. Sobald wir diese hatten, lenkte der Fahrer den Wagen in eine kleine Seitenstraße und hielt vor einem Fischladen, dessen Spezialität Bücklinge waren. Wir nahmen uns eine Tüte voll mit; sie waren ganz frisch und noch warm – eine wirkliche Delikatesse.

Nachdem wir uns daran sattgegessen hatten, war's uns ein wenig wohler, und wir machten uns auf den Weg: über die Brücke nach Wolgast erst in Richtung Westen, dann nach Süden durch Jarmen, Demmin, Stavenhagen. Es war eine glatte Fahrt; die Luft war frisch und das Wetter gut.

Bald aber wurde unsere Fahrt unterbrochen, denn jetzt stießen wir wieder auf Flüchtlingstrecks. Endlos zogen die tragischen Gestalten aus dem Osten dahin, müde, heimatlose Menschen, die die Straßen mit Wagen, Pferden, und Schubkarren verstopften, auf die sie ihre wenigen Habseligkeiten geladen hatten. Es tat uns in der Seele weh, daß wir uns hupend durch dieses Gedränge von heimatlosen, verängstigten Menschen hindurcharbeiten mußten; es waren meist alte Männer und Frauen – und Kinder.

Die Bäume entlang der Straße waren fast alle umgelegt und an der Seite aufgestapelt worden; mit ihnen sollten die Straßen blokkiert werden, wenn der feindliche Ansturm kam. An anderen Stellen waren Ketten an den Bäumen befestigt, damit diese im richtigen Moment über die Straße strammgezogen werden konnten, um sie zu sperren – für wie lange?

Gegen Abend kamen wir nach Waren am Müritzsee. Die kleine Stadt war vollkommen verdunkelt und mit Menschen vollgestopft, die voller Angst und Schrecken waren. Ein Schlafquartier zu finden war sehr schwierig, aber schließlich kamen wir in einem Privathaushalt unter.

Wir verließen Waren am folgenden Morgen, also am 14. März, und jetzt hatten wir plötzlich das Gefühl, uns beeilen zu müssen. Wir wollten zunächst nach Magdeburg; unterwegs aßen wir in dem malerischen Städtchen Burg zu Mittag. Das Restaurant hatte einen Hauch von alter Tradition: geschnitzte Möbel und bleigefaßte, farbige Glasfenster. Das Essen war gut, und es gab Bier dazu.

Magdeburg selbst wies schwere Bombenschäden auf und war praktisch völlig zerstört. Wir arbeiteten uns durch die Trümmer zum dortigen Militärfahrzeugpark durch; mein Fahrer suchte immer noch nach ein paar Teilen, die er laut seinem Auftrag irgendwo auftreiben sollte. Plötzlich ertönte die Alarmsirene, so daß er seine Mission abbrechen mußte. Wir hatten nicht die geringste Lust, hier in einen Luftangriff hineinzugeraten; so eilten wir zu unserem Opel zurück und rasten aus Magdeburg hinaus.

Wir kamen ziemlich spät am Abend in Bleicherode an. Meine Neugier war groß; was würde ich in diesem «Neuen Peenemünde» wohl vorfinden? Was ich dann vorfand, erstaunte mich jedoch überhaupt nicht.

In einer früheren Landwirtschaftsschule hatte man ein äußerst primitives Hauptquartier eingerichtet. Von Ordnung konnte kaum die Rede sein. Wir konnten schließlich nicht das ganze Werk aus seiner Umgebung herausheben, es 200 Kilometer weiter wieder hinsetzen und dann erwarten, daß alles ohne Unterbrechung weiterlief. Ich sah viele bekannte Gesichter, und nachdem ich mich mit einigen Leuten unterhalten hatte, gewann ich den Eindruck, daß die anderen genauso wenig von alledem hielten wie ich.

Ich fragte, wo von Braun war, und erfuhr zu meinem Schrecken, daß er sich im Krankenhaus befand. Er hatte sich bei einem Autounfall den linken Arm gebrochen. Im Moment hatte ich aber keine Zeit, ihn zu besuchen.

Die erste Nacht verbrachte ich im Auffanglager; es war der Festsaal eines Gasthauses, der als Schlafstätte für Flüchtlinge eingerichtet war. Auf den nackten Dielen lag loses Stroh, das als Schlaflager diente. Der Raum war überfüllt mit Männern, Frauen und weinenden Kindern und einem unwahrscheinlichen Sammelsurium von angeschlagenen, schäbigen Gepäckstücken.

Was war nur aus Deutschland geworden? Die Antwort auf diese Frage wußte ich schon lange, aber inmitten dieses Jammers, der mich hier hautnah berührte, drängte sich mir diese Frage immer wieder von neuem auf. Ich sank in einen tiefen Schlaf, der mehr einem Erschöpfungszustand glich, wobei diese Frage unaufhörlich durch mein Unterbewußtsein geisterte und nach einer Antwort schrie.

Der nächste Morgen war hell und sonnig, beinahe heiter. Nachdem ich mich unter diesen schwierigen und primitiven Verhältnissen irgendwie gewaschen und rasiert hatte, ging ich wieder zum Schulgebäude hinüber, wo ich weitere bekannte Gesichter vorfand. Ich entdeckte Fräulein Klinger und sprach einen Augenblick mit ihr. Sie sagte mir, ich könne ein «Zimmer» im Vergeltungsexpress haben, wie er scherzhaft genannt wurde. Dies war ein Zug mit etwa zehn Schlafwagen, der einmal im «Heidelager» und später im Versuchsgelände «Heidekraut» gestanden hatte, beide in Polen gelegen und jetzt in russischen Händen. Dort hatte dieser Zug als eine Art Hotel auf Rädern gedient, in dem die Offiziere der Abschußmannschaften untergebracht waren. Jetzt stand er auf einem Abstellgleis im Kaliumbergwerk von Bleicherode. Nun ja, dachte ich, bei diesem schönen Wetter könnte ein kleiner Marsch dorthin mir nur guttun. Zu meinem Erstaunen konnte ich dort ohne Schwierigkeiten ein Abteil bekommen.

Da ich nun fürs erste eine anständige Schlafgelegenheit hatte, ging ich wieder in den Ort zurück, um mich beim Quartieramt zu melden. Wieder hatte ich Glück. Man sagte mir, ein Ingenieur, der ein Privatzimmer habe, würde versetzt. Das Zimmer habe einen Blick auf ein Tal mit den Harzbergen im Hintergrund und würde in einigen Tagen freiwerden. Ich nahm sofort an.

Inzwischen versuchte ich, mich in dem neuen «Werk» zurechtzufinden, und nach etwa zwei Stunden intensiven Suchens und Fragens fand ich sogar das Fahrrad wieder, das ich mit einem der Transporte vorausgeschickt hatte. Das kam sehr gelegen!

Es waren noch keine Büros eingerichtet worden. Das einzige, was halbwegs einer Dienststelle gleichkam, war die Schule, die wir belegt hatten. Wenn sich überhaupt etwas abspielte, spielte es sich hier ab, und wenn es etwas zu erfahren gab, ob offiziell oder halboffiziell, dann erfuhr man es hier. Einige Umfragen ergaben, daß bei weitem nicht alle technischen Gruppen in Bleicherode selbst untergebracht waren. Viele waren auf die umliegenden Dörfer verteilt, was sehr hinderlich war, denn es gab praktisch keine Transportmöglichkeiten dorthin.

Ich verbrachte den größten Teil des Tages damit, mich mit möglichst vielen Gruppen in Verbindung zu setzen. Ganz allgemein hatte ich den Eindruck, daß die Leute ziemlich verwirrt waren. Sie versuchten eilends, wieder irgend etwas auf die Beine zu bringen, doch sie waren nur mit halbem Herzen dabei. Wir alle spürten die Sinnlosigkeit dieses Unternehmens. Schließlich fand ich auch meine eigene Büroeinrichtung und die verpackte Korrespondenz und nahm Kontakt mit dem wichtigsten Personal auf.

Danach kam ich endlich dazu, in das Krankenhaus hinüberzugehen und von Braun zu besuchen. Er war in erstaunlich guter Stimmung und brannte darauf, so schnell wie möglich hier herauszukommen; er meinte, es könne sich nur um Tage handeln. «Die hiesigen Behörden», sagte er vergnügt, «haben mir versprochen, daß ich den größten Teil des Verwaltungsgebäudes der Städtischen Werke haben kann. Das bedeutet, daß wir ein modernes Gebäude ganz für uns zur Verfügung haben werden, und das ist mehr, als ich gehofft hatte.» Dann wandten sich seine Gedanken den gegenwärtigen Problemen zu. «Im Augenblick müssen wir aber erst einmal zusehen, daß unsere Leute wieder arbeiten können.»

Bevor ich ging, versprach ich ihm, daß ich alles tun würde, was in meinen Kräften stand, und erhielt ein paar einfache Anweisungen von ihm. Ich stellte fest, daß von Brauns wacher Verstand selbst in dieser hoffnungslosen Situation immer noch für die Zukunft plante.

Doch die Ungewißheit blieb. Was immer wir taten, es war nicht viel mehr als eine Geste. Die Abende verbrachte ich mit meinen Freunden und Mitarbeitern in spärlich beleuchteten Restaurants, wo wir über die Kriegslage sprachen und über unsere Chancen, hier weiterzumachen. Diese Konversationen waren alle ziemlich entmutigend. Manchmal verbrachte ich auch einen ganzen Abend in meinem Zimmer und las oder erledigte sogar die dienstliche Korrespondenz, die sich während meiner zeitweiligen Abtrennung von der Hauptbelegschaft angesammelt hatte. Es bestand aber kaum die Möglichkeit, daß meine Antwortschreiben jemals die Empfänger erreichen würden.

Was sollte man nur tun? Glücklicherweise gab es in Bleicherode ein kleines Kino. Die Filme, die hier liefen, waren alt, und die meisten hatte ich bereits gesehen, doch sie brachten Entspannung und ließen uns für Augenblicke die furchtbare Wirklichkeit vergessen, die auf uns zukam.

Luftalarme gab es auch hier genug. Oft hörten wir in einiger Entfernung Bomben fallen und Flugzeugmotore aufheulen, dazu das Rattern von Maschinengewehrfeuer: Jabos, Jagdbomber, waren das. Trotz alledem bereiteten sich die Einwohner auf das Osterfest vor, das jetzt fast vor der Tür stand. Das bedeutete ein paar schöne Stunden «Urlaub vom Krieg» – Blumen, Sonnenschein, ein lindes Lüftchen.

Von Braun wurde am 21. März aus dem Krankenhaus entlassen, wobei sein Arm immer noch waagerecht in einem riesigen Gipsverband eingeschlossen war. Seine Stimmung war mittlerweile gereizt; seiner Meinung nach war er viel zu lange festgehalten worden, und er wollte endlich alles ins Rollen bringen. Er bewohnte einige Räume im Hause des Eigentümers einer der hier befindlichen Baumwollspinnereien; es war ein wunderschönes, ultramodernes Haus. Inzwischen war auch seine Dienststelle im Gebäude der Städtischen Werke eingerichtet, und er stürzte sich in eine Serie von Besprechungen und Diskussionen.

Der 23. März war sein Geburtstag, und am Abend fand für ihn eine nette Feier in seinem Haus statt. Dornberger und seine Frau und auch sonstige alte Freunde und Mitarbeiter waren anwesend. Dies war nur einer der vielen geselligen Abende, die hier stattfanden. Wir hatten uns alle fest vorgenommen, wenigstens nach außen hin die Fassade eines normalen Lebens aufrechtzuerhalten, gesellig wie dienstlich.

Am Wochenende darauf fuhr ich mit dem Rad nach Bad Sachsa, das etwa zwanzig Kilometer entfernt lag, um Hartmut zu besuchen.

Sein Büro befand sich im gleichen Hotel, wo Dornberger sein Hauptquartier hatte.

«Gehen wir doch in meine Wohnung. Meine Frau macht Kaffee!» rief er aus, während er mir die Hand schüttelte.

Ich grinste. «Ersatz?» Er zuckte die Achseln, lächelte und nickte mit dem Kopf. Er bewohnte ein paar Zimmer in einem Haus, das in der Nähe des Hotels auf einem Berg lag. Dort tranken wir dann Ersatzkaffee und aßen eine Kleinigkeit. Dann streckten wir uns auf dem Rasen hinter dem Haus aus und ließen uns von der Sonne bescheinen; ihre Strahlen waren warm und angenehm. Aber die Nachrichten, die aus dem Radio kamen, waren ernüchternd. Hartmut stellte das Radio ab. Was sich aber nicht abstellen ließ, war die Tatsache, daß wir besiegt waren. Sie war allgegenwärtig, augenfällig und unentrinnbar.

«Da, hör mal», sagte er plötzlich, und ich setzte mich auf und spitzte die Ohren. Einen Augenblick lang dachte ich, er meinte das ferne, unaufhörliche Donnern der Kanonen, doch dann merkte ich, daß dies doch mehr war. Erst war's ein Summen, ein fernes Grollen, das immer lauter wurde und zu einem gewaltigen Dröhnen anschwoll. Ich sah nach oben, blinzelte in den strahlendblauen Himmel und war zunächst von der Sonne geblendet.

Mir blieb der Atem weg. In etwa 6000 Meter Höhe gewahrte ich eine Formation alliierter Bomber, Hunderte und Aberhunderte, umschwärmt von winzigen Punkten – das waren die Jagdflugzeuge, die ihnen das Schutzgeleit gaben; sie umgaben sie wie Hunde eine Schafherde. Ich starrte ihnen mit offenem Mund nach, als sie über uns hinwegflogen.

«Berlin, schätze ich», sagte Hartmut mit trauriger Miene.

Ja, Berlin, zweifellos. Wieder dachte ich an meine vielen Freunde dort – und besonders an Irmel, meine Verlobte. Sie war irgendwo in dieser Stadt, die langsam zermahlen wurde. An jenem Abend radelte ich tief in Gedanken und voller Sorgen wieder zurück zu meinem Quartier, während am Himmel der Mond strahlte.

Die Bomber gingen mir nicht mehr aus dem Kopf. Ich mußte immer an sie denken, auch bei der Arbeit, das heißt, ich tat, als ob ich arbeitete – mehr konnte man jetzt nicht tun. Dafür sorgte schon das

Artilleriefeuer, das man jetzt immer öfter von fern hörte; anfangs war es gedämpft und sporadisch gewesen, doch nun wurde es täglich lauter. Wie lange sollte das noch so weitergehen? fragte ich mich. Wie lange kann das alles noch dauern?

Die Niederlage war unvermeidlich, das lag auf der Hand, und wir alle wußten es, ob wir es zugaben oder nicht. Es war nur eine Frage der Zeit, und die Zeit wurde knapp. Ich fragte mich immer wieder, warum das deutsche Oberkommando nicht kapitulierte. Sie glaubten doch wohl selbst nicht mehr an ihre eigene Propaganda von der «Wunderwaffe». Die V-2 war inzwischen seit einem halben Jahr im Einsatz, doch das hatte die feindliche Artillerie nicht gestoppt, die jetzt in Deutschland vorrückte. Es hatte auch nicht verhindert, daß feindliche Bombengeschwader täglich nach Deutschland hineinflogen und die deutschen Städte in Schutt und Asche legten. Was wollte man durch diesen sturen Widerstand erreichen? Es würde höchstens noch mehr Tote und noch mehr sinnlose Zerstörung geben – alles für nichts und wieder nichts.

Am Ostersonntag wurden dann nachmittags die ersten amerikanischen Panzer bei Mühlhausen gesichtet! Das lag knapp zwölf Kilometer südlich von Bleicherode. Ich begab mich sofort zur Wohnung Wernher von Brauns. Als ich ankam, waren bereits einige andere Leute seines Stabes bei ihm. Die Entscheidung fiel rasch. Es blieb keine Zeit, sich etwas vorzumachen. Dies war kein Standortwechsel mehr, dies war Flucht.

«Von der technischen Einrichtung wird nichts mitgenommen», sagte von Braun ganz einfach, und das war das Ende unseres Werkes. «Wir werden jedoch unsere sämtlichen Geheimakten zusammenholen und sie irgendwo in den Bergen verstecken», sagte er und fügte hinzu, «bis sie wieder gebraucht werden.»

«Von wem?» ging es mir durch den Sinn. Es war nicht das erste Mal, daß uns dieser Gedanke gekommen war. Wer würde sich diese unbezahlbaren Ergebnisse unserer wissenschaftlichen Forschung aneignen, die Russen oder die Amerikaner? Die Frage, wer uns zuerst kapern würde, machte jetzt eine Entscheidung notwendig – noch hatten wir immerhin so etwas wie eine Wahl.

Diese Wahl hatten wir eigentlich bereits getroffen, indem wir uns von den Russen abgesetzt hatten – in Richtung Westen. Der nächste Ort, zu dem wir uns jetzt weiterhin absetzen würden, war daher nur eine logische Fortsetzung unserer Bewegung nach Süden und Westen hin – Oberammergau.

Es ging sogar das Gerücht um, daß die Amerikaner von unserem Verbleib wußten und laufend darüber informiert wurden, und zwar nicht nur durch Beobachtungen aus der Luft, sondern durch ihren Geheimdienst. Tatsache war jedenfalls, daß auf Bleicherode während der ganzen Zeit unseres Aufenthaltes dort nicht eine einzige Bombe fiel, obwohl Nordhausen, das nahe der Massenproduktionsstätte der A-4 lag, einmal angegriffen wurde.

13 Was nun?

So kam diese Zeit der Ungewißheit und des sinnlosen Wartens zu einem dramatischen Ende, und zwar einfach durch die Notwendigkeit für ein sofortiges und entschlossenes Handeln. Jetzt wurde hier alles lebendig; es gab hastige Vorbereitungen zum Abzug. Man packte, man warf fort, man lagerte ein (wofür? fragten wir uns). Meldungen wurden hinausgejagt, Transportbefehle ergingen, Vollmachten wurden ausgestellt, Benzinmarken verteilt, Marschrouten geplant, letzte Anweisungen für die Vernichtung von Aktenmaterial über die Raketenentwicklung wurden erteilt, sofern dieses nicht mitgenommen werden konnte.

Die wichtigste Frage für uns im Hauptquartier aber war: Was tun mit den technischen Daten, die wir von Peenemünde mitgebracht hatten? Dieser Schatz an Dokumenten stellte die Summe und Substanz der gesamten deutschen Raketenforschung dar. Das Material war einfach zu umfangreich, als daß wir es hätten mitnehmen können. Selbst wenn dies möglich gewesen wäre, bestand doch akute Zerstörungsgefahr durch Luftangriffe bzw. die Möglichkeit, daß es dem Feind in die Hände fallen könnte oder daß man es wegen Fahrzeugpanne hätte am Wege zurücklassen müssen.

Diese Dokumente waren von unermeßlichem Wert. Wer ihrer habhaft wurde, konnte damit die Raketenforschung von dem Punkt an fortsetzen, wo wir aufgehört hatten, wobei er nicht nur von unseren Errungenschaften, sondern auch von unseren Fehlern lernen konnte, einem hochwichtigen Teil der gesammelten Erfahrungen. Es war der Niederschlag jahrelanger, intensiver Forschung auf dem Gebiet einer völlig neuen Technologie, die – davon waren wir überzeugt – eine ungeheuer wichtige Rolle für die Zukunft der Menschheit spielen würde. Die Entscheidung fiel rasch. Diese Papiere – eine geballte Ladung an wissenschaftlicher Information, wie sie in der Geschichte noch nie dagewesen war – würde irgendwo im noch unbesetzten Deutschland versteckt werden. Wie und wo, das wußte niemand. Es mußte aber getan werden, und zwar schnellstens. Diese Aufgabe fiel mir zu – am Ostersonntag, dem 1. April 1945.

Es war Spätnachmittag, als diese Entscheidung fiel. Ich arbeitete bis spät in die Nacht hinein, machte Skizzen, auf denen ich die Standorte in Bleicherode und den umliegenden Dörfern markierte, wo jetzt die Peenemünder Einheiten überall verstreut lagen. Ich arbeitete mir einen Terminplan für die schnelle Abholung der dort gelagerten Akten aus und suchte auf Landkarten nach eventuell geeigneten Gegenden, wo ich sie verstecken könnte. Da die Zeit so knapp war, konnte ich kaum einen klaren Gedanken fassen. Wieviel Zeit hatte ich eigentlich? Wie lange würde es dauern, bis feindliche Panzer nach Bleicherode hineinrollten? Stunden? Tage? Ein paar Tage höchstens. Es waren nur noch wenige Ausfallstraßen offen. Und wo war im übrigen in Deutschland die Front? Welche Gegenden waren für einen solchen Auftrag überhaupt noch passierbar? Während der letzten Monate in Peenemünde waren uns das Material und die Arbeitskräfte ausgegangen, jetzt aber fehlte uns auch jede zuverlässige Information. Auf unsere Fragen konnten wir keine Antwort bekommen, wir konnten nur hoffen und warten. Es war bereits nach Mitternacht, als ich zu Bett ging und in einen unruhigen Schlaf fiel.

Am Ostermontagmorgen stand ich früh auf; Appetit auf Frühstück hatte ich kaum. Ich begann sofort mit der mühseligen Arbeit, alle davon in Kenntnis zu setzen, daß sie ihr Unterlagenmaterial zusammenpacken und abholbereit halten sollten. Einige rief ich telefonisch an, zu anderen mußte ich Boten schicken. Normalerweise wäre dies einfach gewesen, doch da sich alles in wilder Auflösung befand, war es eine geradezu gigantische Aufgabe.

Ich war gerade mittendrin und machte meine Kontakte von der Dienststelle von Brauns aus, als dieser mich in sein behelfsmäßiges Büro rief. Ich schickte noch einen Boten zu den Leuten von der Turbopumpenanlage los und ging dann zu von Braun hinein.

«Wie kommen Sie denn voran?» fragte er.

«So gut wie's unter diesen Umständen möglich ist, schätze ich.» Ich schüttelte dabei mit dem Kopf. «Es ist einfach alles zu zerstreut.»

«Ja, es ist ein tolles Durcheinander.» Er nickte zustimmend. «Das ist auch ein Grund, warum wir nichts davon mitnehmen können. Halten Sie sich dran», sagte er, «bei dieser Sache darf nichts schiefgehen.» Dann reichte er mir einen Bogen Papier. «Hier ist ein Schutzbrief; mit dem kommen Sie überall durch.» Was aber ein geeignetes Versteck für die Akten betrifft, da kann weder ich noch jemand anderes Ihnen irgendwelche Empfehlungen machen. Das muß ich Ihnen überlassen.»

Der Brief besagte lediglich, daß ich in höchst geheimer Mission reiste, daß ich meinen Auftrag unbedingt erfüllen müßte und daß man mir jede mögliche Hilfe zukommen lassen müßte und mich keinesfalls aufhalten dürfte.

«Wahrscheinlich», fuhr von Braun fort und lehnte sich nach vorn, die Ellbogen auf den Schreibtisch gestützt, «wäre ein alter Bergbaustollen das Beste oder eine Höhle – so etwas Ähnliches. Vielleicht könnte das Oberbergamt in Clausthal-Zellerfeld etwas vorschlagen. Ansonsten fällt mir nichts Besonderes ein.» Er erhob sich. «Ich habe Bernhard Tessmann angewiesen, Ihnen behilflich zu sein, und der Fahrzeugpark hat Anweisung, Ihnen drei mit Planen gedeckte Lastwagen von je drei Tonnen zu überlassen. Das VKN gibt Ihnen einen Unteroffizier und acht oder zehn Mann mit, um das Zeug zu verladen.» Er wurde plötzlich sehr ernst. «Wir haben keine Zeit zu verlieren.»

Ich setzte mich sofort mit Tessmann in Verbindung, dann rief ich die verbleibenden Leute an, die benachrichtigt werden mußten, und sagte ihnen, wie alles verpackt werden müßte. Die einzelnen Stücke dürften nicht zu groß sein, denn sie müßten sich von Hand verladen lassen. Ferner sollte nur das Material gepackt werden, das zur Weiterführung unserer Arbeit unerläßlich war. «Alles andere ist zu verbrennen. Und vor allem: Machen Sie schnell!»

Als nächstes setzte ich den Abholplan fest, der ähnlich ausfiel wie ein Fahrplan bei der Eisenbahn, damit alles so übersichtlich wie nur möglich war und nichts schiefgehen konnte.

Unsere Lastwagen waren pünktlich zur Stelle, und bald fuhren diese drei Fahrzeuge in stetigem Tempo von einer Dienststelle zur anderen und zu den designierten Abholstellen. Einige dieser Fahrten gingen schnell, andere wiederum brauchten ewig lange, weil sie Einheiten galten, die einige Kilometer außerhalb der Stadt lagen. Um die Mittagszeit aber schöpfte ich Mut; es war alles in vollem Schwung. Wir arbeiteten den ganzen Tag unentwegt weiter, bis spät in den Abend hinein. Um sieben Uhr am folgenden Morgen waren wir schon wieder dabei.

Der Hauptsammelpunkt für das Material war ein Raum im Verwaltungsgebäude der Bleicheroder Kaligrube, und am Dienstagvormittag war er fast vollgepackt. Es war offensichtlich, daß drei Lastwagen nicht genügen würden. Tessmann und ich gingen gemeinsam zum Kraftfahrzeugpark und erreichten nach langen Verhandlungen, daß man uns noch zwei Anhänger von je zweieinhalb Tonnen Tragkraft überließ. Zu allem Überfluß fing es noch an zu regnen. Um die Mittagszeit begann es dann regelrecht zu gießen.

«Nun ja», sagte ich, «Wenn's regnet, kommen auch die Amerikaner nicht viel weiter.»

Wir brachten noch den ganzen Tag damit zu, das restliche Material einzusammeln. Spät am Dienstagabend hatten wir's geschafft. Einen Augenblick lang betrachteten wir ungläubig den enormen Papierberg, der vor uns lag; dann machten wir uns daran, ihn zur Weiterbeförderung Stück für Stück auf die Lastwagen und Anhänger zu laden. Wir arbeiteten bis in die Nacht hinein. Dann schlief ich etwa zwei Stunden auf einer Bank in der Kaligrube und war noch müde, als ich aufwachte.

Unsere Anweisungen waren gut befolgt worden; die meisten Pakete waren von handlicher Größe, und alles verlief ziemlich glatt. Am Mittwochmorgen um acht Uhr waren die Lastwagen und die beiden Anhänger voll geladen, und wir waren bereit zur Abfahrt. Ich nahm meine Liste und hakte alles ab, doch dann blieb mir fast das Herz stehen: Die «Heck- und Strahlruderantrieb»-Akten fehlten. Ich stöhnte auf.

Glücklicherweise war diese Einheit in Bleicherode stationiert gewesen. Wir fuhren mit einem Lastwagen mit Anhänger in die Stadt zurück. Die Strahlruder-Leute selbst waren bereits in Richtung Oberammergau abgefahren. Sie hatten uns aber einen Riesenkasten mit Blaupausen hinterlassen – gepackt und fest verschlossen – der fast eine Tonne wog! Wir brauchten zehn Mann, um dieses Monstrum aus dem Gebäude hinauszumanövrieren und auf den Anhänger zu laden. Wir bedachten diese Leute, die unsere Verpackungsanweisungen derart ignoriert hatten, mit saftigen Flüchen.

Endlich aber war alles unter Dach und Fach, und wir konnten losfahren. Unsere Wagenkolonne setzte sich in Bewegung, vornean ein Personenwagen, in dem sich der Fahrer und ich befanden; dann folgten drei Lastwagen, zwei davon mit Anhängern. In den Kabinen der Lastwagen fuhren die acht anderen mit, einschließlich Tessmanns und der Fahrer.

Wir hielten uns so viel wie möglich an Straßen zweiter Ordnung, um Verkehrsstauungen und Ärger mit Behörden zu vermeiden, und bewegten uns auf die Harzberge zu.

Der Regen, der uns das Laden so erschwert hatte, hörte endlich auf. Wir fuhren stetig, aber langsam weiter, da die Lastwagen schwerbeladen waren. Wir kamen an Bad Sachsa vorbei, das still und leer am Wege lag. Dornbergers Gruppe war schon fort. Es wurde wenig gesprochen und praktisch nirgends gehalten, während wir nordwärts in Richtung Herzberg und Osterode fuhren.

Nachdem wir cirka zwei Stunden ohne Zwischenfälle vorwärtsgekommen waren, drang plötzlich von allen Seiten das Donnern von Flugzeugmotoren auf uns ein. «Jabos!» schrie der Fahrer und fuhr den Wagen in den Graben, wo er unter Bäumen zu stehen kam, kurz bevor die Flugzeuge über uns hinwegbrausten.

Sie hatten uns nicht gesehen und verschwanden bald aus unserem Blickfeld. Diese Zwischenfälle wiederholten sich immer wieder. Auf die Dauer wird das wahrscheinlich nicht gutgehen, dachten wir uns. Nachdem wir ein halbes Dutzend Mal mit knapper Not davongekommen waren, beschlossen wir, einen Mann als Guckposten einzusetzen, der uns warnen sollte, falls wir von rückwärts angeflogen wurden. Zum Glück waren die vorderen Kotflügel unserer Opellastwagen so geformt, daß ein Mann einigermaßen bequem darauf sitzen konnte. Von dort aus hatte er einen guten Überblick über den Himmel hinter uns, und so hatten wir von jetzt ab während der Fahrt immer jemanden auf diesem Posten sitzen; die Leute wechselten sich ab.

Das war eine sehr gute Lösung, und wir waren stets in der Lage, rechtzeitig von der Straße zu verschwinden. Einmal fuhren wir durch ein Dorf, als unser Beobachter einen Warnruf ausstieß und wir unter einem Laubbaumbestand Schutz suchten. Wir waren jedoch kaum zum Stehen gekommen, als sich eine Horde aufgeregter Dorfbewohner auf uns stürzte; sie schrien und drohten mit den Fäusten.

«Macht bloß, daß Ihr mit euren Lastwagen hier rauskommt! Raus hier! Die schießen uns sonst das ganze Dorf zusammen!»

Sie hatten recht, und wir konnten sie verstehen, aber wir blieben, wo wir waren, bis die Flugzeuge verschwanden. Als wir das Dorf verließen, schrien die Leute immer noch hinter uns her.

Um die Mittagszeit kamen wir nach Lerbach, einem kleinen Ort, der in ein schmales Tal geschmiegt lag. Dort, so sagten wir uns, müßten wir vor Beschuß aus der Luft besonders sicher sein. Wir fanden eine Stelle, wo wir die Lastwagen parken konnten.

Bis nach Clausthal waren's von hier nur noch acht Kilometer. Ich ließ Tessmann zurück und ging nach Lerbach hinein, um für die Männer Quartiere zu besorgen, dann fuhr ich mit dem Personenwagen nach Clausthal, wo sich die Dachorganisation der deutschen Bergbauindustrie befand. Dort begab ich mich zur Dienststelle der höchsten deutschen Bergbaubehörde, dem Oberbergamt. Als ich das Gebäude betrat, kam ich zunächst in eine gediegen ausgestattete Halle, die viel alte Tradition ausstrahlte. Sie erinnerte mich ein wenig an ein Schloß, und der Oberbergrat, nach dem ich gefragt hatte, erwies sich als ein ehrwürdiger alter Herr, der der Schloßherr hätte gewesen sein können.

«Herr Bergrat», sagte ich, «ich habe hier mehrere Lastwagen voll Aktenmaterial, das die höchsten militärischen Geheimnisse Deutschlands enthält.» Ich reichte ihm meinen Schutzbrief. «Wie Sie hieraus ersehen können, müssen wir für dieses Material ein sicheres Versteck finden. Diese Anweisung kommt vom Oberkommando.»

Der Bergrat war der Inbegriff von Höflichkeit; er wahrte einige Distanz, war aber nicht unfreundlich. In einer Welt, in der Würde nicht mehr zu existieren schien, war er die Würde selbst – ein grauhaariger Herr im schwarzen Anzug, mit einem Krückstock, der oben mit Metall beschlagen war. Er hielt das Schreiben in der Hand und lehnte sich auf besagten Krückstock, während er las.

«Was wir brauchen», fuhr ich fort, «ist ein Lager abseits von den großen Durchfahrtsstraßen, an einer Seitenstraße – vielleicht eine Berghöhle, ein Stollen, der nicht mehr benutzt wird – etwas von der Art. Etwas, das eine Schienenzufahrt hat.»

Er sah von dem Schreiben auf und schüttelte den Kopf. «Hier gibt es nichts, was diesen Anforderungen entspricht. Diese Stollen gehen alle senkrecht in die Erde und sind mit Schachtaufzügen ausgestattet. Und alle, das versichere ich Ihnen, sind wohlbekannt. Darf ich Ihnen vorschlagen, sich an unsere Nebenstelle in Goslar zu wenden? Herr Cornelius dort könnte eventuell helfen.»

Ich war bitter enttäuscht, wenn nicht sogar ziemlich verzweifelt. Ich hatte meine ganze Hoffnung auf diesen Mann gesetzt. Ich nahm mir gerade noch Zeit, etwas zu essen, dann raste ich mit dem kleinen Personenwagen die gewundene Gebirgsstraße entlang nach Goslar. Einmal glaubte ich, in der Ferne Maschinengewehrfeuer zu hören, doch ich war nicht sicher. Ich machte mir Sorgen um die Lastwagen, die ich zurückgelassen hatte, und trat aufs Gaspedal. Herrn Cornelius fand ich ohne Schwierigkeiten.

Er hörte mir aufmerksam zu, als ich mein Anliegen vorbrachte. Er war freundlich und wollte helfen, aber auch er bedauerte. «Sehen Sie, die Stollen hier sind alle schon angefüllt mit Zeug aus Berlin – von der Regierung. Außerdem gäbe es auch gar keine Möglichkeit, Ihr Material separat unterzubringen, so daß es nicht mit den anderen Sachen zusammengeworfen wird. Versuchen Sie's doch mal bei den Leuten in Wernigerode.»

Da packte mich plötzlich die Wut. Ich war außer mir über die Unmöglichkeit dieser Situation.

«Hier stehe ich mit den wichtigsten Dokumenten, die es in Deutschland gibt», brach es aus mir heraus, «und ich kann nicht einmal einen Platz finden, wo ich sie unterbringen kann! Was Sie hier bereits verwahren, bedeutet nichts im Vergleich zu dem, was wir hier bei uns haben.»

Ich drehte mich herum und stampfte dem Ausgang zu.

»Moment mal ... vielleicht gibt's doch etwas. Ich hatte vergessen ...», hörte ich Cornelius rufen.

Ich fuhr herum und sah ihn an, zornig und ungeduldig. Wo waren wohl jetzt die feindlichen Tanks, die vor drei Tagen in Mühlhausen gesichtet wurden? Wo war überhaupt die Front? Womöglich würden unsere Lastwagen in Lerbach in Feindeshand fallen, während man mich hier von einer Bergbaubehörde zur anderen schickte. Cornelius schien wirklich schuldbewußt.

«Da ist eine stillgelegte Grube in Dörnten. An die hatte ich gar nicht gedacht – es gibt davon in letzter Zeit so viele. Sie liegt nicht in den Bergen, aber ich glaube, sie könnte brauchbar sein.»

«Kann ich sie sehen?»

«Natürlich.» Er griff nach einem Stück Papier und fing an, eine Skizze zu zeichnen. «Ich zeige ihnen, wie Sie dorthin kommen können.»

«Ich hätte es gern, wenn Sie mitkämen und mich einführten.»

«Nun ja», er lächelte, «warum auch nicht? Hier gibt es in diesen Tagen ohnehin nicht viel für mich zu tun.»

Ich dirigierte ihn eilends zum Wagen hin. Wir fuhren erst kurz zu seinem Haus, damit er seiner Frau Bescheid sagen konnte, daß er in einigen Stunden wiederkomme, dann fuhren wir westlich auf der Haupstraße nach Hildesheim. Wenige Kilometer vom Fuß des Harzes entfernt bogen wir nach rechts ab und fuhren auf einer holprigen, ungepflasterten Straße weiter, erst durch das kleine Dorf Dörnten, dann auf einer Seitenstraße, die durch Felder und eine sanfte

Hügellandschaft führte. Plötzlich erhob sich vor uns der Förderturm einer Zeche. Es mußte eine ziemlich große Anlage gewesen sein; eine Anzahl von Gebäuden umgab den Turm. Ich brachte den Wagen zum Stehen.

«Da wären wir», sagte Cornelius. «Grube Georg Friedrich. Der senkrechte Schacht», er zeigte auf ihn, «ist schon seit Jahren außer Betrieb. Das Erz hier ist von niederer Qualität, und bei der derzeitigen Knappheit an Material und Arbeitskräften ist seine Förderung unwirtschaftlich. Wir halten lediglich ein paar Instandhaltungsleute hier. Es ist da noch ein weiterer, horizontaler Schacht in dem flachen Hügel hinter dem Turm, der auch vor mehreren Jahren stillgelegt wurde.»

«Wer ist dafür zuständig?»

«Ein Mann namens Nebelung.»

«Wissen Sie, wo er wohnt?»

«Ja.»

Ich startete den Motor und legte den Gang ein. In der Ferne hörte ich wieder das Dröhnen der Bomber. «Fahren wir zu ihm.»

Cornelius wies mir den Weg.

«Nebelung ist schon sehr lange hier», setzte er hinzu. «Er ist zu alt, um noch eingezogen zu werden. Er versucht, hier alles in Ordnung zu halten, in der Hoffnung, daß die Anlage einst wieder in Betrieb genommen wird. Wer weiß, wann das sein wird.» Er wies mit der Hand. «Hier sind wir – das dritte Haus.»

Wir standen vor einer Reihe von ungefähr einem Dutzend werkseigenen Wohnhäusern. Sie waren klein und alle gleich gebaut. Sie sahen nicht übel aus, doch sie hatten nichts von dem farbenfrohen Charakter, der die Bauernhäuser in dieser Gegend so reizvoll und abwechslungsreich machte – wo jedes seinen eigenen Stil hatte. Die ganze Wohnsiedlung hier hatte Rasenanlagen mit Büschen und Bäumen, die im ersten Grün prangten und bereits in Blüte standen.

Nebelung und seine Frau waren ein älteres, äußerst freundliches Ehepaar. Es war sofort ersichtlich, daß Nebelung uns sehr gerne helfen wollte. Als Cornelius ihm den Grund für unseren Besuch erklärte, war Nebelung sofort bereit, uns den horizontalen Schacht zu zeigen. Wir warteten einen Moment, bis er seine Arbeitskleidung

Eingang in den horizontalen Stollen der Grube Georg Friedrich in Dörnten bei Goslar, in der ich mit meinen Mitarbeitern die Peenemünder Geheimakten versteckte.

angezogen hatte, und dann folgten wir ihm über die Felder zum Bergwerk, durch die Betriebsgebäude, und schließlich zum Eingang des Tunnels selbst, der am Ende einer kleinen Schlucht in den Fuß einer leichten Anhöhe eingetrieben war. Schienen führten in die Dunkelheit. Man sah zwei Weichen für die Laderampe. Es war fast zu schön, um wahr zu sein! Aber da lag es nun vor uns. Zum ersten Mal seit mehreren Tagen konnte ich wieder lächeln. Wenn nur die Lastwagen und ihre kostbare Ladung noch in Sicherheit waren!

Nebelung nahm uns mit zum Gerätehaus und rüstete uns mit Batterielampen und Schutzhelmen aus, und so folgten wir den Schienen in den Schacht hinein. Nachdem wir etwa 300 Meter tief in den Berg vorgedrungen waren, blieb Nebelung stehen und schwang seine Laterne nach rechts, wo einer der zahlreichen kleinen Seitengänge sichtbar wurde. Bei diesem hier hatte der Fußboden eine leichte Steigung.

«Hier war früher unser Pulvermagazin», erklärte er, «wo wir unsere Sprengstoffe lagerten – und die mußten absolut trocken gehalten werden.» Wir gingen ca. 30 Meter in den Gang hinein und standen plötzlich vor einer schweren, eisenbeschlagenen Tür.

«Hier», sagte Nebelung mit sichtlicher Befriedigung. «Der Raum liegt etwas erhöht, und dieser Teil des Bergwerkes ist besonders trocken.»

Der Raum war ca. 20 Quadratmeter groß und vier Meter hoch. «Ideal», sagte ich, «wie für uns geschaffen. Jetzt müssen wir nur zusehen, wie wir das Material hier hineinkriegen.» Nebelung lächelte. «Auch da kann ich Ihnen eventuell helfen», sagte er, während er uns zurück zum Ausgang führte. «Wir haben eine kleine Lokomotive mit Elektrobatterie. Sie muß wahrscheinlich aufgeladen werden, doch bis morgen kann ich sie startbereit haben. Die dürfte genügen, um das Material in einigen Loren in den Stollen zu ziehen.»

Es war bereits dunkel, als ich wieder in Lerbach ankam. Die Lastwagen waren intakt; die dazugehörigen Soldaten vergnügten sich inzwischen im Dorfgasthaus. Ich konnte es ihnen nicht verübeln. Ich sah mich im Ort um, bis ich Tessmann fand, mit dem ich beim Abendbrot und einer Tasse Ersatzkaffee unseren Aktionsplan ausarbeitete. «Heute Nacht», sagte ich abschließend, «werden wir erst mal richtig ausschlafen; es könnte für lange Zeit das letzte Mal sein, daß wir dazu Gelegenheit haben. Er nickte zustimmend, und wir gingen unserer Wege.

Ich schlief dann auch wirklich lange und gut. Am nächsten Morgen nahmen wir schon früh unser Frühstück ein, dann suchten Tessmann und ich unsere Leute zusammen. Während ich ihnen erklärte, wie's weiterging, saßen wir alle auf dem Grasplatz, wo wir die Lastwagen geparkt hatten.

«Zunächst fahren wir unsere Ladung zu einem alten Steinbruch direkt südlich von Goslar; von dort aus können wir ausgezeichnet das letzte Stadium abwickeln. Der Steinbruch liegt in einem schmalen Tal und sollte vor Jabos sicher sein. Bei Einbruch der Dunkelheit werde ich selbst den ersten Lastwagen mit Anhänger zu dem Versteck fahren. Außer Tessmann schließe ich euch alle in den Lastwagen ein, so daß ihr jederzeit ganz wahrheitsgetreu sagen könnt, ihr hättet keine Ahnung, wo das Zeug hingekommen sei. Zwei von euch bleiben als Wachen für die verbliebenen Lastwagen und den Personenwagen zurück, je einer pro Lastwagen ... für alle Fälle. Wenn wir den ersten Lastwagen abgeladen haben, komme ich zurück und hole den nächstenab, und dann den dritten.»

Komisch, dachte ich, so hatte für mich der Wehrdienst angefangen, und genauso ging er un zu Ende – als Lastwagenfahrer!

Nachdem alle Fragen geklärt waren, bestiegen wir die Lastwagen und fuhren los.

Um die Mittagszeit kamen wir am Steinbruch an und parkten. Die nächsten Stunden waren aufreibend. Warten ist immer aufreibend, glaube ich, doch jetzt konnte ich den Gedanken nicht loswerden, daß die feindlichen Truppen uns von Stunde zu Stunde näherkamen und bald ganz Deutschland überrannt haben würden.

Wenn ich nicht in der Fahrerkabine herumsaß, machte ich kurze Erkundungsgänge im Steinbruch, dann wieder las ich ein wenig. Ich hatte einige Briefe von Irmel in der Tasche, die ich immer mit mir herumtrug. Irmel im Bombenhagel in Berlin! Die dumpfen Einschläge von Peenemünde, die den Erdboden erzittern ließen, kamen wir wieder ins Gedächtnis und schürten die Angst von neuem. So viele dieser Bomben waren schon auf Berlin niedergegangen, und immer kamen noch mehr. Lebte sie überhaupt noch? Wie würden wir jemals wieder zusammenkommen.

Am späten Nachmittag fuhr ich vorsichtshalber zum SS-Standort hinüber, der zwischen uns und unserem Ziel lag, zeigte dem zuständigen Offizier unsere Papiere und erklärte ihm, daß während der Nacht drei Lastwagen mehrere Male an seinem Posten vorbei hin- und herfahren würden. Das ersparte uns viele Scherereien.

Endlich wurde es Nacht. Wir machten den ersten Lastwagen fertig, ließen die Männer hinten einsteigen und begaben uns ohne Licht auf die Fahrt. Wir fuhren langsam durch Goslar, an der SS-Station vorüber und dann weiter nach Dörnten.

Ich fuhr Lastwagen und Anhänger an das Abstellgleis heran, und die Männer sprangen heraus. Sie machten den Anhänger los und fingen sofort mit dem Abladen an. Nebelung hatte die versprochene Lokomotive mit angehängten Loren bereitstehen. Sobald wir die Fahrzeuge abgeladen hatten, ließ ich Tessmann zur Beaufsichtigung dort und fuhr allein wieder zum Steinbruch zurück. Das war eine einsame Fahrt; meine einzigen Begleiter waren meine düsteren Gedanken und Befürchtungen. Immer wieder schossen mir dieselben Fragen durch den Sinn, auf die ich keine Antwort wußte.

Drei Stunden später kam ich mit dem zweiten Lastwagen und Anhänger an. Draußen war niemand zu sehen. Es dauerte fast zwei Stunden, bis die schwitzenden und erschöpften Männer aus der Grube herauskamen. Sie ruhten eine Weile aus; es wurde kaum geredet. Dann luden wir Wagen und Anhänger ab, und ich fuhr zurück, um die dritte Ladung heranzubringen.

Der Morgen dämmerte bereits, als ich mit dem dritten Lastwagen anrollte; dieser hatte keinen Anhänger. Außer der Ladung von Akten brachte ich nun auch den Personenwagen und die zwei Männer mit, die ich zuvor im Steinbruch zurückgelassen hatte. Die Sonne fing bereits an, den Himmel zu färben, als wir den dritten Lastwagen endlich abgeladen hatten.

Wir schufteten dann noch fast bis elf Uhr vormittags, um auch dieses Material zu verstauen. Die Kisten waren schwer. Die Galerie, die zum Lagerraum führte, war schmal und ging bergauf. Das

Schlimmste aber war der riesige Aktenschrank, den die Strahlruder-Leute uns liebenswürdigerweise aufgebürdet hatten und der eine Tonne wog. Zum zweitenmal wünschten wir ihnen die Pest an den Hals!

Als die letzte Kiste untergebracht war, war der Raum fast voll. Ich trat zurück und betrachtete das Resultat unserer Bemühungen mit verquollenen Augen. Das wäre geschafft, dachte ich und war plötzlich zum Umfallen müde. Ich sah mich um – auch die Gesichter der anderen waren von Erschöpfung gezeichnet. Sie lehnten an den Wänden, hockten auf dem Fußboden oder standen herum, die Hände auf die Hüften gestützt, in Schweiß gebadet und völlig aufgelöst.

«Kommen Sie mit», sagte Nebelung, «wir gehen zu den Duschräumen.» Das war das Beste, was wir seit langem gehört hatten.

Nach dieser höchst willkommenen Dusche, die nicht nur den Dreck, sondern zumindest auch etwas von unserer Müdigkeit wegspülte, lud Nebelung uns zum Essen in die ehemalige Werkskantine ein. Noch nie hatte eine einfache Bohnensuppe so gut geschmeckt wie hier!

Während wir aßen, erklärte er sich bereit, den Gang, der zu unserem geheimen Lagerraum führte, mit Dynamit zu sprengen, um alle Spuren zu verwischen. «Gut», sagte ich, «ich komme morgen nochmal zurück, um zu sehen, ob alles geklappt hat.»

Ich hatte großes Vertrauen zu Nebelung; er hatte bisher alles gehalten, was er versprochen hatte, und war absolut zuverlässig.

Als nächstes mußten wir jetzt einen Platz zum Schlafen finden; unser dringendstes Bedürfnis war ein anständiges Bett, doch das war zur Zeit nicht leicht zu finden. In Goslar gab's überhaupt nichts, also mußten wir uns anderswo umsehen. Nach Westen durften wir dabei nicht fahren, denn da war die Kampffront; auch durften wir nicht in eine Richtung fahren, wo es nur wenige Dörfer gab. So fuhren wir denn in Richtung Osten – todmüde, wie wir waren. Wir bewegten uns am Nordrand des Harzes, wo ein Erholungs- und Urlaubsort am anderen lag.

Wir fuhren langsam auf einer verhältnismäßig guten Straße dahin, auf der erstaunlich wenig Verkehr herrschte und wo von Truppenbewegungen nichts zu sehen war. Wir näherten uns Bad Harzburg, als wir vor uns einen Polizisten an einer Kreuzung stehen sahen.

Ich fuhr zu ihm hinüber und erklärte ihm unsere Lage; sicherlich konnte er aber schon an unseren Gesichtern sehen, was wir brauchten. Wir hatten Glück. Er versicherte uns, daß wir in seinem Heimatdorf aufgenommen würden; wir sollten nur ca. drei Kilometer auf der Hauptstraße weiterfahren, dort würden wir leicht Quartier finden. Er zeigte uns den Weg dorthin.

Innerhalb einer Stunde waren wir tatsächlich alle untergebracht. Die Leute waren ganz reizend zu uns. Es schien, als wollten sie alle etwas für uns tun, solange sie konnten. Wir bekamen alle eine Mahlzeit und ein Bett. Ich schlief wie ein Murmeltier.

Der nächste Tag war Sonnabend, der 7. April. Um die Mittagszeit fuhren Tessmann und ich nochmals zum Bergwerk zurück, um zu sehen, ob durch die Sprengung alle Spuren genügend verwischt worden waren, die auf unser geheimes Aktenlager hätten hindeuten können. Was wir vorfanden, war nicht gerade zufriedenstellend. Durch die Sprengung waren zwar Gesteinsmassen von oben herabgefallen und versperrten den Eingang zum Lagerraum, doch es wäre immer noch ein leichtes gewesen, darüber hinwegzuklettern. Ich bat Nebelung dringend, noch weitere Sprengungen vorzunehmen, und er versprach mir, dies während der kommenden Nacht zu tun. Wir sagten ihm, daß wir uns auf sein Wort verließen, und nachdem wir im Dorfgasthaus gegessen hatten, fuhren wir zurück in Richtung Goslar. Als wir gerade in die Stadt hineinfuhren, hörten wir Flugzeuge und Maschinengewehrfeuer. Ich brachte den Wagen ruckartig zum Stehen, und wir nahmen Deckung im Straßengraben.

Die Schießerei ging fast fünf Minuten lang ohne Unterbrechung weiter, doch glücklicherweise galt sie anscheinend nicht uns. Bald waren die Flugzeuge wieder verschwunden, und wir konnten unsere Fahrt fortsetzen.

An jenem Abend bat ich Tessmann, die Lastwagen und die Anhänger sowie die Mannschaften nach Bleicherode zurückzubringen. «Halten Sie aber unbedingt einen der Lastwagen mit Fahrer für uns reserviert», sagte ich ihm. «Sie wissen ja, ich muß in Bleicherode noch einige Sachen mitnehmen, die Professor von Braun gehören. Ich bleibe noch etwas länger hier, um mir am Montag nochmals den Erfolg der Sprengung im Bergwerkstollen anzusehen.»

Am folgenden Morgen verabschiedeten mein Fahrer und ich mich von Tessmann und den anderen. Es war ein stiller Sonntag, und nachdem wir die Fahrzeuge aus den Augen verloren hatten, machte ich einen Gang durch das Dorf. Da ich etwas Zeit hatte, sah ich mir einige Karten der Umgebung an und stellte fest, daß ganz in der Nähe der Ort Eckertal lag, wo mein alter Freund, Feldwebel Kessler, jetzt wohnte.

Er war nach dort versetzt worden und arbeitete auf einer Heeresstelle. Angefangen hatte dies alles in Peenemünde; kurz nach meiner Ankunft dort fragte mich jemand von einer anderen Dienststelle, ob ich von einem erfahrenen Metallfacharbeiter wüßte, der in der Wehrmacht diente. Ich dachte mir, ich schuldete Kessler einen Gefallen, denn schließlich hatte er einst jene Dienstreise für mich arrangiert, der ich über gewisse Kontakte meine Versetzung nach Peenemünde verdankte. Ich schlug Kessler vor, und zu meiner Überraschung bekam er die Stelle. Ich blätterte in meinem Notizbuch, und siehe da, ich hatte seine Adresse!

An jenem Sonntagnachmittag feierten wir ein freudiges Wiedersehen, und unser angeregtes Gespräch wurde nur durch den Gedanken daran gedämpft, was die nächsten Tage uns wohl bringen würden. Der Abschied von Kessler und seiner Frau, zwei sehr netten Menschen, fiel mir direkt schwer, doch jeder von uns mußte seiner Wege gehen.

Kaum war ich wieder in meinem Quartier, als der Polizist ankam, der uns zu unseren Unterkünften verholfen hatte. Er trug jetzt Zivilkleidung und war offensichtlich ziemlich aufgeregt. «Amerikanische Truppen marschieren in Goslar ein.» Er packte mich am Arm. «Das heißt, sie werden hier sein ... wann? Heute abend vielleicht? Was soll ich tun?»

Wir redeten eine Weile darüber; er hatte offenbar das Bedürfnis, sich auszusprechen. «Ich denke, ich sollte nicht davonlaufen. Was nützte das wohl? Und ich glaube nicht, daß ich mir irgend etwas habe zuschulden kommen lassen – meine Familie ist hier, mir gehört dieses Haus ...»

«Wenn Sie jetzt fortgingen, würden Sie ja doch bald eingeholt; überlegen Sie mal», redete ich ihm zu.

Das war natürlich, was er hören wollte.

«Ja, Sie haben recht. Ich bleibe hier – ich werde Zivilkleidung tragen und auf sie warten.»

Ich aber hatte keinen Grund, dazubleiben. Ich mußte zurück nach Bleicherode. Was die nochmalige Sprengung des Zugangs zu unserem geheimen Aktenlager betraf, würde ich mich nun voll und ganz auf Nebelung verlassen müssen. Ich suchte meinen Fahrer auf. Wir sammelten unsere Sachen ein und fuhren ab.

Die Hiobsbotschaft war uns anscheinend zuvorgekommen, denn wo immer wir hinkamen, auch überall in Bad Harzburg, hingen bereits weiße Flaggen und gelegentlich die Fahne des Roten Kreuzes an den Fenstern. Was für ein Unterschied war dies doch gegen früher. Noch vor wenigen Jahren hatten hier überall an Nationalfeiertagen die Hakenkreuzfahnen geweht!

Nachdem wir Harzburg hinter uns hatten, drehten wir nach Süden in Richtung Braunlage ab. Es wurde Nacht. Das Fahren ohne Licht auf der gewundenen Gebirgsstraße und der allgegenwärtige, mächtige, dunkle Wald um uns herum machten mich noch nervöser, als ich es ohnehin schon war. Plötzlich zerriß das Bellen schwerer Flak-Geschütze die Stille, gefolgt von Bombeneinschlägen, grellen Blitzen und der blendenden Helle von Leuchtbomben, die über den Bäumen hingen.

Wir fuhren rechts an den Straßenrand und hielten inmitten eines Fahrzeugfriedhofs von ausgebrannten Personen- und Lastwagen, die chaotisch durcheinanderlagen. Hier hatten Jabos eine Militärkolonne kurz- und kleingeschlagen. In den verbogenen Metallteilen spiegelten sich jetzt grotesk die Feuerbrände, die in der Ferne flakkerten. Meine Gedanken gingen immer wieder nach Berlin. Sobald der Spuk vorbei war, fuhren wir weiter; wir wechselten uns beim Fahren ab, damit jeder von uns wenigstens ab und zu etwas schlafen konnte.

Dann kam Braunlage – total verdunkelt, still und schlafend.

Nichts rührte sich, während wir uns ohne Licht durch die engen, altertümlichen Straßen tasteten. Plötzlich hörte ich durch das Motorengeräusch unseres Wagens hindurch ein fürchterliches Rattern. Direkt vor uns erhob sich ein riesiger Schatten; es war ein schweres, fahrbares Geschütz auf Raupenketten. Mir wollte das Herz stehenbleiben. Dann erkannte ich, daß es ein deutsches Geschütz war – eines der unseren. Doch es kam direkt auf uns zu! Wie sollten wir auf dieser schmalen Straße daran vorbeikommen? Ich riß das Steuer herum und drückte den Wagen eng an eine Hauswand. Das Monstrum kam immer näher und ließ mir nicht einmal Zeit, den Rückwärtsgang einzuschalten. Jetzt hing das Geschützrohr direkt über unseren Köpfen, und die Raupenketten schoben sich um Haaresbreite an uns vorbei. Ich bin noch nicht einmal sicher, ob der Fahrer uns überhaupt gesehen hatte.

In den frühen Morgenstunden kamen wir zu den rauchenden Trümmern von Nordhausen, dessen Zerstörung wir aus der Ferne beobachtet hatten. Es war grauenvoll.

An der Tankstelle erzählte uns ein alter Mann, daß Bleicherode bereits eingenommen sei. Voller Sorge fuhren wir deshalb nach Sangerhausen. Dort war Hans-Otto Fleischer stationiert, ehemaliger Chef in der Peenemünde-Verwaltung. Als von Braun mir den Auftrag zur Sicherstellung der Geheimakten erteilt hatte, bestimmte er, daß niemand außer ihm selbst, mir und Tessmann von dem Versteck wissen durfte. Für den Fall aber, daß weder Tessmann noch ich ihm aus unvorhergesehenen Gründen die entsprechende Meldung überbringen konnte, bestimmte er Fleischer als seinen Vertrauensmann, dem der Verbleib der Akten ebenfalls mitzuteilen sei.

Dieses Auftrages entledigte ich mich jetzt schnell. In Sangerhausen traf ich übrigens ganz unerwartet auch Werner Kuers an, meinen alten Freund aus der Planungszeit. Er sagte uns, der Bericht über Bleicherode sei falsch, der Ort sei noch nicht eingenommen worden. Er hätte sogar eben noch mit einigen von unseren Leuten dort telefoniert.

«Meines Erachtens», sagte er, «bewegt sich die Front im Moment sehr langsam. Ich glaube nicht, daß die Amerikaner viel weiter gekommen sind, seit das Gerücht über Mühlhausen umging und Sie mit unseren Papieren losgefahren sind.»

Wir machten uns also auf den Weg nach Bleicherode. Dort war alles still. Die meisten unserer Leute waren schon seit Tagen fort, und ich mußte mich jetzt beeilen. Mit der Rückgabe von zweien oder drei Lastwagen sowie der zwei Anhänger hatte Tessmann bereits praktisch unsere Mission erfüllt. Jetzt mußte ich jedoch noch den dritten Lastwagen mit den Sachen Wernher von Brauns und mit einigen anderen zurückgelassenen Dingen beladen, darunter auch meine eigenen Habseligkeiten, soweit es sich lohnte, sie mitzunehmen, und alles nach Oberammergau bringen.

Ich hatte einige Schwierigkeiten, den LKW freizubekommen, den Tessmann für uns reserviert hatte, doch schließlich rückte man ihn heraus und dazu noch einen Fahrer; Hans hieß er.

Kurz darauf kam Paul an; er war einer der Guckposten gewesen, die bei unserem Geheimaktentransport auf dem Kotflügel gesessen hatten.

«Kann ich mitfahren?» fragte er einfach. Ich zuckte die Achseln.

«Von mir aus ...» sagte ich. «Aber was ist mit Ihrer Einheit, dem VKN?»

Jetzt war er es, der die Achseln zuckte. «Ist mir doch egal, die können zum Teufel gehen.»

«Also, dann können Sie mitkommen – unter der Bedingung, daß Sie weiterhin den Guckposten machen.»

Er lachte. «Mach' ich!»

Die darauffolgende Nacht war meine letzte in Bleicherode. Hans und Paul würden mich um sieben Uhr morgens abholen und durch den immer schmaler werdenden Korridor des noch unbesetzten Deutschlands unserem ungewissen Rendezvous mit dem Schicksal entgegenfahren.

14 Zur «Alpenfestung»

Was dann kam, wirkt in der Erinnerung wie ein Traum oder besser gesagt, wie ein Alptraum. Es schien, als wäre ich ständig auf der Flucht vor dem Unvermeidlichen. Niemand wußte, was morgen geschehen würde. Es galt nur, immer weiterzuhasten.

An jenem 10. April 1945 war ich bereits vor sieben Uhr wach. Ich hatte unter den gegebenen Umständen verhältnismäßig gut geschlafen. Ich rasierte mich und genoß das gute Frühstück. Draußen schien die Sonne nur schwach durch die wogenden Nebelschleier. Zwei oder drei Holzkisten, ein Koffer und ein paar lose Gegenstände und das Fahrrad, das war die ganze, mir noch verbliebene Habe.

Inzwischen war es sieben Uhr dreißig. Ich ging nervös zwischen meinem Zimmer im ersten Stock und der Haustür hin und her. Jedesmal aber bot sich mir dasselbe Bild: die hügelige Straße, auf der sich nichts bewegte. Wo blieb nur der Lastwagen? Plötzlich flog die Tür auf. Die Tante meiner Wirtin, die ein paar Häuser weiter auf derselben Straße wohnte, kam hereingestürzt.

«Gestern abend kam ein Bekannter von mir aus Haynrode zurück.» Haynrode lag ein paar Kilometer westlich von uns. Die Frau berichtete ganz aufgeregt, «dort hätten sie alle weiße Fahnen herausgehängt, sagt mein Bekannter, und kurz vor seiner Abfahrt habe er ganz in der Nähe Maschinengewehrfeuer gehört. Sie kommen bestimmt heute noch hierher, meint ihr nicht?»

Jetzt wurde es mir doch zu bunt. Es war beinahe acht Uhr. Sollten Hans und Paul ohne mich losgefahren sein? Ich verwarf den Gedanken sofort wieder. Aber was war denn passiert? Ein heißer Schreck durchfuhr mich. Vielleicht hatte der Feldwebel vom Fahrzeugpark im letzten Moment einen Rückzieher gemacht? Das brachte mich auf die Beine. Ich ging hinaus, stieg auf mein Fahrrad und fuhr hinunter zum Fahrzeugpark. Niemand war da ... vielleicht sollte ich zur Kaligrube fahren. Ich radelte so schnell ich konnte in diese Richtung, und dann, als ich um eine Kurve bog, sah ich sie. Sie saßen im Schatten des LKW und aßen gemütlich Frühstück! Ich stieg vom Rad und starrte sie fassungslos an. Dann verlor ich zum erstenmal in all diesen qualvollen Tagen die Beherrschung. Da saßen diese Kerle hier ganz unbekümmert, während uns die Zeit davonlief! Ich nahm absolut kein Blatt vor den Mund, was ich später ein wenig bereute.

«Wir haben uns gestern abend einen angetrunken, Herr Huzel», sagte Paul, dem das Ganze offensichtlich mehr als peinlich war. «Wir sind erst spät ins Bett gekommen und haben verschlafen –.» Er und auch Hans waren völlig zerknirscht, und so verflog mein Zorn denn auch sehr bald.

«Gut, gut», sagte ich und machte eine ungeduldige Handbewegung. «Jetzt aber nichts wie los. Beeilen Sie sich, holen Sie Ihre Sachen.»

Es dauerte buchstäblich nur einige Sekunden, bis sie ihre Habe aufgeladen hatten und den Lastwagen starteten. Wir luden das Fahrrad hinten auf und zwängten uns alle drei in die Fahrerkabine. Ich legte den Gang ein, ließ den Motor aufheulen, und wir waren auf und davon. Erst ging es zu von Brauns Wohnung, wo wir einige Koffer, ein paar Anzüge und einige andere Sachen abholten. Paul entschuldigte sich fortwährend.

«Herr Huzel, das war wirklich eine Schweinerei von mir. Es ist schon neun Uhr, und wir sind bereits zwei Stunden verspätet – alles wegen mir.»

«Vergessen wir das», sagte ich. Wir stiegen wieder in den Lastwagen und fuhren weiter zu meiner Unterkunft. «Wichtig ist jetzt nur, daß wir weiterkommen.»

Unterwegs hielten wir kurz bei der Hauptverpflegungsstelle an und luden ein Fünfzigpfundfaß mit Butter und eine große Kiste mit italienischem Süßwermutwein auf, der bisher für besondere Gelegenheiten reserviert gewesen war, z. B. wenn hoher Besuch ins Werk kam.

Als wir um die letzte Ecke bogen, bevor wir zu meinem Quartier kamen, vernahmen wir ein entsetzliches Knattern – es war eine ohrenbetäubende Maschinengewehrsalve.

«Mein Gott», rief Hans, «sie sind hier!»

Ich brachte den LKW mit quietschenden Bremsen vor meinem Quartier zum Stehen, und wir sprangen hinaus.

«Jetzt aber los, Avanti!» schrie ich. Das Maschinengewehrfeuer kam wieder, diesmal näher, nur ein paar hundert Meter entfernt. Wir rasten ins Haus, hinunter in den Keller, und fingen an, die Kisten heraufzuholen. Einmal stolperte Hans und fiel laut fluchend auf der Treppe hin. Ich hob die Kiste auf, die er hatte fallenlassen und trug sie zum Wagen. Wieder brach das Maschinengewehrfeuer los, und gleichzeitig knatterten Gewehre; während wir den letzten Koffer hinten draufwarfen und die Türen zuknallten, schrien wir unserer Wirtin ein Lebewohl zu und brausten davon.

«Wohin?» rief Paul.

«Nach Norden», antwortete ich. «Wir fahren einen großen, nordöstlichen Bogen um die Amerikaner herum und drehen dann nach Süden ab.»

Als wir in den jetzt dünner werdenden Nebel hineinfuhren, fiel mir die elektrische Kochplatte ein, die ich vergessen hatte, ebenso der Karton mit den Zeitungsausschnitten und einigen Büchern – alles Dinge, die gestern noch so kostbar und heute doch so nichtig waren.

Während wir uns von dem Maschinengewehrfeuer entfernten, ging in voller Pracht die Sonne auf. Wir fuhren nach Norden durch den schönen Harz. Über Halle würde es gehen, dann nach Leipzig und weiter nach Süden bis Oberammergau – wenn wir es schafften, bevor das Ende kam.

Es war ein wunderschöner Tag, und ich konnte die Wirklichkeit immer noch nicht fassen – war ich tatsächlich auf der Flucht durch mein eigenes Land?

Die Maschinengewehre in Bleicherode waren amerikanische. Was aber war mit den Russen? Um uns schloß sich der Ring – und was war mit Irmel in Berlin? Ich schauderte bei dem Gedanken. Es gab so vieles, worum man sich sorgen mußte, viel zu vieles.

Wir blieben den großen Durchgangsstraßen nach Möglichkeit fern, doch selbst auf den abgelegeneren Straßen traf man jetzt Militär an. Überall wurden Straßensperren aufgesetzt und Verteidigungslinien erstellt – lauter klägliche Versuche, das Unvermeidliche aufzuhalten. Überall jedoch kamen wir mit unserem «Geheimmaterial-Ausweis» durch. Auf die Frage nach unserem Bestimmungsort sagte ich nur: «Geheimsache». Unterwegs nahmen wir auch Anhalter mit, gelegentlich auch Soldaten, die regelmäßig an der nächsten Straßensperre geschnappt wurden – manchmal waren es auch nur Wanderer ohne Ziel, auf der Flucht wie wir, nur daß sie überhaupt keinen Auftrag mehr hatten.

Wir näherten uns Blankenburg, der kleinen Stadt an der «Teufelswand», wo ich vor langer Zeit während der französischen Besetzung des Ruhrgebietes einmal ein halbes Jahr zur Schule gegangen war. Die netten Leute, bei denen ich damals gewohnt hatte, lebten noch dort, und ich konnte es mir nicht versagen, kurz zu ihnen hineinzuschauen und ihnen die Hand zu schütteln. Wahrscheinlich war auch ich von dem allgemeinen Gefühl der Zusammengehörigkeit erfaßt worden, das in jenen letzten Tagen vor dem Zusammenbruch in Deutschland herrschte.

Als nächstes kam Quedlinburg; es lag 16 Kilometer weiter östlich. Auch an diese Stadt knüpften sich für mich Erinnerungen – und Hoffnungen. Irmels Familie hatte Freunde in Quedlinburg, und Irmel hatte früher viele Sommer hier bei ihnen verbracht. Vielleicht war sie jetzt auch hier, um der Hölle von Berlin zu entrinnen? Am Stadtrand befand sich eine große Straßensperre.

«Wir haben gerade Voralarm bekommen», sagte der diensthabende Feldwebel, «Sie müssen warten.»

Ich fuhr den LKW an den Straßenrand. «Bleibt ihr mal hier, ich gehe zu Fuß voraus und will sehen, ob ich Irmel finden kann.»

Während ich nach Quedlinburg hineinging, ertönte das Entwarnungssignal, und die Menschen quollen aus den Luftschutzräumen. Im Rathaus holte ich mir die Adresse von Irmels Bekannten und fand schließlich auch das Haus. Irmel war nicht da. «Wir haben aber erst vor ein paar Tagen einen Brief von ihr bekommen, aus Berlin», sagte man mir, «und sie schrieb, daß alle wohlauf seien.» Das war wenigstens etwas, aber es war nicht genug. Wer wußte schon, wie lange es dauern oder was noch alles dazwischenkommen würde, bis wir uns wiedersahen? Ich bedankte mich bei den Leuten und trat den beschwerlichen Rückmarsch zum Lastwagen an. Meine beiden Freunde waren natürlich schon ungeduldig.

«Tut mir leid, Ich hatte nicht gedacht, daß es so lange dauern würde», sagte ich. Ich war ziemlich kurz angebunden. «Machen wir, daß wir weiterkommen.»

Sie schienen etwas auf dem Herzen zu haben.

«Wir haben da über etwas gesprochen», begann Paul.

Ich war gerade dabei, einzusteigen und drehte mich jetzt herum. «Na und?»

«Herr Huzel», sagte Hans, «meine Eltern wohnen in Bergwitz, das ist bei Wittenberg, wissen Sie.» Er hielt inne. «Ich weiß, daß das nicht ganz planmäßig ist, aber könnten wir nicht dort übernachten? Da könnten wir wenigstens eine Nacht richtig ausschlafen und wahrscheinlich auch etwas Anständiges essen.»

«Das ist viel weiter östlich, als wir eigentlich fahren wollten», sagte ich und kratzte mir das Kinn, «aber wir haben schließlich nichts zu verlieren.»

«Herr Huzel», warf Paul ein, «wer weiß, was in nächster Zeit alles passiert? Hans wird seine Eltern vielleicht nie wiedersehen!»

«Natürlich fahren wir hin», sagte ich lächelnd und stieg in die Fahrerkabine, «also dann los.»

Als der Lastwagen dröhnend ansprang und die beiden mit einstiegen, setzte ich hinzu:

«Es wird aber spät werden, und wir werden Probleme mit dem Benzin haben.»

Hans grinste nur. «Mein Vater hat eine Autoreparaturwerkstatt. Er kann uns Sprit besorgen. Und mit unseren Reservekanistern kommen wir bis Bergwitz.»

«Na, dann wollen wir keine Zeit verlieren.» So machten wir uns auf den Weg.

Als wir anfuhren, flog eine gewaltige Formation von Bombern hoch über uns hinweg in Richtung Berlin. Das bedeutete wieder einen Bombenteppich für die leidgeprüfte Stadt. Warum war Irmel nicht aus Berlin fortgegangen? Natürlich waren da ihre Familie und auch das Geschäft, das selbst in diesen Zeiten weiterlaufen mußte – trotzdem …

Ich achtete kaum mehr auf die Zeit oder die Kilometerzahl. Wir näherten uns Aschersleben, als ich wieder einmal durch Maschinengewehrfeuer aus meinen Gedanken aufgeschreckt wurde. Jabos! Schnell fuhr ich mit dem Lastwagen von der Straße herunter, und wir sprangen hinaus und nahmen Deckung in einem Graben. In diesen Sachen hatten wir mittlerweile Routine; das kam schon fast automatisch.

Wir duckten uns so tief wie möglich in den Graben hinein. Das Donnern und Dröhnen der Flugzeuge wurde ständig lauter und bedrohlicher, und das Gewehrfeuer hörte überhaupt nicht mehr auf. Ich spähte vorsichtig hinaus. Die ganze Straße entlang standen Fahrzeuge; man hatte sie in großer Hast verlassen, die Türen standen offen. Niemand rührte sich.

Jetzt hörte man weiter fort das Geräusch kleinerer Bomben. In der Nähe war ein Rangierbahnhof. Plötzlich mischte sich in die Bombeneinschläge ein lautes Knattern, das sich wie Kleingewehrfeuer vom Boden her anhörte. Dazwischen kamen heftigere Detonationen. Das ging ununterbrochen so weiter.

«Sie haben einen Munitionswagen getroffen», flüsterte Hans mit heiserer Stimme.

Dann drehten die Flugzeuge ab, das «Kleingewehrfeuer» verstummte, das Dröhnen der Motoren war bald nicht mehr zu hören, und wir fuhren weiter. Ich fragte mich, wo wohl all die anderen Menschen hinwollten, die außer uns noch auf der Straße waren.

An diesem Abend wurde uns zu später Stunde ein herzliches Willkommen bei den Eltern von Hans in Bergwitz zuteil. Sie taten alles, was in ihrer Macht stand, um uns ein paar schöne Stunden zu bereiten. Kurz darauf saßen wir schon am gedeckten Tisch und nahmen eine ausgedehnte und leckere Mahlzeit ein, gefolgt von einem guten Wein.

Danach machten wir's uns gemütlich, tranken wieder Wein und unterhielten uns. Für Hans war dies ein äußerst beglückender Abend, wenn auch etwas Wehmut dabei war. Für uns alle war es eine Chance, uns auszuruhen. Meine Gedanken aber wanderten immer wieder nach Berlin und zu Irmel.

Ich stellte mir die Karte von Deutschland vor. Wir saßen hier nur ca. 100 Kilometer von Berlin entfernt und befanden uns direkt an einer Hauptverkehrsstraße. Ich nippte wieder an meinem Glas Wein. Wir könnten in ein paar Stunden dort sein.

Plötzlich krachte eine Explosion, die das ganze Haus erzittern ließ. Bombenabwurf in der Nähe. Alle verstummten. Wir sahen hinauf an die Decke und warteten. Allmählich verlor sich das Motorengeräusch; es war ein einzelnes Flugzeug gewesen.

«Vielleicht hatte jemand Licht gemacht, ohne die Verdunklungsvorhänge zuzuziehen», sagte Hans' Mutter.

«Nur so ein Kleckerabwurf, wahrscheinlich von Berlin übriggeblieben», setzte sein Vater hinzu.

Jetzt war meine Zeit gekommen.

«Meine Verlobte ist in Berlin ...» fing ich vorsichtig an und räusperte mich.

Alle horchten gespannt auf. «Ich weiß, es ist gefährlich», fuhr ich fort, «doch wir leben ohnehin gefährlich, und ich möchte sie gerne herausholen, solange es noch möglich ist. Die Russen...» hier brach ich ab; meine Stimme war hart geworden. Selbst bis hierher waren die Berichte von der ungeheuren Brutalität der Russen gedrungen, besonders gegen Frauen. «Was immer geschieht, ich möchte wenigstens versuchen, sie davor zu schützen.»

Hans zuckte die Achseln.

«Sie sind der Chef, Herr Huzel. Sie brauchen nur zu sagen, wo's hingehen soll, und wir fahren hin.»

Ich schüttelte den Kopf.

«Das ist nicht maßgebend. Bald wird es überhaupt keine Chefs mehr geben. Und strenggenommen ist die Sache nicht legal.»

Hans lachte nur.

«Ist es vielleicht legal, daß wir hier sind?»

«Das stimmt.» Ich wurde still.

Paul stand auf und legte seine Hand auf meine Schulter. «Ich bin dafür. Bisher ist alles gutgegangen, stimmt's oder nicht?»

«Und wie steht's mit dem Benzin?» fragte ich. «Wir haben keine Scheine mehr.»

«Das ist wahr», sagte Hans, «aber mein Vater kann uns mit ein paar Litern aushelfen» – der alte Mann nickte – »und später, nun ja, wir werden uns irgendwie beschaffen, was wir brauchen. Darüber werden wir uns jetzt nicht den Kopf zerbrechen.»

Damit war die Sache abgemacht. Wir würden alle drei nach Berlin fahren. Wir würden am nächsten Tag erst einmal ausschlafen, uns tagsüber in Hans' Elternhaus erholen und dann etwa um sechs Uhr abends abfahren.

Am 11. April kurz nach neun Uhr abends kamen wir im Waldgelände von Potsdam an, am Stadtrand von Berlin; im geparkten Lastwagen hielten wir die letzte Lagebesprechung. Mein Plan war, mit dem Fahrrad, das sich immer noch hinten im Wagen befand, nach Berlin zu radeln.

«Ruht euch inzwischen aus», sagte ich, «dies kann die ganze Nacht dauern.»

Bald darauf fuhr ich auf wohlbekannten Straßen durch die Stadtmitte von Potsdam in Richtung Berlin. Schon nach kurzer Zeit fiel mein Weg dorthin mit der berühmten, schnurgeraden AVUS-Rennstrecke – jetzt Schnellstraße – zusammen, die in das Stadtzentrum von Charlottenburg führt. Zu normalen Zeiten war hier das Radfahren natürlich verboten. Ich näherte mich gerade dem Ende der Strecke, als der schrille Ton der Alarmsirenen die Stille zerriß. Zu dem Zeitpunkt war ich gerade am Ausstellungsgelände und in der Nähe des Stadions, wo vor fast zehn Jahren die Olympischen Spiele stattgefunden hatten.

Das gräßliche Heulen der Sirenen hielt an. Ein Polizist zeigte mir den Weg zum nächsten Luftschutzraum. Ich nahm das Fahrrad mit. Die wenigen Menschen im Luftschutzraum waren sehr still und, wie es mir schien, absolut deprimiert. Es war bereits nach Mitternacht, als der Luftangriff vorüber war und ich mich wieder hinausbegeben konnte.

Sobald ich mich in Berlin befand, konnte ich die Radfahrwege benutzen, die überall an den Hauptstraßen der Stadt entlangliefen. Das erleichterte die Fahrt durch die stockdunkle Nacht. Irmel und ihre Familie hatten eine Wohnung im nördlichen Berlin, und es war bereits einige Zeit nach ein Uhr früh, als ich am 12. April 1945 dort an der Tür rüttelte und von erschrockenen und schlaftrunkenen Gesichtern begrüßt wurde. Es war das erste Mal seit vielen Monaten, daß ich Irmel zu sehen bekam. Sie war gesund und wohlauf, obwohl sie völlig überrascht und ganz verschlafen war. Als sie begriff, daß tatsächlich ich es war, der da vor ihr stand, traten ihr die Tränen in die Augen. Ich nahm sie in meine Arme, und es vergingen Minuten, bevor auch nur einer von uns einen zusammenhängenden Satz sprechen konnte.

Hier war jedenfalls nichts passiert, und sobald der gesamte Haushalt erwacht und die erste Überraschung über meinen Besuch vorbei war, erzählte ich ihnen, warum ich gekommen war.

«Ich will Irmel mitnehmen, fort aus Berlin. Unser Stab ist nach dem Süden verlegt worden.»

Noch während ich dies sagte, fielen mir ihre Eltern ein. Was sollte aus ihnen werden? Doch es bestand absolut keine Aussicht, daß ich auch sie hätte mitnehmen können. Man muß realistisch sein, auch wenn es um Verpflichtungen und Verantwortungsgefühl geht. Sie wußten genau, was mir durch den Sinn ging, und sie waren überdies genau so froh wie ich darüber, daß Irmel aus Berlin herauskommen sollte, dem Hauptbombenziel in Deutschland.

«Wir müssen aber sofort weg», mahnte ich.

«Aber gewiß», sagte ihr Vater, und man begann unverzüglich mit dem Packen.

Während die Koffer gepackt wurden, sagte ich zu Irmel, daß wir am besten mit der S-Bahn nach Potsdam zurückfahren sollten.

»Das ist nicht so einfach, wie du glaubst, Dieter», gab sie zu bedenken. «Man braucht eine besondere Zulassung dafür.»

«Für die S-Bahn?»

Sie nickte.

«Für die S-Bahn, für die Straßenbahnen, für alles.»

Ich lächelte.

«Vielleicht ist das kein so großes Hindernis, wie du denkst. Ich komme gleich wieder.»

Während sie fertigpackten, begab ich mich zur nächsten Polizeistation, die zwei Straßen weiter lag, zeigte mein Papier vor, das mich als Verantwortlichen für den Transport von «Geheimakten» auswies, und erhielt die nötige Sonderzulassung für die S-Bahn für Irmel, für mich und für das Fahrrad.

Es war vier Uhr dreißig, und das Tageslicht schimmerte bereits am Himmel, als Irmel und ich endlich die Wohung verließen. Ihre Mutter begleitete uns bis zur Endstation Potsdam. Die Fahrt dauerte zwei Stunden. Zweimal mußten wir umsteigen. Wie verheerend hatten sich doch die Luftangriffe auf das einst so hervorragend funktionierende Berliner Verkehrssystem ausgewirkt!
Nach einem letzten Lebewohl machten Irmel und ich uns auf den eineinhalb Kilometer langen Weg zum Lastwagen, wobei wir das Fahrrad als eine Art Gepäckwagen für die Koffer benutzten. Als wir ankamen, schliefen Hans und Paul fest. Sie wußten noch nicht einmal, wie lange ich fortgewesen war.

Nach der allgemeinen Begrüßung machten sich Hans und Paul ein wenig frisch, und wir alle aßen etwas. Ich machte inzwischen aus dem Inneren des Lastwagens eine so bequeme Schlafkabine wie nur möglich. Dann machten wir uns auf den Weg zurück nach Wittenberg, dieselbe Strecke, die wir hergekommen waren. Hans, Irmel und ich saßen vorn in der Kabine, und Paul nahm seinen gewohnten Ausguckposten auf dem Kotflügel ein. Erst knapp zwölf Stunden waren vergangen, seit wir hier gewesen waren, und doch war inzwischen eine merkliche Veränderung eingetreten. Um die Brükken herum herrschte reges Treiben; dort machten sich militärische Sprengkommandos zu schaffen. Ähnliche Vorbereitungen nahmen wir auch zweimal an der Straße wahr. Die Anzahl der Straßensperren und Kontrollpunkte hatte sich vergrößert. Ohne unsere Sonderpässe wären wir hier nie durchgekommen.

Wir fuhren durch Wittenberg nach Bergwitz, wo Hans' Eltern uns wieder sehr herzlich, doch voller Sorgen, begrüßten. Der Rundfunk hatte gemeldet, daß amerikanische Truppen auf Leipzig vorrückten. Wir müßten sofort hier weg, sagten sie.

Hans' Vater überließ uns sein letztes Benzin, und seine Mutter gab uns ein großes Stullenpaket mit. Für Hans war es ein trauriger Abschied, denn er wußte nicht, ob er seine Eltern jemals wiedersehen würde. Anfangs fuhren wir auf der Hauptstraße in Richtung Leipzig, doch bei Düben drehten wir nach Südosten ab und ließen Leipzig im Westen liegen. Wir kamen durch Wurzen, Lausick und Altenburg. Ich hatte diese naturschöne Gegend noch nie gesehen und bedauerte, daß ich sie unter so traurigen Umständen kennenlernte.

Wir mußten ständig vor den Jabos in Deckung gehen. Es lohnte sich wirklich, Paul als Jabo-Wache dabeizuhaben. Und immer wieder gab es angstvolle Momente, wo wir im Graben Deckung nehmen mußten und nicht wußten, ob wir wieder herauskommen würden. In solchen Augenblicken empfand ich die ganze Bitterkeit dieser Situation: In einem so schönen Land mußte man nun Dekkung vor Geschossen suchen. Die Ruhe, mit der die Fußgänger – meist waren es Frauen – sich bei diesen Angriffen unter einen Baum oder hinter eine Hauswand stellten, zeugte davon, daß ihnen dies in dieser schweren Zeit zur Gewohnheit geworden war, und auch davon, wie anpassungsfähig der Mensch doch ist.

In Altenburg machten wir die Kaserne ausfindig; dort befand sich eine motorisierte Einheit, und wir wurden bei dem dortigen zuständigen Offizier vorstellig, um uns etwas Benzin zu besorgen. Doch er hatte kein Auge für unseren Passierschein und kein Ohr für unsere Argumente. Nach halbstündiger, fruchtloser Verhandlung gaben wir's auf.

Inzwischen hatten wir typisches Aprilwetter – abwechselnd Sonnenschein und Regen. Als wir südlich von Altenburg die ansteigende Straße hochfuhren, brach die Sonne durch die Wolken und ließ die nasse Straßendecke erglänzen. Da erstreckten sich vor uns die zertrümmerten Reste einer Militärwagenkolonne: Mindestens hundert PKWs und Laster lagen zerschmettert und zerstreut zu beiden Seiten der Straße. Irmel stockte bei diesem Anblick der Atem.

Einige Fahrzeuge brannten noch, andere rasten an ihnen vorbei. Solange dort oben keine Flugzeuge herumflogen, versuchte hier unten ein jeder so schnell wie möglich seinen Bestimmungsort zu erreichen. In der Hoffnung, etwas Benzin zu finden, fuhren wir an einige Lastwagen heran, die aussahen, als hätte man sie einfach verlassen. Doch auch sie waren ausgebrannt. Es gab weit und breit kein Benzin.

Tote sahen wir nirgends. Anscheinend hatte der Rest der Kolonne sich inzwischen abgesetzt und die Toten und Verwundeten mitgenommen. In der Luft hing der Geruch von verbranntem Gummi.

Als wir weiterfuhren, wurde unsere Stimmung allmählich wieder besser. Schließlich waren wir noch am Leben, unser Lastwagen lief noch, und oft fuhren wir lange Strecken bei herrlichem Sonnenschein, ohne daß wir an diesen fürchterlichen Krieg erinnert wurden. Wir sprachen über viele Dinge, die mit dem Krieg nichts zu tun hatten, und für Irmel und mich erhöhten sich die Chancen für eine gemeinsame Zukunft mit jedem Kilometer, den wir zurücklegten.

Aber die Nadel des Kraftstoffanzeigers ging immer mehr nach unten. Normalerweise hätten wir uns darüber keine Sorgen gemacht, denn wir hatten genügend Benzin für diese Fahrt dabei, doch unter diesen Umständen mußten wir eine Reserve haben, denn es gab keine Garantie dafür, daß wir auf geradem Wege ans Ziel kommen würden. Selbst der Zwanziglitertank, den wir hinten als «eiserne Reserve» mit uns führten, gab uns nicht genügend Sicherheit.

Wir hielten bei jeder Tankstelle, jedoch stets ohne Erfolg. Keine Benzinscheine – kein Benzin. Endlich trafen wir auf einer Tankstelle in einer Seitenstraße kurz vor Plauen eine Frau an, die die Pumpe bediente. Sie war beeindruckt von unserem Ausweis betreffs des «Geheimmaterials» und gab uns zwanzig Liter. Wir unterschrieben einen Zettel mit der Zusicherung, daß wir ihr die Benzinscheine so bald wie möglich zusenden würden. «Wir versprechen's!» Beide Teile wußten, daß dies eine reine Formalität war, denn wir würden unser Versprechen nicht einhalten können, wenn nicht ein Wunder geschah.

Wir umfuhren Plauen und hielten etwas weiter fort in Auerbach. Dort bekamen wir an einer Tankstelle zwar kein Benzin, dafür aber den Namen eines Beamten in Auerbach, der für Benzinscheine zuständig war. Wir beschlossen, ihn aufzusuchen. Es war nach fünf Uhr nachmittags, als wir dort ankamen, und seine Dienststelle war geschlossen. So schnell gab ich's aber nicht auf. Ich rief ihn an und schilderte ihm unsere Lage. Er erklärte sich bereit, nochmals in sein Büro zu kommen, «sobald ich Abendbrot gegessen habe.»

Es muß ein ausgedehntes Abendbrot gewesen sein, denn es dauerte fast zwei Stunden, bis er ankam. Er bot uns zwanzig Liter an.

«Das ist nicht genug», sagte ich mit Bestimmtheit. «Wir brauchen mehr.» Ich hielt ihm unseren Sonderausweis unter die Nase. «Wir haben strikten Befehl», sagte ich, «wir müssen nach Oberammergau und dürfen uns nicht aufhalten lassen.»

«Schon gut, schon gut», sagte er und warf hilflos die Arme in die Luft, «also dann dreißig Liter, aber mehr kann ich nicht tun.»

Mürrisch erklärte ich mich einverstanden. Innerlich aber jubelte ich. Damit würden wir wahrscheinlich über die Runden kommen. Wir lösten die Scheine auf der nächsten Tankstelle ein und fuhren die Nacht hindurch, wobei Hans und ich uns am Steuer abwechselten. Wir mußten so schnell wie möglich aus dieser Gegend fortkommen, sonst würde uns der Weg abgeschnitten. Die Absicht der Alliierten war klar: Sie wollten Deutschland über den noch freien Korridor hinweg in zwei Teile zerschneiden – und durch diesen Korridor führte unser Weg. Wir alle legten abwechselnd Schlafpausen im hinteren Teil des Lastwagens ein, was sich unter den gegebenen Umständen als gar nicht schlecht erwies.

Das Fahren aber war sehr anstrengend. Der Himmel war bewölkt, unsere Lichter waren so weit abgeblendet, daß man kaum etwas dabei sehen konnte, und wir mußten ungeheuer aufpassen, daß es keinen Verkehrsunfall gab. Glücklicherweise war nicht viel Verkehr auf der Straße.

Wir fuhren ohne weitere Zwischenfälle durch Brambach, Eger und Neustadt. Dann näherten wir uns der schönen Stadt Regensburg, gerade als die Sonne aufging. Hier herrschte reger Verkehr, und es gab viele Anhalter. Wir nahmen so viele wie nur möglich mit. Manchmal hatten wir bis zu zehn Mitfahrer hinten in den Lastwagen gepackt. Bequemlichkeit spielte bei diesen armen Menschen keine Rolle, solange sie nur ein Stückchen weiterkamen, ein Stückchen näher ihrem Ziel, wo immer das war. Gewöhnlich war dies ihre letzte Möglichkeit, nach Hause oder sonst zu einem wichtigen Bestimmungsort zu kommen. Am Bahnhof von Regensburg setzten wir unsere dankbaren Passagiere ab und machten dann ein Stückchen hinter Regensburg selber Rast. Wir fanden ein Plätzchen etwa hundert Meter von der Straße entfernt, wo ein kleiner Bach vorbeifloß und wir uns ein wenig frischmachen konnten und wo die Männer sich rasieren konnten. Dann setzten wir uns ins Gras und aßen von den mitgebrachten Stullen, die wir mit einer köstlichen Mischung von Quellwasser und einem Schuß Wermut hinunterspülten. Es war geradezu idyllisch und stand in scharfem Konstrast zu den Schrecken, vor denen wir auf der Flucht waren.

Wir ruhten uns eine Stunde lang aus, dann ging es weiter. Es herrschte jetzt reger Verkehr, was unsere Fahrt beträchtlich verlangsamte. Auch die Jabos machten uns wieder zu schaffen.

Es ging nur langsam voran, und als wir Augsburg erreichten, war es bereits dunkel. Am Augsburger Bahnhof ließen wir wieder eine Ladung Mitfahrer aussteigen und fuhren gleich weiter. In Anbetracht der Bombardierungen war es gefährlich, nachts in einer großen Stadt zu bleiben. Südlich von Landsberg-Lech fuhren wir dann endlich an den Straßenrand, parkten den Lastwagen unter einer Baumgruppe und warteten den Morgen ab. Wir befanden uns dort nur 600 Meter über dem Meeresspiegel, doch zu jener Jahreszeit waren die Nächte noch empfindlich kalt, und so war diese Übernachtung höchst unangenehm. Es war also kein Wunder, daß wir bereits am frühen Morgen alle schon wieder wach waren. An diesem Tage hofften wir, Oberammergau zu erreichen.

Dann aber hing urplötzlich unser ganzes Unternehmen an einem seidenen Faden. Der Lastwagen startete nicht. Das war, glaube ich, der schlimmste Moment dieser ganzen Fahrt. Tausend Gedanken gingen mir durch den Kopf, die alle nur immer in einer Frage endeten: Was machen wir nur, wenn dieser Wagen einfach nicht mehr will?

Minuten schienen uns wie Stunden, während wir nach der Ursache suchten. Endlich entdeckten wir eine größere Menge Wasser im Glas des Kraftstoffilters. Wir leerten es aus und trockneten Glas und Kraftstoffleitungen. Dann stieg ich in die Fahrerkabine und drehte den Startschlüssel. Der Motor heulte auf, und mein Herz schlug höher. Während der Motor lief, machten Hans, Paul und ich uns so gut es ging die Hände sauber, dann ging es weiter.

Jetzt bewegten wir uns auf einer geraden Straße ohne Steigungen, die entlang einer Talsohle verlief. Im Hintergrund ragten malerische Berge empor, wie man sie früher auf Reiseplakaten sehen konnte, und wir kamen an saftiggrünen Wiesen vorbei. Bauernhäuser aus dunklem Holz mit Balkons und tiefhängenden Dächern, die fast bis zum Boden reichten, machten es deutlich, daß wir uns in Bayern befanden.

Als wir uns Oberammergau und dem Ende unserer Expedition näherten, kamen wir an einer weidenden Kuhherde vorbei, und ihre läutenden Glöckchen waren Musik für unsere Ohren. Am Rande des Dorfes parkten wir.

«Nun», sagte ich zu den anderen, «wir haben's geschafft.»

Wir gratulierten einander. Plötzlich überkam mich eine große Erleichterung, fast eine Schockreaktion, als ich endlich wagte, auf die Schreckensfahrt zurückzublicken, die wir gerade überstanden hatten. Als ich sagte, wir hätten es geschafft, hatte ich das Gefühl totaler Erschöpfung.

«Wartet hier», sagte ich nach einigen Momenten der Überlegung. «Ich gehe in den Ort und werde die Lage erforschen.»

Bald sah ich viele bekannte Gesichter. Ein Mann, ein Ingenieur, mit dem ich auf P-7 zusammengearbeitet hatte, erkannte mich sofort.

«Wo sind alle?» rief ich aus.

Er breitete die Arme aus: «Überall verstreut. In Hotels, Restaurants – einige sind sogar noch weiter außerhalb gelandet.» Er schüttelte betrübt den Kopf. «Nichts ist hier vorbereitet. Quartiere sind knapp, alles ist völlig unorganisiert.»

Auch andere, mit denen ich sprach, vermittelten mir das gleiche Bild. Die Moral war auf einem absoluten Tiefstand. Aber wie konnte es denn anders sein? Wir alle sahen einer Katastrophe entgegen. Niemand glaubte daran, daß wir etwa hier wieder mit unserer Arbeit beginnen konnten; daran hatte schon bei der Abfahrt niemand mehr geglaubt. Einige Gruppen hatten jedoch auch hier bereits versucht, Büroräume zu finden und provisorische Reißbretter aufzustellen, nur um sich zu beschäftigen. Es gab natürlich kein Material und keinerlei Einrichtungen dafür. Deutschland war am Ende – es fiel einfach auseinander. Man konnte praktisch überhaupt nach nirgendwo mehr Verbindung aufnehmen, und die Alliierten kamen aus allen Richtungen auf uns zu.

Ich suchte von Braun. Es war ungefähr um die Mittagszeit, als ich ihn in einem kleinen Hotel am anderen Ende des Ortes fand. In der Hotelhalle wimmelte es von SS-Männern, die finster und bedrohlich wirkten. Sie waren vielleicht nicht ganz so arrogant wie früher, doch ihre bloße Gegenwart war beunruhigend.

Sobald von Braun mich sah, kam er zu mir herüber und sagte ganz schnell, «warten Sie in der Halle auf mich, ich komme gleich.»

Kurz darauf kam er aus seinem behelfsmäßigen Büro auf mich zu und führte mich in eine Ecke, die verhältnismäßig weit vom Schuß lag, dann reichte er mir die Hand.

«Sie sind also durchgekommen.» Er lächelte. «Gut, daß Sie wieder da sind. Aber wir können hier nicht über Ihren Auftrag reden. Diese Kerle da» – er machte eine Kopfbewegung in Richtung der Hotelhalle, die voller SS-Leute war –, «die gehören zu Kammlers Haufen, und ich vermute, sie führen nichts Gutes im Schilde. Sagen Sie mir jetzt nur eines: Hatten Sie Erfolg?»

«Ja», sagte ich nur.

«Ah!» Er schien ungeheuer erleichtert zu sein. «Das ist ein Grund mehr für uns, von hier zu verschwinden. Wie sind Sie hierhergekommen?»

«In einem der Lastwagen, die wir für den Auftrag benutzt hatten. Aber», setzte ich rasch hinzu, «wir sind knapp an Benzin.»

«Wir müssen sehen», wieder ergriff er meine Hand, «fahren Sie zunächst rüber zum Südeingang des Dorfes; ich werde Sie dort treffen.»

Ich sah ihm einen Augenblick lang nach. Dann fühlte ich, wie mich jemand anstarrte. Es war ein SS-Mann, der dort in einer Ecke stand.

Ich verließ das Hotel und machte mir einige Gedanken.

Meine Begleiter auf dem Lastwagen wollten durchaus wissen, was hier vorging, aber ich konnte nicht viel sagen. Ich erwähnte, daß von Braun über die Gegenwart der SS nicht gerade erbaut war.

«Oh», sagte Hans ziemlich gleichmütig.

Als von Braun zu uns herangefahren kam, saß neben ihm Hans Lindenberg, einer der maßgebenden Leute bei der Brennkammerentwicklung in Peenemünde. Ich ging zu ihnen hinüber und unterhielt mich mit ihnen durch das Wagenfenster.

Von Braun verhielt sich genauso rätselhaft wie im Hotel. «In Ettal gibt es ein Wehrmachtsdepot, gar nicht weit von hier», sagte er. «Wir fahren dorthin und holen ein paar Sachen ab, die wir brauchen, und dann fahren wir für diese Nacht nach Weilheim.»

Ich stellte ihm Irmel vor und Hans und Paul und erklärten ihm, warum sie hier waren. Von Braun war liebenswürdig wie immer. «Haben Sie noch genug Benzin bis dahin?» fragte er, «Sie sagten vorhin ...»

«Ja, ich denke doch. Nicht wahr, Hans?»

Hans nickte.

«Gut, dann fahren Sie hinter uns her», sagte von Braun und rollte das Wagenfenster hoch.

Ettal ist für sein Kloster berühmt, und das Kloster ist wiederum für seinen guten Likör berühmt. Wir machten nur einen kurzen Stopp am dortigen Depot und fuhren dann nordwärts zur Fernstraße, auf der wir in weniger als einer Stunde Weilheim erreichten. Es war schon Nacht, als wir ankamen.

Von Brauns Wagen hielt vor einem Behelfsheim, wie sie von der Regierung für ausgebombte Familien gebaut wurden. Es waren kleine Häuschen, die gar nicht schlecht waren im Vergleich zu einigen Unterkünften, in denen ich während der Kriegsjahre gewohnt hatte.

Von Braun erklärte uns, daß er seit dem Umzug nach Oberammergau hier wohnte. «Alte Freunde», lächelte er.

Magnus von Braun war auch dort, und wir begrüßten uns herzlich. Es war lange her, seit wir uns zuletzt gesehen hatten. Die Frauen hatten inzwischen eine Mahlzeit für uns Zivilisten fertig. Hans und Paul gingen in die Stadt, um etwas zu essen.

«Ach, Moment mal!» rief ich aus, als wir uns zum Essen hinsetzen wollten. Mir fiel nämlich die Kiste mit dem italienischen Wermut ein, die ich durch ganz Mitteldeutschland mit mir herumgeschleppt hatte. Ich sprang auf und holte ein paar Flaschen herein. So waren wir dann bald in guter Stimmung, zumal wir bei Kerzenlicht aßen – es gab keinen Strom. Magnus spielte hervorragend auf dem Akkordeon, und der Wermut tat das Seine. Wenn ich an diesen wunderbaren Abend zurückdenke, muß ich sagen, er hatte eine ganz eigene Atmosphäre, wie ich sie lange nicht mehr erlebt hatte. Es scheint mir, als hätte die Gewißheit des bevorstehenden Endes von allem, was wir kannten, uns plötzlich von allen Sorgen befreit, wenigstens für einige Zeit. Wir vier Reisekumpane verbrachten dann die letzte Nacht in jenem Lastwagen, der uns durch dick und dünn gefahren hatte.

15 Ungewißheit und Entschlüsse

Der Morgen fand uns wieder in Oberammergau. Das brachte all die unerläßlichen Dinge mit sich, die nun zu erledigen waren. Wir scharten uns alle um Wernher von Braun, um seine Anweisungen entgegenzunehmen. Es war zumindest mir klar, daß er schon eine Zukunft für uns plante. Bei seinen Ausführungen fing er mit der gegenwärtigen Lage an.
Ungewißheit und Entschlüsse «Daß Oberammergau voller SS ist, ist Ihnen ja wohl nicht entgangen», sagte er mit einigem Ingrimm. «Ehrlich gesagt, mir gefällt das gar nicht. Was immer auch mit Deutschland passiert, unsere persönlichen technischen Kenntnisse, unser Wissen um die Verstecke unserer Forschungsergebnisse – dies alles macht uns zu Trägern einer ganzen Spezialwissenschaft. Ich fürchte, diese SS-Leute könnten dem Wahn der Verbrannten Erde verfallen und versuchen, uns und alles, was wir geschaffen haben, zu vernichten. Er lehnte sich mit dem Ausdruck fester Entschlossenheit nach vorn: «Bevor wir das geschehen lassen, und bevor wir uns oder unser Aktenmaterial denen in die Hände fallen lassen, meine ich, sollten wir uns aus dieser Gegend absetzen. General Dornberger hat bereits Schritte in dieser Richtung unternommen und sich mit seinem restlichen Stab im Hotel ‹Haus Ingeburg› in Oberjoch in der Nähe des Adolf-Hitler-Passes festgesetzt. Ich schlage vor, daß wir uns ihm anschließen. Wir werden dort oben

eine stattliche Anzahl von Leuten sein – so viele, meine ich, daß es selbst diesen zu allem fähigen SS-Leuten nicht ganz geheuer sein dürfte, mit uns anzubandeln. Ich selbst fahre morgen ab.»

Die Richtigkeit seiner Ausführungen war bestimmt nicht abzustreiten. Ich jedenfalls war ganz und gar nicht davon begeistert, in Oberammergau zu bleiben, wie die Dinge nun einmal lagen, und dies schien mir eine gute Gelegenheit, meine persönlichen Vorbereitungen für die Ankunft unserer Besieger zu treffen.

Am nächsten Morgen fuhr von Braun ab, und kurz danach folgte ich im Lastwagen, begleitet von Irmel, Hans und Paul. Nach Überprüfung unserer letzten Benzinreserven machte ich einen kurzen Abstecher nach Pfronten, wo ich Irmel in der Obhut von alten Freunden der Familie lassen wollte. Bei diesen unsicheren Zeiten schien mir dies einstweilen die beste Lösung zu sein, denn niemand wußte, was der nächste Tag bringen würde.

Wir besorgten ihr dort ein Zimmer, und meine Freunde versprachen mir, sich so viel wie möglich um sie zu kümmern. Ich machte mich sofort daran, ihr Zimmer einigermaßen einzurichten, dann hieß es Abschied nehmen. Es mußte alles so rasch gehen! Ich versprach Irmel, daß ich wiederkäme, sobald ich konnte; etwas Genaueres konnte ich ihr unter den damaligen Umständen nicht sagen. Schweren Herzens ließ ich sie zurück und ging wieder zum Lastwagen und zu Hans und Paul, um die Fahrt zum Paß anzutreten.

Der Tag war fast um, als wir wegkamen. Wir manövrierten uns unter vielen Schwierigkeiten die schmalen, steilen Gebirgsstraßen hoch und kamen endlich in Oberjoch an – buchstäblich mit dem letzten Tropfen Benzin. Inzwischen war es längst dunkel geworden. Hier und da sahen wir Häuser und gedämpftes Licht; verschiedentlich sah man auch Menschen auf der Straße. Ich hielt und fragte einen Passanten: «Wie kommen wir zu Haus Ingeburg?»

Der Mann wies uns die Richtung mit dem Finger. «Etwa zweihundert Meter nach dort.»

Ich bedankte mich und fuhr die steile Auffahrt zum Parkplatz hoch, der vor dem großen, dreistöckigen Hotel mit Schrägdach lag. Wir gingen die breite Treppe hinauf und traten durch eine schwere

Tür in eine moderne, hell erleuchtete Hotelhalle ein. Dort befand sich eine Anzahl Leute, viele in Wehrmachtsuniform. Ich entdeckte sofort Magnus und ging zu ihm hinüber.

«Ich werde Sie mit Unteroffizier Seidlitz bekanntmachen, der die Zimmerverteilung unter sich hat», sagte er. «Wir haben eine dahingehende Absprache mit dem Eigentümer von Haus Ingeburg.» Innerhalb weniger Minuten bekam ich ein Einzelzimmer im zweiten Stock. Es war ein sehr schönes Zimmer, besonders in Anbetracht der schlechten Zeiten, und am folgenden Morgen sah ich, daß es einen herrlichen Ausblick auf die Berge bot. Hans und Paul bekamen ein Zimmer im obersten Stockwerk.

Dies war am 15. April 1945. Von hier ab schreibt die Geschichte an meinem Bericht mit, denn nun bekamen gewisse Daten eine historische Bedeutung. Ich denke dabei vor allem an die später beschriebenen Geschehnisse des 2. Mai, und vor meinem geistigen Auge sehe ich heute noch die Tage bis zu jenem Datum vorbeiflattern wie Kalenderblätter.

An jenem besagten 15. April knabberte ich spät am Abend noch an einigen belegten Broten und dachte über Vergangenes und Gegenwärtiges nach. Nachdem ich meinen Hunger gestillt hatte, ging ich nach unten und suchte Leute auf, die ich kannte: General Dornberger, Oberstleutnant Axster von seinem Stab und Bernhard Tessmann, der ebenfalls glücklich von unserer abenteuerlichen Fahrt zum Versteck unserer Geheimakten zurückgekehrt war. Wir tauschten noch Berichte über unsere getrennte Weiterfahrt aus.

Ich selbst hatte das dringende Bedürfnis, die Geschichte der Unterbringung dieser Akten in allen Einzelheiten Wernher von Braun mitzuteilen, und mit Tessmanns Hilfe fand ich schließlich ihn sowie seinen Bruder Magnus. Tessmann hatte ihm natürlich bereits in großen Zügen erzählt, wie das zugegangen war, doch ich wollte ihn über alle Einzelheiten informieren. Magnus hatte auch noch keinen vollen Bericht gehört, und so saßen wir denn zu viert und besprachen alles gründlich.

Nachdem ich die ganze Geschichte erzählt hatte, war ich so erschöpft, daß ich mich entschuldigte. Ich fiel buchstäblich ins Bett und schlief seit langer Zeit einmal wieder richtig aus, wozu die wunderbare, frische Frühlingsluft dieser Gebirgsgegend in nicht geringem Maße beitrug.

Die nächsten zweiundsiebzig Stunden brachten keine besonderen Ereignisse. Ich verbrachte die Zeit mit Spaziergängen und Lesen; auch ein paar Schachpartner fanden sich für mich. Schach hatte ich schon lange nicht mehr gespielt und verbrachte jetzt viele Stunden damit. Das Essen wurde von der Wehrmacht gestellt und war ausgezeichnet. Irgendwo am Fuß der Berge befand sich jenseits von Hindelang ein Heeresverpflegungslager, und jeden Tag fuhr ein Lastwagen dorthin, um unsere Verpflegung abzuholen.

Die Abende brachten wir gewöhnlich im Speiseraum zu, wo wir Schach spielten und uns unterhielten. Ab und zu fand sich eine größere Gruppe von uns in von Brauns Zimmer zusammen; das wurde dann immer ein anregender Abend voll lebhafter Unterhaltung. Man nahm sich dabei gegenseitig «auf die Schippe», und unser Vorrat an süßem Wermut wurde allmählich aufgebraucht.

Nach drei Tagen des Nichtstuns holte ich mein Fahrrad hervor und radelte den Berg hinunter nach Pfronten, um zu sehen, wie es Irmel ging. Wir verbrachten ein paar wunderschöne Stunden miteinander, und dann mußte ich leider wieder zurück. Die Fahrt ging nur bergauf, und ich brauchte zwei Stunden dazu.

Als ich die Hotelhalle betrat, hörte ich aus dem Hintergrund das Radio in voller Lautstärke plärren; Goebbels hielt eine Ansprache zu Ehren von Hitlers morgigem Geburtstag. Ich blieb stehen und hörte zu. Seine Worte verschlugen mir förmlich die Sprache. Es war einfach phantastisch, wie dieser Mann sich über die Tatsachen hinwegsetzte und redete, als wäre alles in bester Ordnung – als würde es nur noch Tage dauern, bis das große Wunder geschehen würde. Ich dachte daran, daß wir und unsere V-2 einmal dieses Wunder gewesen waren – und was war aus uns geworden? Ich schüttelte den Kopf und ging hinauf in mein Zimmer.

Am folgenden Tag, dem 20. April, wurde draußen vor dem Hotel eine kleine Feier zu Hitlers 56. Geburtstag gehalten. Es herrschte natürlich eine bedrückte Stimmung. Der Wehrmachtsoffizier, der die Ansprache hielt, drückte sich angesichts der nicht wegzuleugnenden Tatsachen äußerst geschickt aus. Ich bewunderte ihn für die

Wahl seiner Worte, die sich merklich von denen unterschieden, die Goebbels am Abend vorher durch den Äther posaunt hatte.

Die Zeit ging dahin, und das Gefühl des hilflosen Wartens lastete immer mehr auf uns. Auch die Natur schien sich gegen uns zu wenden. Es begann zu regnen und kurz danach auch zu schneien. Das bedeutete, daß ich nicht mehr nach Pfronten radeln konnte. Alles was mir blieb, waren die sorgenvollen Gespräche, die wir hier oben führten, die Schachpartien, mit denen wir die Zeit totschlugen, das Lesen aus lauter Verzweiflung – und warten, warten.

Nachdem auf diese Weise einige Tage vergangen waren, traf mein alter Freund Hartmut Küchen mit seiner Frau im Haus Ingeburg ein, begleitet von einem seiner Stabsleute, Leutnant Heims, ebenfalls mit Frau. Dies war eine absolute Überraschung, und wir feierten das Wiedersehen.

«Anfangs», so erzählte er mir bei Ersatzkaffee und Brötchen, «wollten wir einfach in Bad Sachsa das Eintreffen der Amerikaner abwarten. Doch dann bekam meine Frau es in letzter Minute mit der Angst zu tun, als sie die Truppen über das Feld anrücken sah, und wir machten uns aus dem Staub. In großer Eile, möchte ich hinzusetzen», sagte er mit einem Lächeln.

Ihre Fahrt zum Haus Ingeburg war nicht weniger abenteuerlich gewesen als meine eigene Odyssee. Jetzt erzählte ich ihm davon.

Inzwischen besserte sich das Wetter, doch die Nachrichten wurden ständig schlimmer. Mir gelangen noch einige Fahrten hinunter zu Irmel, doch selbst das konnte mich nicht die Frage vergessen lassen, wann und von wem wir wohl gefangengenommen würden – von den Amerikanern oder den Franzosen? Auf der Hauptstraße unterhalb des Hotels konnten wir auch hier wieder einen endlosen Strom von Flüchtlingen wahrnehmen – Soldaten und Zivilisten zu Fuß und mit Fahrzeugen aller Art. Das ging Tag und Nacht. Wohin? Das wußte niemand. Das wußten die Leute da unten bestimmt selbst nicht.

27. April. Plötzlich breitete sich unter uns eine Art Massenhysterie aus – nur fort von Haus Ingeburg!

«Wir hauen hier ab. Ich weiß ein Schlößchen hoch oben in den Bergen», sagte jemand. In der allgemeinen Aufregung wurde ein

Major vom Heer mit der Räumungsaktion beauftragt. «Morgen früh fahren wir ab», verkündete dieser.

Am folgenden Morgen aber trat das ein, was besonnenere Köpfe vorausgesehen hatten: Es herrschte großes Durcheinander, und man brachte sehr wenig zustande. Es wurde Nachmittag, als wir uns zu Fuß in unorganisierten Gruppen allmählich den Berg hoch in Richtung des Iseler Chalets bewegten.

Es war eine primitive Unterkunft, dazu gedrängt voll; was besonders auffiel war, daß die Offiziere keineswegs nüchtern waren. Es herrschte keinerlei Ordnung, es gab keine Planung, und niemand schien für irgend etwas zuständig zu sein. Dies waren Verfall und Chaos, aber sie brachten mich wieder auf den Boden der Tatsachen zurück, von dem ich mich durch die Ereignisse der letzten vierundzwanzig Stunden abgehoben hatte.

Ich blieb gerade lange genug dort oben, um mir ein Bild von der Lage zu machen – höchstens ein paar Minuten – dann ging ich wieder zurück nach Ingeburg, wobei ich den beschwerlichen Marsch zum Iseler Chalet gründlich bereute. Vielleicht sollte ich nach Pfronten gehen, überlegte ich, während ich dahintrottete. Doch nach den letzten Meldungen war Pfronten bereits in amerikanischer Hand.

Da kam mir Tessmann über den Weg gelaufen. Er ärgerte sich gleichermaßen über sich selbst wie über den ganzen sinnlosen Umzug, und nachdem wir einige Worte gewechselt hatten, meinte er, «kommen Sie doch mit mir zum Hochpaß-Haus, dort ist noch Platz.»

Das hörte sich gut an; zumindest bedeutete es eine Abwechslung. Nachdem ich mich in meinem neuen Quartier eingerichtet hatte, ging ich nochmals zurück zu Haus Ingeburg, um die dortigen Annehmlichkeiten auszunutzen und zu sehen, wer noch da war. Ich fand u.a. von Braun und Dornberger, aber viele waren schon nicht mehr da. Auch bemerkte ich eine wachsende Nervosität, eine Art Enttäuschung darüber, daß das unvermeidliche Ende immer noch nicht da war. Warum kam denn niemand? Warum waren wir noch nicht in den Händen der Alliierten? Die Meldungen, die über den Rundfunk vom Reichssender Berlin kamen, waren ohnehin sehr ungenau, doch uns war es völlig klar, daß die amerikanischen Truppen uns längst überholt hatten und nördlich von uns am Fuß des Gebirges weiterzogen.

29. April: Von Braun kam in der Halle von Haus Ingeburg auf mich zu und schlug vor, ich sollte wieder hier einziehen. Ich war ganz und gar dafür, denn es leuchtete mir ein, daß ich den maßgebenden Kreisen jetzt so nahe wie möglich bleiben sollte. Am folgenden Tag, nachdem ich wieder mit Wäschebeutel und Koffer eingezogen war, verbreitete sich im Hotel wie ein Lauffeuer die Nachricht, daß die Franzosen kämen.

«Es sind hauptsächlich marokkanische Truppen!» rief eine aufgeregte Stimme.

Im Vergleich zu allem, was mir während der Jahre bei der Wehrmacht, in Peenemünde und dann weiter auf meiner Flucht quer durch Deutschland widerfuhr, war wohl nichts so tragikomisch wie dieser Augenblick und was darauf folgte. Im nachhinein könnte man fast darüber lachen, doch damals war uns nicht danach zumute.

Es ging das Gerücht um, daß die Marokkaner besonders wilde Krieger seien, und wenn sie Alkohol in die Hände bekämen, dann wären sie die reinsten Mordgesellen. Das Stichwort «Alkohol» bewog einen Angestellten des Hotels dazu, ein wohlgehütetes Geheimnis preiszugeben, nämlich daß sein Chef tausende Flaschen von Wein in seinem Keller gelagert habe. Wir setzten uns über das Protestgeschrei des Eigentümers hinweg und sahen nach. Es war wahr – und wir waren wütend. Die ganze Zeit über hatte er uns versichert, daß nichts als Most im Hause sei. Er hatte uns damit nicht nur um ein harmloses Vergnügen gebracht, sondern wollte sich damit gleichzeitig bei den Besatzungstruppen beliebt machen, für die er diesen Schatz im Keller offensichtlich aufgehoben hatte. Unser Zorn kannte keine Grenzen beim Gedanken daran, daß die Marokkaner, wenn sie dieser Getränke habhaft würden, uns allen den Garaus machen würden.

Wir sagten uns, irgend etwas müßte mit dem Wein geschehen, und zwar bevor die Marokkaner kämen. So machten wir denn alle verfügbaren Lastwagen fertig und zogen alle Männer, ob Zivil oder

Militär, zur Mithilfe beim Verladen heran – auch die Angestellten des Hotels. Dann formten wir eine menschliche Kette vom Keller zu den Lastwagen und reichten so die Flaschen nach oben. Hunderte, ja Tausende wanderten von Hand zu Hand, stundenlang, bis wir alle total erschöpft waren. Die Etikette, die durch meine Hände gingen, waren phantastisch: Heidsieck, Veuve Cliquot, Ettaler, Cinzano, Liebfrauenmilch, Rüdesheimer und so fort. Hin und wieder stellte jemand eine Flasche beiseite – zur weiteren Verwendung. Und immer noch kamen die Flaschen! Heraus aus den Stahlschränken, durch die schweren Kellertüren, die den Wein gegen Temperaturschwankungen abgeschirmt hatten, hindurch durch die schmalen Korridore, die Treppen hoch und zum Vordereingang hinaus und dann zu den Lastwagen, die draußen im Dunkel warteten. Einige Flaschen, dessen erinnere ich mich deutlich, hatten nach einigem Weiterreichen keine Korken mehr.

Gegen zwei Uhr morgens hatten wir etwa fünftausend Flaschen Wein und Likör verladen und zu einem nahegelegenen Lazarett geschickt. Die dortigen Patienten durften sich dann tagelang damit amüsieren: drei Flaschen pro Kunde – kostenlos!

So verging der Morgen des 1. Mai, und es kamen weder Franzosen noch Amerikaner; nichts hatte sich geändert. Der Tag war grau und trübe, und es regnete hin und wieder. Nachmittags aber kam über den Rundfunk die Ansage, die wie die Stimme des Schicksals klang: «Wir bringen in Kürze eine wichtige Durchsage.»

Wir versammelten uns alle um das Radio, schweigend und mit Furcht in den Herzen. Jetzt ist es wohl so weit, dachte ich. Kapitulation. Nach einigen Momenten, in denen wir nur statische Geräusche vernahmen, kam der Satz:

«Der Führer ist gestern, am 30. April, in seinem Hauptquartier in Berlin im Kampf gefallen.» Die Stimme des Ansagers klang völlig neutral und unbeteiligt.

Wir alle sahen einander an. Es wurde kaum geredet; dies war ohnehin unvermeidlich gewesen, und wir hatten damit gerechnet. Es war noch nicht einmal das Symbol der Niederlage. Das Symbol der Niederlage war Deutschland selbst – demoralisiert, zerschlagen und überrannt. Es war lediglich ein kleiner Mann aus dem Leben gegangen, der schon lange nichts mehr bedeutet hatte, das war alles. Allmählich zerstreute sich die Ansammlung, und jeder ging seiner Wege, manche in den Speisesaal, um weiterzuessen, andere zurück zu ihrem Schachspiel oder dem Buch, das sie gerade gelesen hatten. Später erfuhren wir natürlich, daß Hitler nicht im Kampf gefallen war, sondern gemeinsam mit Eva Braun, die er kurz zuvor geheiratet hatte, Selbstmord begangen hatte.

Früh am Morgen des 2. Mai beorderte Wernher von Braun einige von uns in sein Zimmer. Er wirkte so entspannt wie schon seit vielen Tagen nicht mehr. Er sprach in einfachen, sehr nachdrücklichen Worten:

«Magnus, der englisch spricht, ist gerade mit dem Rad fortgefahren, um Kontakt mit den amerikanischen Truppen in Reutte aufzunehmen. Wir können hier nicht ewig warten.»

Um zwei Uhr nachmittags kam Magnus wieder. Er hatte bei den Amerikanern alles in die Wege geleitet. Wernher hörte sich seinen Bericht schweigend an, dann drehte er sich um und gab Anweisung, daß drei BMW-Personenwagen mit Fahrern bereitgestellt würden.

So versammelten sich nach und nach am Mittwoch, dem 2. Mai, spät am trüben und regnerischen Nachmittag sieben Männer in Zivilkleidung am Eingang zum Haus Ingeburg: Wernher von Braun, Technischer Direktor und treibende Kraft von Peenemünde, wo das Zeitalter der Raumraketen begann; sein Bruder Magnus, zuletzt leitender Ingenieur der Gyroskop-Massenproduktion im Mittelwerk; General Dr. Walter Dornberger, der Schutzherr der deutschen Raketentechnik, Hans Lindenberg, Ingenieur für die Massenproduktion der V-2-Düse; Bernhard Tessmann, Chefkonstrukteur der Prüfeinrichtungen von Peenemünde; Oberstleutnant Dr. Herbert Axster, ein Offizier in Dornbergers Stab, und ich.

Kurz danach fuhr die BMW-Kolonne vor, mit der wir diese schicksalhafte Fahrt antreten sollten. Wir verluden das mitzuführende Material und stiegen dann selbst ein. Wir saßen eingezwängt zwischen Koffern, Kisten, Brieftaschen und Kartons. Ich hatte das ungute Gefühl, daß dies alles war, was von einem der größten technischen Abenteuer der Neuzeit übriggeblieben war.

Endlich fuhren wir ab, und die drei feldgrauen Wagen bewegten sich auf dem einsamen Pfad abwärts, fort vom Adolf-Hitler-Paß und auf das österreichische Dorf Schattwald zu. Es war dieselbe Straße, auf der sich noch vor wenigen Wochen ein endloser Treck von Motorfahrzeugen, Pferdewagen, Schubkarren und ähnlichem bewegt hatte – die traurigen Überreste des deutschen Heeres auf der Flucht zu einer Bergfestung, die es nicht gab. Jetzt war diese Straße völlig leer bis auf unsere einsame kleine Wagenkolonne. Die Wolken hingen tief und schwer um uns, und die dicht bewaldeten Hänge der Kühgrundberge umgaben uns mit ihrem ernsten Schweigen. Wir hingen alle still unseren Gedanken nach. Niemand wußte, was die Zukunft bringen würde, weder in den nächsten paar Minuten in Schattwald oder in den darauffolgenden Tagen, Wochen und Monaten.

Das Geräusch des Wagenmotors und der Regentropfen, das Fehlen eines jeden Lebenszeichens auf dieser einsamen Strecke gaben uns das Gefühl, daß wir irgendwo im All schwebten, wo es weder Zeit noch Raum gab. Und wieder einmal schien die eiserne Hand des Schicksals mich von meiner Arbeit trennen zu wollen, die ich so sehr liebte.

16 In US-Gewahrsam

Plötzlich kam um die Kurve herum ein amerikanischer Soldat in unser Blickfeld, der uns zum Halten winkte. Magnus stieg kurz aus und zeigte dem Soldaten ein Papier, worauf dieser uns durch eine Handbewegung aufforderte, uns in ein nahegelegenes Gebäude zu begeben, das vor vielen Jahren einmal eine österreichische Zollstation gewesen sein mußte.

Wir traten ein – auf alles gefaßt. Innen befanden sich weitere Soldaten, die uns aufforderten, auf einer Reihe von Stühlen Platz zu nehmen, die an einer Ziegelwand entlang aufgestellt waren. Die Soldaten verhielten sich korrekt, aber reserviert – man unterhielt sich nicht mit uns. Ein Offizier begann, endlose Telefongespräche zu führen. Ich hatte zwar etwas Englisch im Gymnasium gelernt, aber von dem, was hier gesprochen wurde, konnte ich kaum ein Wort verstehen. Eine halbe Stunde später wurden wir aufgefordert, uns wieder in unsere Fahrzeuge zu begeben, und unsere Kolonne setzte sich erneut in Bewegung. Diesmal wurden wir jedoch von zwei Begleitfahrzeugen flankiert, die – wie ich später erfuhr – »Jeeps« genannt wurden. Mit ihnen sollte ich in der Folgezeit noch nähere Bekanntschaft machen und sie sogar bewundern lernen, obwohl ich das Fehlen auch des kleinsten Komforts bei ihnen nie ganz verstehen konnte.

Nach Einbruch der Dunkelheit erreichten wir Reutte und hielten vor einer Villa, die im typisch bayerischösterreichischen Stil gehalten war. Strom gab es noch nicht wieder, und der Ort lag im Dunkeln. Man führte uns in eine große, schwach beleuchtete Halle des Gebäudes. An einem Ende befand sich ein mit Papieren bedeckter Tisch, beleuchtet von einer einzigen Kerze. Im Halbdunkel gewahrte man einen US-Offizier, der in diesen Papieren wühlte. Bei dieser Beleuchtung wirkte er wie ein Gespenst.

Hier versammelten wir uns nun in kleinen Gruppen; bei dem spärlichen Licht sahen auch unsere Gesichter wie Masken aus. Dann gewahrten wir eine Reihe von Bekannten, die bereits anwesend waren, darunter auch einige Offiziere aus Dornbergers früherem Stab, die man auf irgendeine Weise aufgegriffen haben mußte.

Schließlich machte sich amerikanisches Personal daran, unsere Namen aufzunehmen; diese Leute sprachen durchweg ausgezeichnet Deutsch. Es gab nur wenige Formalitäten, und binnen kurzem wurden uns allen Räume in einem großen Haus zugewiesen. Die Zimmer waren zwar nicht aufgeräumt, und die Betten nicht frisch bezogen, aber das störte keinen. Alles, was sich hier abspielte, war so unterschiedlich von dem, was noch vor wenigen Stunden um uns gewesen war, daß wir derartige Kleinigkeiten kaum wahrnahmen. Plötzlich ging das elektrische Licht an. Wir konnten unsere persönlichen Gepäckstücke erkennen, unsere Toilettenartikel heraussuchen, uns waschen, kämmen und uns ein etwas zivilisierteres Aussehen geben. Zu unserem Erstaunen wurden wir dann in einen

Haus Ingeburg auf dem damaligen Adolf-Hitler-Pass, wo sich die Stäbe Dornbergers und Wernher von Brauns zur Übergabe an die Amerikaner vorbereiten.

Dr. von Braun mit Dr. Dornberger und mit einigen seiner engsten Mitarbeiter am Morgen nach der Übergabe an die Amerikaner in Reutte. Von links nach rechts: Dieter Huzel, Magnus von Braun (Wernhers Bruder), General Dr. Dornberger, Dr. Herbert Axster, Dr. Wernher von Braun, Hans Lindenberg, Bernhard Tessmann.

geräumigen Eßsaal geführt, wo uns ein einfaches, aber ausgezeichnetes Mahl vorgesetzt wurde, das aus frischen Eiern, Butter und einem unglaublich weißen Brot bestand, wie wir es viele Jahre nicht mehr gesehen hatten. Im Hintergrund saßen mehrere US-Soldaten, die lasen oder Radio hörten. Wir sprachen nur wenig untereinander. Nach dem Essen wurden wir unverzüglich wieder in unsere Zimmer gebracht und schliefen bald fest.

Mit dem nächsten Morgen begann ein schöner Vorfrühlingstag, zwar immer noch kalt, aber vielversprechend. Nachdem man uns einige knappe Anweisungen erteilt hatte, brachte man uns zu einer Baracke, in der sich eine Offiziersmesse befand und wo wir ein amerikanisches Frühstück einnahmen. Nach fünf Jahren Krieg bedeutete dieses Frühstück für uns eine unglaubliche moralische Erhebung. Es war mir fast unheimlich zumute; die absolut korrekte Behandlung, die man uns bisher hatte zuteil werden lassen, bewirkte bei uns eine große Erleichterung.

Als wir aus der Messe herauskamen, waren mehrere Fotografen von der amerikanischen Armee dort, die Aufnahmen von uns machten, sowohl von unserer ganzen Gruppe als auch von einzelnen Männern, insbesondere von Wernher von Braun. Dann kehrten wir wieder in unsere Quartiere zurück und verbrachten mehrere Stunden mit Lesen und allgemeiner Unterhaltung. Ich nutzte die Zeit, um mir einige Notizen zu machen. Dann wurden wir angewiesen, unser Gepäck mitzunehmen und einen offenen amerikanischen Militärlastwagen zu besteigen, der vor dem Gebäude stand. Ich bemerkte sofort, daß von Braun und Dornberger fehlten.

Nach mehreren Stunden Fahrt hielten wir vor einer Schule in dem kleinen Dorf Peiting. Als wir unsere Sachen abluden, fanden wir uns plötzlich inmitten alter Freunde. Da waren Erich Kaschig vom P-7, Heinz Scharnowski, Hans Hüter und viele andere.

Unter diesen seltsamen Umständen fanden sich langsam viele der Peenemünder wieder zusammen. Ich wagte zwar kaum, wieder Hoffnung zu schöpfen, aber mir ging der legendäre Vogel Phönix durch den Sinn, der aus seiner eigenen Asche wiedererstand.

Im Schulgebäude wartete eine weitere Überraschung auf uns. Dies war der städtische Kindergarten, und die Möbel und sanitären

Einrichtungen waren von entsprechend verkleinertem Maßstab. Doch trotz der Tatsache, daß es keine für uns brauchbaren Möbel, Betten und dergleichen, ja nicht einmal einen Teppich gab, verbrachten wir dort einen amüsanten und interessanten Abend mit Geschichtenerzählen bei Kerzenlicht. Ich hatte noch eine Flasche süßen Wermut in meinem Koffer, und die reichte gerade zu einem Schluck für jeden von uns. Die Nacht, die wir auf dem kahlen Fußboden verbrachten, erinnerte mich an die Luftschutzräume in Berlin.

In den nächsten Tagen passierte erst einmal überhaupt nichts. Von Zeit zu Zeit kamen Gerüchte auf, daß wir jetzt weiterfahren würden, doch sie erwiesen sich jedesmal als falsch. Unsere Bewegungsfreiheit war eingeschränkt, doch wir konnten in einem nahen Gasthaus unsere Mahlzeiten einnehmen. Eines Tages kam unverhofft Hartmuts Frau, Waltraut, zu uns. Sie war furchtbar aufgeregt. Hartmut war von den US-Militärbehörden verhaftet worden, und zwar auf eine Denunziation von Dorfbewohnern hin, die geglaubt hatten, er hätte zu Himmlers SS-Truppen gehört. Wie wir später hörten, war es anderen ähnlich ergangen, doch sie wurden ausnahmslos bald wieder freigelassen. Ein paar Tage später ging unsere Fahrt weiter. Lastwagen fuhren vor, und unser Gepäck wurde aufgeladen.

Wir waren mehrere Stunden unterwegs. Wieder ging es durch wohlbekanntes Gelände: Oberammergau, Ettal und dann Garmisch-Partenkirchen, das seit den Olympischen Winterspielen im Jahre 1936 Berühmtheit erlangt hatte und mit seinem polierten, wohlhabenden Aussehen seinem Ruf in keiner Weise nachstand. Die Lastwagen hielten schließlich im Innenhof eines riesigen Gebäudekomplexes, der früher einer deutschen Militärverwaltung gedient hatte. Dort wurden wir von mehreren hundert weiteren Peenemündern begrüßt, von denen viele zu unserem engsten Mitarbeiterkreis gehört hatten, darunter auch Wernher von Braun. Man sagte uns, daß im dritten Stock des Gebäudes noch mehrere leere Zimmer seien, die wir unverzüglich in Besitz nahmen. Glücklicherweise gab es im Kellergeschoß genügend Feldbetten und Spinde, und binnen kurzem hatten wir uns häuslich eingerichtet. Und wieder saßen wir dann bis spät in die Nacht hinein und erzählten uns gegenseitig unsere Erlebnisse, nachdem wir nun aus den verschiedensten Richtungen wieder zusammengekommen waren. Das Stabsgebäude, in dem wir uns hier befanden, sollte für die nächsten drei Monate mein Zuhause werden. Und immer noch kamen weitere Peenemünder hier an, bis unsere Gruppe am Ende mehr als vierhundert Mann zählte. Unter denen, die später zu uns stießen, waren auch Hartmut und seine Frau. Er war einer der wenigen, denen es gelungen war, während dieser ganzen Zeit mit ihren Frauen zusammenzubleiben.

Wenn ich heute an jene Zeit in Garmisch zurückdenke, dann kommt sie mir keinesfalls wie eine Gefangenschaft vor. Das einzig Quälende daran war, daß wir keinen Kontakt mit unseren Familien und unseren Lieben aufnehmen konnten, denn es gab monatelang weder Post- noch Telefonverbindung. Ansonsten waren das Stabsgebäude und der dazugehörige Innenhof groß genug, so daß wir den Aufenthalt hier nicht unbedingt als Freiheitseinschränkung empfanden. Der Blick aus den Fenstern war nach allen Richtungen hin von atemraubender Schönheit; Deutschlands höchste Erhebung, die Zugspitze, war von hier aus deutlich zu sehen. Auch die Jahreszeit war ideal: Frühling in den Bergen. Die Bäume trugen frisches Laub, überall sah man Blumen, so weit der Blick von unseren Fenstern und Balkons reichte. Es regnete nicht oft, und man konnte jeden Tag auf dem Rasenplatz des Innenhofes in der Sonne sitzen. Oft stieg ich an solchen Tagen auf den Dachboden und von dort aus auf das Dach, von wo aus ich einen herrlichen Rundblick auf die Berge nach allen Richtungen hatte.

Innerhalb der uns gesetzten Grenzen konnten wir uns hier frei bewegen, wobei wir nur einige Hausregeln beachten mußten, die wir uns zum Teil selbst gesetzt hatten. Unsere Verpflegung bestand zunächst für kurze Zeit aus amerikanischen K-Rations (Marschverpflegungspäckchen). Dann übernahmen neu eingesetzte deutsche Dienststellen die Versorgung. Die Verpflegung war zwar nach wie vor nicht gerade extravagant, doch sie war ausreichend. Kücheneinrichtungen und Speiseräume waren im Kellergeschoß reichlich vorhanden, und im Erdgeschoß befand sich sogar ein Lazarett. Schon nach kurzer Zeit begannen unsere Leute, die ja durchweg einen hohen Bildungsgrad besaßen, unser Leben etwas planmäßiger zu gestalten und mit sinnvoller Beschäftigung auszufüllen. Es wurden Vortragsreihen gehalten, die auf dem Universitätsniveau lagen. Als Dozenten fungierten unsere Spezialisten der verschiedenen technischen Gebiete wie Thermodynamik, Astronomie, Kernphysik, Mathematik, Ballistik, Meteorologie und Steuerung. Auch andere Themen wurden behandelt, u. a. auch die Kunst des Schachspielens, woraufhin natürlich später ein Schachturnier stattfand.

Auch gab es hier eine ausgezeichnete Bibliothek. Ebenso wurde ein kleines Orchester zusammengestellt, das bescheidene Abendkonzerte im zentralen Versammlungsraum des Gebäudes veranstaltete. Sogar eine Theatergruppe wurde gegründet, die nach und nach vier Aufführungen zustande brachte, wofür jeder Zuschauer seinen eigenen Stuhl mitbringen mußte.

Wie zu erwarten, war die Unterbringung von mehr als vierhundert Leuten auf einem Gelände, das nur etwas über einen Hektar groß war, nicht ganz problemlos. Doch in Anbetracht der gegebenen Umstände klappte während dieser ganzen Zeit alles außerordentlich gut. Der zuständige US-Offizier war Col. John O'Mara. Ihm stand sein tüchtiger Adjutant, Lt. Fox, zur Seite; es gehörten auch noch weitere Leute zu seinem Stab, an deren Namen ich mich nicht erinnern kann. Während der ersten Wochen war es ganz natürlich, daß Wernher von Braun der Hauptsprecher für die deutsche Gruppe war. Als er zu Verhandlungen abberufen wurde, nahm Dornberger diesen Platz ein, bis auch er von Zeit zu Zeit verschwand. Nacheinander wurden dann verschiedene andere dazu ernannt; der letzte Sprecher war Dr. Netzer von der Peenemünder Steuerungsabteilung. Bald darauf wurde das Lager in Garmisch aufgelöst.

Viele der kleinen Probleme, die sich hier ergaben, wurden in Hauptversammlungen beigelegt, an denen alle unsere Leute teilnahmen. Dabei wurden alle Für und Wider diskutiert. Dann wurden Mehrheitsbeschlüsse gefaßt, wobei die Anwesenden durch Erheben der Hände ihre Zustimmung kundtaten. Diese bemerkenswert demokratische Methode hatten wir umgehend übernommen. Hier im Lager stellten wir auch gewisse Grundregeln für unser Zusammenleben auf: Ruhe in den Abendstunden, Erstellung eines Ehrenkodexes, Beschlüsse betreffs des Frühstücks (Suppe oder keine Suppe), etc. Diese Beschlüsse wurden in den Hauptversammlungen gefaßt, die in der späteren deutschen USA-Gruppe noch jahrelang das A und O waren. Die Versammlungen, auf denen hier sowohl der deutsche als auch der amerikanische Verantwortliche sprachen, waren für die Moral unserer Leute der ausschlaggebende Faktor. Mehr als alles andere beeinflußten sie die deutschen Raketenspezialisten als Gruppe und als Einzelmenschen, wodurch eine gute Zusammenarbeit gewährleistet wurde.

Was immer wir auch in Garmisch taten, wir hatten bei alledem viel Zeit zum Nachdenken und Erzählen. Es gab keine Arbeit, keine Termine, und es sah auch nicht so aus, als würden wir in Kürze irgendwo hinbeordert. Für viele von uns war dies seit Monaten oder Jahren die erste Gelegenheit, ruhige Überlegungen über Vergangenheit und Gegenwart anzustellen und die Zukunft ins Auge zu fassen.

Peenemünde war nicht mehr. Die «Wunderwaffen» hatten die Niederlage nicht verhindern können. Wir dachten nochmals über unsere Reaktion nach, die wir am Abend des 8. September 1944 empfanden, als wir von den ersten Abschüssen der V-2 gegen England hörten. Fast ausnahmslos sahen wir diese Meldung als Bestätigung unserer jahrelangen technischen Arbeit an und nicht als Nachricht von einem militärischen Sieg. Wir alle wußten im Grunde genommen, daß das Rad der Geschichte bereits zu weit vorangerollt war, als daß die A-4 es hätte aufhalten können.

In der reizvollen Umgebung von Garmisch hatten wir Zeit, darüber nachzudenken, wie abgeschieden wir in Peenemünde doch von der rauhen Wirklichkeit des Krieges gewesen waren. Der Krieg hatte dort mehr eine Belästigung für uns dargestellt – etwas, das der Teufel sich ausgedacht hatte, um eine technische Aufgabe, die an sich schon schwierig genug war, nahezu unmöglich zu machen. Zwar war dieser Krieg von Zeit zu Zeit mit seiner ganzen Furie über uns hereingebrochen, doch die einzige Wirklichkeit, die es dort für uns gab, waren die täglichen Arbeiten und die langfristigen Ziele gewesen, die wir uns gesetzt hatten. Jahre später hätte man gut und gerne sagen können, daß für die Peenemünder Ingenieure die V-2 das darstellte, was bald darauf in den USA die Atlas-Rakete für die Convair-Ingenieure und die Thor-Rakete für die Douglas-Ingenieure war.

Auch sprachen wir in Garmisch oft über die Anwendung von Raketen in Friedenszeiten. Obwohl Mittel für die friedliche Erforschung des Weltraumes in dem gleichen Maße bereitgestellt würden, wie sie für Kriegszwecke zur Verfügung standen? Und wer würde dies tun? Welches Land oder welche Länder? Dadurch kamen wir dann auf uns selbst zu sprechen, denn wir mit unserer Erfahrung und unserem vergrabenen Schatz an technischen Daten waren die einzige bedeutende Gruppe in der ganzen Welt, die das technische Know-how für die Raketenforschung besaß.

Während der ganzen Zeit, die wir in diesem Bayerischen Kurort verbrachten, kamen gelegentlich Leute vom amerikanischen Wachpersonal zu uns herein und deuteten an, daß wir «in ein paar Wochen in Amerika sein würden». Das bewog uns natürlich zu Überlegungen, was unsere Zukunft betraf, und zerstreute gleichzeitig gewisse Befürchtungen, die manche von uns hegten, nämlich daß man uns evtl. hier festhielte, um uns wegen angeblicher Kriegsverbrechen vor Gericht zu stellen. Gleichzeitig kursierten Gerüchte, daß man die deutsche Industrie abbauen und abtransportieren würde – ein Gedanke, der jeden Ingenieur mit großer Bestürzung erfüllen mußte.

Das Gerücht, daß wir «nach Amerika gehen» würden, verdichtete sich immer mehr, nachdem Col. O'Mara wieder einmal zum USFET (US-Forces, European Theater) Hauptquartier in Frankfurt am Main gefahren war – das war am 31. Mai 1945. Sofort überlegten und besprachen wir untereinander, was es für uns bedeuten würde, sollten diese Gerüchte wahr werden. «Was wird mit Irmel und mit meiner Familie?» ging es mir durch den Kopf. Würden wir sogar mit der Möglichkeit rechnen müssen, unsere Staatsangehörigkeit zu wechseln? Ein völlig neuer Gedanke. Ich erinnere mich deutlich an ein Gespräch, das ich dieserhalb mit Hartmut führte, als wir eines Nachmittags in Garmisch auf dem Rasen unserer Internierungsunterkunft saßen. Wir sprachen ganz sachlich darüber wie etwa die Besatzung eines Flugzeuges vor einer Notlandung, die den Abwurf allen entbehrlichen Ballastes erwägen muß, nur um die Maschine einigermaßen sicher aufzusetzen.

Die Selbstverständlichkeit, mit der wir darüber sprachen, führte mir wieder die extremen Umstände vor Augen, in denen wir uns befanden, denn vor einigen Jahren wäre so etwas undenkbar gewesen. Wenn ich heute daran zurückdenke, dann sehe ich kaum einen Unterschied zwischen unseren damaligen Überlegungen und denen der meisten Auswanderer früherer Jahrhunderte. Wie jene, so erhofften jetzt auch wir uns bessere Lebens- und Arbeitsbedingungen in einem fernen Land; etwas anderes zu behaupten wäre unehrlich gewesen.

In unserem Internierungslager gab es inzwischen nicht viel Neues. Von Zeit zu Zeit verließen uns einige Leute, einzeln oder in Gruppen, die in verschiedene Richtungen fuhren, sei's nach Oberjoch, um zurückgelassenes Gepäck abzuholen, oder zu unbekannten Bestimmungsorten, um sich ihre Entlassung aus der Wehrmacht bestätigen zu lassen. Manche kamen nach einiger Zeit wieder, andere blieben fort. Immer wenn ich hörte, daß jemand abfuhr – und meist hörte man das erst im letzten Moment – lief ich eilends hinunter in die Halle, einige längst fertige Briefe in der Hand für den Fall, daß jemand durch das Dorf kam, wo ich Irmel zurückgelassen hatte. Ich hoffte, daß ich ihr oder auch meinen Eltern in Norddeutschland auf diese Art eine Nachricht zukommen lassen könnte. Doch das gelang mir erst viel später. Allmählich wurde uns das Warten zu lang. Wir fragten uns, warum man uns immer noch hier festhielt. Man hatte unsere politische Vergangenheit untersucht und in Ordnung befunden; dennoch gab es in ganz Westdeutschland keine Gruppe von Zivilisten, die so isoliert wurden wie wir hier.

Col. O'Mara tat, was er konnte, um die Lage zu klären, und endlich führten seine wiederholten Fahrten zum USFET Hauptquartier in Frankfurt am Main dazu, daß sich bei uns etwas tat. Zuerst wurde eine kleinere Gruppe von Leuten, die in der russisch besetzten Zone beheimatet waren, überprüft und entlassen. Kurz darauf wurde eine größere Gruppe, die hauptsächlich aus nichttechnischem, militärischem Personal bestand, von ihrer bevorstehenden

Entlassung in Kenntnis gesetzt und fuhr dann sehr bald zum Entlassungslager. In bezug auf die Spezialisten war immer noch keine Entscheidung gefallen. Dann aber wurde Mitte Juni plötzlich eine Hauptversammlung einberufen. Ein amerikanischer Offizier gab in einer kurzen Ansprache bekannt, daß für uns die Möglichkeit bestünde, unsere Raketenforschungsarbeit in den Vereinigten Staaten fortzusetzen. Dann überreichte er jedem von uns eilends ein Stück Papier, auf dem wir durch unsere Unterschrift unsere Bereitschaft dazu bekunden sollten. Das Papier enthielt keinerlei Bedingungen, unter denen wir arbeiten sollten, und der Offizier war außerstande, uns über irgendwelche Einzelheiten zu informieren, außer daß wir unsere Unterschrift bedingungslos abgeben sollten. Als die Bögen – es waren mehrere hundert – eingesammelt wurden, hatten nur sechs Leute unterschrieben, und ich kannte keinen einzigen davon.

An einem sonnigen Morgen kam kurz vor seiner endgültigen Abreise aus Garmisch plötzlich General Dornberger herunter auf den Rasen und nahm mich beiseite.

«Wir beide», sagte er, «müssen wahrscheinlich in Kürze in Richtung Norden abreisen.»

Ich spitzte die Ohren. «Kommen wir auch durch Pfronten, damit ich Irmel besuchen und Post an meine Eltern abgeben kann?» fragte ich unverzüglich.

«Das weiß ich nicht», antwortete Dornberger, «unsere Fahrt hängt mit den Geheimakten zusammen, die Sie im Harz versteckt haben. Ich glaube, Sie müssen jetzt sagen, wo diese gelagert sind, vor allem weil die Demarkationslinie zwischen den westlichen und östlichen Besatzungszonen noch nicht festgelegt ist. Sie müssen uns genau zeigen, wo sich das Material befindet.»

Ich konnte ihm nur beistimmen, denn wenn wir unsere Arbeit eines Tages wirklich fortsetzen sollten – und es sah so aus – dann würden diese Aufzeichnungen uns Jahre an mühevoller Versuchsarbeit und Rekonstruktion ersparen.

«Ich bin in einer knappen Stunde fertig zur Abfahrt», sagte ich zu Dornberger und ging hinauf in mein Zimmer, um alles vorzubereiten. Doch dann verging ein Tag nach dem anderen, ohne daß wir wieder etwas von dieser Fahrt hörten. Nach ein paar Wochen sagte

Dornberger schließlich zu mir, «es scheint, daß unsere Fahrt nicht stattfindet. Ich bin mir nicht ganz gewiß, was hier passiert ist, aber wie es aussieht, hat man das Material bereits gefunden.»

Ich konnte meine Enttäuschung nicht verbergen. Ich wäre zu gerne bei der Bergung der Akten dabeigewesen; schließlich hatten wir alle gehofft, daß sich dadurch eine Zusammenarbeit ergeben würde. Außerdem hatte ich mir von dieser Fahrt ein Wiedersehen mit Irmel versprochen. Andererseits aber hatte ich ohnehin nie geglaubt, daß ich unbedingt selbst zu dem Aktenversteck hätte mitfahren müssen, denn ich hatte ja laut meinen Anweisungen sofort nach der Ausführung meiner Mission Wernher von Braun und Karl Otto Fleischer davon erzählt.

Später, am 21. Juli 1945, wurde eine Sondersitzung einberufen, und wir wurden davon informiert, daß aus unserer Gruppe eine Anzahl von Leuten herausgesucht worden war, die zur Ausführung einer Spezialaufgabe an die Engländer übergeben werden sollte. Am zweiten Tag danach sollten sich um 9 Uhr früh alle, deren Namen auf dieser Liste standen, abfahrtbereit melden. Jeder sollte sein Gepäck dabeihaben, das zur Fahrt in Richtung Norden mit auf die Lastwagen geladen werden sollte. Mein Name war auch dabei. Bis zum nächsten Morgen aber hatte ich einen festen Entschluß gefaßt: Auf keinen Fall würde ich mitfahren. In den spärlichen Berichten, die wir über die Engländer gehört hatten, wurden diese teils als absolut fair, teils aber auch genau gegenteilig beschrieben, was wir beim Gedanken an die Arroganz von General Montgomery durchaus glaubten. Außerdem schien es nur zu logisch, daß die Engländer den V-2-Spezialisten gegenüber keine besonders großzügige Einstellung haben würden. Am wichtigsten aber war mir jetzt, erst einmal festzustellen, was aus Irmel und meinen Eltern geworden war. Ich würde also hierbleiben. Daß eine offizielle Eingabe zwecklos sein würde, war mir klar. Ich würde den Abfahrtstermin ganz einfach «vergessen» und mich nicht sehen lassen.

Schon früh am nächsten Morgen sah ich die Lastwagen von einer Seitenstraße aus in unseren Innenhof fahren. Da mein Fenster mir nur den Blick in die andere Richtung gewährte, konnte ich nur raten, was im vorderen Hof vor sich ging. Innerhalb des Gebäudes hörte man keinen Laut. Ich stellte mir vor, wie die Leute in die Lastwagen stiegen und versuchten, es sich auf den Bänken für die lange Fahrt so bequem wie möglich zu machen, während die anderen sich von ihnen verabschiedeten. Ich fühlte mich in diesem Moment sehr einsam. Plötzlich wurde die Stille von hastigen Schritten unterbrochen, die laut durch die Korridore hallten. Verschiedene Stimmen riefen meinen Namen aus verschiedenen Richtungen. Türklinken wurden gedrückt, Türen wieder zugeschlagen. Das Stiefelgetrampel bewegte sich auf meinem Korridor methodisch auf mich zu. Das Aufreißen und Zuschlagen der Türen kam immer näher.

«Herr Huzel! Dieter Huzel!» Die Stimmen wurden zunehmend lauter. Jetzt waren sie im Zimmer nebenan.

«Herr Huzel?» Die Tür schlug zu.

Ich stellte mich hinter meine Zimmertür und drückte mich so eng wie möglich an die Wand; das war zwar ein alter Trick, aber unters Bett zu kriechen, das fand ich denn doch unter meiner Würde!

Die Tür flog auf und schlug mir dabei fast an die Nase. Der Soldat blickte rasch um sich und ging wieder. Ich wagte wieder zu atmen. Hätten sie mich wohl hinausgeschleppt, während ich gestrampelt und geschrien hätte wie ein kleiner Junge, der nicht zum Zahnarzt will? Bei dem Gedanken mußte ich lachen.

Die Stimmen wurden allmählich leiser und verloren sich dann ganz. Kurz darauf hörte ich, wie in der Ferne die Lastwagen ansprangen, und riskierte einen vorsichtigen Blick aus der Ecke des Fensters. Da sah ich die Lastwagen auf die Hauptstraße fahren, wo sie bald meinen Blicken entschwanden. Innerhalb kurzer Zeit kam wieder Leben in das Gebäude, als die zurückgebliebenen Leute wieder hineingeströmt kamen.

Am Nachmittag kam Hartmuts Zimmergenosse, der von meinem Plan wußte, zu mir und sagte, es sei alles ruhig. Mittlerweile waren die Lastwagen so weit fort, daß man nicht befürchten mußte, es würde nochmals ein Jeep zu einer Nachinspektion aufkreuzen. Ich bat ihn, Dr. Netzer, den Sprecher unserer Hauptversammlungen, über meinen Verbleib zu informieren, der dann auch nach kurzer Zeit bei mir auftauchte. Anfangs war er über mein Husarenstück keineswegs beglückt, doch ich erklärte ihm meine Motive und sagte ihm, daß ich den verantwortlichen Offizieren eine peinliche Situation so weit wie möglich ersparen wollte. Ich bat ihn ausdrücklich, dies auch Col. O'Mara auszurichten, der wahrscheinlich vor allem sichergehen wollte, daß keiner von seinen Leuten abhanden gekommen war.

In der Folgezeit wurde diese Angelegenheit in aller Stille zwischen Col. O'Mara und mir geregelt. Er versprach mir, persönlich dafür zu sorgen, daß meine Post abgeschickt würde, was ich schon seit Monaten versucht hatte. Ich versprach ihm dafür, daß ich der von den Engländern übernommenen Gruppe bei der nächsten Gelegenheit folgen würde.

Während der darauffolgenden Tage leerte sich das Gebäude zusehends, bis nur noch drei Mann zurückblieben; einer davon war ich. Am 31. Juli 1945 sagte mir Col. O'Mara, daß bisher kein weiterer Transport «nach Norden» abgegangen sei. Inzwischen wußte ich natürlich, daß mit «Norden» die Nordseeküste und Cuxhaven gemeint waren, wo angeblich die Engländer sich mit der V-2 beschäftigten. Da das Stabsgebäude in Kürze an eine andere Einheit übergeben werden sollte, lud mich Col. O'Mara ein, in seinem Hause zu wohnen, bis ich «nach Norden» führe. In einer knappen Stunde hatte ich meine Sachen in sein geräumiges Haus hinübergeschafft, das sich nur ein paar Straßen weiter befand. Dort stand mir nicht nur ein ausgezeichnetes Essen zur Verfügung, sondern ich konnte mich von jetzt ab auch frei in der Stadt bewegen auf mein Ehrenwort hin, daß ich mich nicht über eine gewisse Entfernung hinausbegeben würde. Ein paar Tage später erhielt ich einen Brief von Irmel, in dem sie mir schrieb, daß alles in Ordnung sei; damit wurde ich eine große Sorge los.

Nachdem ich mich einverstanden erklärt hatte, der bei den Engländern befindlichen Gruppe zu folgen, wollte ich auch so schnell wie möglich nach Cuxhaven, um das dortige Projekt hinter mich zu bringen. Einige Tage nachdem ich aus dem Stabsgebäude ausgezogen war, rückte Col. O'Maras Gruppe ab. Ich aber wurde einer Militärpolizei-Einheit übergeben und war nun zum erstenmal wirklich ein Gefangener.

Nach ein paar Wochen kam dann endlich ein mittelschwerer englischer Lastwagen, mit einem «Leftenant» Goffey, der mich mit nach Norden nehmen sollte. Als ich das Fahrzeug bestieg, gab es eine Überraschung: Dort saß Prof. Dr. Wierer, der in Peenemünde bei der Vereinfachung der elektrischen Schaltanlage für die A-4 ausschlaggebend gewesen war. Auch er war irgendwo in Süddeutschland von den Engländern aufgegabelt worden.

Wir warteten gerade auf dem Marktplatz von Garmisch auf unsere Papiere, als plötzlich meine Mutter vor mir stand. Sie hatte die weite Strecke von Essen im Ruhrgebiet, unserer fast total zerstörten Heimatstadt, bis hierher zurückgelegt. Teils war sie «per Anhalter» mit Lastwagen, teils kurze Strecken mit Personenzügen und teils in Güterwagen gefahren. Es war ein freudiges Wiedersehen. Ich erfuhr, daß sie und Vater die letzten dortigen Kämpfe unbeschadet überstanden hatten und daß es ihnen auch sonst leidlich ging, nur daß Vater sehr erschüttert darüber war, daß sein ganzes Lebenswerk zerstört war und er jetzt, fast siebzigjährig, nicht wieder von vorn anfangen konnte. Ich verließ meine Mutter mit den besten Wünschen und versprach, mich so bald und so oft wie möglich zu melden. Dann fuhr der Lastwagen ab, aber nur, um bereits am nächsten Tag gegen einen Baum zu knallen, weswegen wir dann in Mitteldeutschland mehrere Tage auf ein Ersatzfahrzeug warten mußten, das uns von Cuxhaven geschickt wurde. Endlich, am späten Abend des 12. August 1945, fuhren wir durch das Tor des englischen Lagers in Altenwalde bei Cuxhaven. Und wieder dachte ich an den Vogel Phoenix, der sich aus seiner Asche erhob, als ich jetzt wieder mit vielen meiner Mitarbeiter aus den Tagen von Peenemünde zusammenkam und wir gemeinsam an Raketen arbeiteten.

17 Operation Backfire

Unter Benutzung der Einrichtungen des früheren deutschen Marineartillerieschießplatzes in Altenwalde hatten die Engländer hier etwas in Angriff genommen, das später unter dem Namen «Operation Backfire» bekannt wurde. Etwas ironisch könnte man das Ganze als einen englischen Versuch beschreiben, das andere Ende der V-2-Flugbahn zu studieren. In technischer Hinsicht aber war dieses Unternehmen eine der umfassendsten Studien der V-2-Schußvorbereitungen, die jemals gemacht wurden. Hier erkannte und formulierte man wahrscheinlich zum erstenmal die Tatsache, daß zum Abschuß einer Rakete mindestens genausoviel Aufwand an Einrichtungen und Vorbereitungen notwendig war wie für die Herstellung der Rakete selbst. Die umfangreichen Berichte, die über «Operation Backfire» erstellt wurden, teils schriftlich und teils auf Filmen, waren umfassender als alles, was in den deutschen Akten enthalten war. Dafür hatte die deutsche Seite ihre Gründe gehabt. Eine derart umfangreiche Dokumentation wäre ihr schon deswegen nicht möglich gewesen, weil die kriegsbedingten Sicherheitsmaßnahmen dafür sorgten, daß vom technischen Personal niemand mehr über das Gesamtsystem wissen durfte, als dies für seine Arbeit unbedingt notwendig war. Außerdem wären für ein solches Unternehmen weder genug Arbeitskräfte noch genügend Zeit vorhanden gewesen.

«Operation Backfire» war von den Engländern einfach dazu ins Leben gerufen worden, um das gesamte V-2-System zu studieren, das deutsche Personal zu vernehmen, das auf alle Phasen und Nebensysteme spezialisiert war, und dann einige dieser Raketen über der Nordsee abzuschießen.

Die Engländer behandelten die deutsche Gruppe, zu denen hier eine vollständige militärische V-2-Abschuß-Einheit gehörte, einschließlich der Mannschaften, des technischen Personals und der Offiziere, fair und großzügig.

Auch hier war ich wieder von vielen bekannten Gesichtern umgeben. Hans Lindenberg, der zu der kleinen Gruppe gehört hatte, die mit von Braun bei Schattwald zu den Amerikanern gestoßen war, war hier der Sprecher für das deutsche zivile Spezialistenteam. Er hatte verhältnismäßig wenige Probleme gehabt. Nach monatelanger Untätigkeit waren alle froh, wieder auf ihrem Spezialgebiet zu arbeiten. Auch die Tatsache, daß dies alles nur eine technische Show und kein militärischer Einsatz war, gab den Männern ein gutes Gefühl, ganz abgesehen davon, daß sie zu jenen Zeiten nirgends besser aufgehoben sein konnten was das Essen, die Unterbringung und die interessanten Aufgaben betraf. Die einzige Sorge, die wir jetzt hatten, war die, was auf lange Sicht aus uns werden sollte. Diese vorübergehenden Arbeiten, zu denen wir abkommandiert wurden, gingen uns allmählich auf die Nerven. Wir wollten uns unser eigenes Leben aufbauen und wieder mit unseren Lieben vereint sein.

Als ich im Lager ankam, das örtlich unter dem Namen »Lager A» bekannt war, gab es dort nur relativ wenige Funktionen, die eine Analyse erforderten, und die Abschußbelegschaften waren vollzählig. Aus diesem Grunde schickte mich das britische Kommando zum «Lager C», das einige Kilometer entfernt lag.

«Lager C» war in Friedenszeiten das beliebte Ausflugsrestaurant und Hotel «Schützenhaus» gewesen. Es lag in der weiteren Umgebung von Cuxhaven, in Brockeswalde – eine für uns angenehme, obschon etwas altmodische Unterkunft. Die Engländer hatten das Anwesen mit einem einfachen, leicht übersteigbaren Drahtzaun umgeben. Das Gelände wurde von unbewaffneten deutschen kriegsgefangenen Soldaten «bewacht». Wir schlüpften täglich hinaus, und niemand schien davon Notiz zu nehmen.

Der Sprecher für die deutsche Gruppe hier war Dr. Kurt Debus, der seinerzeit mein Nachfolger auf P-7 gewesen war. Hier fand ich auch endlich Hartmut wieder. Ich gehörte einer kleinen Gruppe von 15 bis 20 Leuten an. Man hatte uns angeblich zu dem Zweck hierhergebracht, schwarz auf weiß niederzuschreiben, was an unseren Arbeiten in Peenemünde bemerkenswert gewesen war. Die meiste Zeit hatten wir jedoch fast nichts zu tun. Der englische Leiter von «Lager C» war ein Mr. Stratford, der mir auftrug, die Einrichtungen auf P-7 zu beschreiben.

So verbrachten wir hier unsere Zeit auf ähnliche Weise wie vorher in Garmisch, nämlich mit Schachspielen, Diskutieren und vor allem mit Lesen. Oft bekamen wir auch die offizielle Erlaubnis, zum nahen Ort Brockeswalde oder gar bis nach Cuxhaven zu gehen, wo seit kurzem wieder ein Kino geöffnet hatte und wo es eine kleine Bücherei gab. In entgegensetzter Richtung konnte man zu Fuß in weniger als einer Stunde den Strand erreichen. Unter normalen Verhältnissen wäre dies eine höchst angenehme Art gewesen, die Sommerzeit zu verbringen: zuerst in den Alpen, dann im Flachland in der Nähe eines Strandes, wobei man unendlich viel Freizeit hatte. Doch in unserer damaligen Situation hatten wir wenig Freude daran und sehnten das Ende dieser ungewissen Zeit herbei. Es gab immer noch keine Postverbindung, und trotzdem hörten wir oft Dinge, die uns beunruhigten, insbesondere über die Provinzen im Osten.

Von Zeit zu Zeit trafen wir uns mit den Leuten von »Lager A», von denen wir erfuhren, daß die Vorbereitungen für mehrere V-2-Abschüsse gut vorangingen. Gelegentlich hörten wir Gerüchte über Verhandlungen mit amerikanischen Dienststellen in Witzenhausen, geführt von den Peenemündern, die mit von Braun in Süddeutschland verblieben waren. Doch das waren, wie gesagt, Gerüchte, die uns nicht von der Unsicherheit befreien konnten, die sich unserer in dieser sogenannten ‹Gefangenschaft› bemächtigte, obwohl diese eher einem Erholungsurlaub glich. Es wurde jedoch bald klar, daß aus unserer Zahl eine besonders ausgesuchte Gruppe nach den USA versetzt würde, um dort auf irgendeine Weise die Raketenforschung fortzusetzen. Offen blieben die Fragen, wieviele von uns dabei sein würden und wer dafür in Frage käme. Darüber zerbrachen wir uns jetzt in unserem Lager in Cuxhaven die Köpfe.

Eines Tages aber erhielt Hans Lindenberg ganz unverhofft eine Liste mit über hundert Namen, die mit «Liste 1» überschrieben war. Es handelte sich hier um Leute, denen ein Arbeitsvertrag in den USA angeboten wurde. Mein Name war dabei. Ich war hocherfreut. Einige Tage später erfuhr ich jedoch, daß einige hier aufgeführte Leute lediglich als «Ersatz» gedacht waren, darunter auch ich. Noch etwas später traf eine weitere «Meldung» ein, wonach die ganze Sache wieder völlig in der Luft hing, so daß ich eigentlich mit nichts rechnen konnte.

Am 6. September wurden mir schließlich durch einen Boten zwei Briefe überbracht, die nur wenig über eine Woche alt waren. Einer war von Bernhard Tessmann, der mit mir gemeinsam unsere Geheimakten versteckt hatte. Er enthielt eine vollständige Liste mit Namen, die sich später als die zuverlässigste erwies. Mein Name war mit darauf. Auf den unteren Rand hatte er die Worte geschrieben: «Bitte jetzt um Himmels willen keine Eskapaden mehr!»

Der andere Brief war von Wernher von Braun, und sein wesentlicher Inhalt lautete wie folgt:

Lieber Herr Huzel! Witzenhausen, den 28.8.1945

Sie werden in Cuxhaven bereits erfahren haben, daß Sie zur Liste I gehören. Ihre langen Erfahrungen auf Prüfstand VII haben zu dieser Entscheidung geführt.

Ich möchte nicht versäumen, Sie darauf aufmerksam zu machen, daß die Definition «Angehörige» sich nicht auf Bräute bezieht. Der Grund hierzu ist einfach in der Tatsache zu suchen, daß der Begriff «Braut» juristisch ja sehr dehnbar ist und sowohl die Amerikaner als auch wir Mißstände aus der Auslegung dieses Wortes vermeiden wollen. Sollten Sie also ernste Absichten haben, so möchte ich Ihnen dringend raten, noch vor Ihrer Abreise nach Amerika zu heiraten. Vielleicht können Sie den langwierigen Weg mit Aufgebot usw. irgendwie unter Hinweis auf Ihren Spezialfall verkürzen.

In der Erwartung, daß Sie als wohlbestallter Ehemann in Amerika ankommen,

verbleibe ich mit herzlichen Grüßen
Ihr ergebener Wernher von Braun

Plötzlich sah alles viel rosiger aus. Das Warten war nicht mehr so zermürbend; jetzt konnte ich die Zeit bis zu meiner Abreise sinnvoll ausfüllen. Vor allem würde ich mich mit englischer Grammatik befassen. Hartmuts Name war auf einer anderen Liste, «Liste 2», die die Namen von zusätzlichem Personal enthielt, das später nachkommen sollte. Wir versicherten einander, daß die Raketenprojekte «drüben» schnell vorangetrieben würden und daß wir bald angefordert würden. Bald darauf unterhielten wir uns lang und breit darüber, wann wir nun wohl von «Operation Backfire» entlassen würden, und was für Arbeiten uns danach aufgetragen würden, etc. Ich fragte mich ob wohl ein paar Tage für mich abfallen würden, um meine Eltern zu besuchen. Und war Irmel noch in Bayern? Oder hatte sie's aufgegeben und war durch die Ostzone zurück nach Berlin gefahren? Wie weit waren die Verhandlungen gediehen? Und was würde passieren, wenn ich wegen meiner Privatangelegenheiten das Schiff verpaßte?

Am 2. Oktober 1945 fand der erste Raketenabschuß unter britischer Regie über der Nordsee statt. Es war ein hundertprozentiger Erfolg. Man hatte uns im Lager C die Abschußzeit bekanntgegeben, und so konnten wir von einer Lichtung in der Nähe unserer Unterkünfte ganz deutlich sehen, wie die Rakete fast genau auf die angesagte Minute hochging. Zwei Tage später fand bereits der zweite Abschuß statt, der wieder ein voller Erfolg war, so weit wir's sehen konnten. Spätere Berichte wiesen jedoch darauf hin, daß die Rakete nicht die volle Strecke zurückgelegt hatte. Am 15. Oktober 1945 fand dann der dritte und letzte Abschuß einer V-2 im Zuge von «Operation Backfire» statt, der ohne besondere Schwierigkeiten verlief.

Da nun der letzte Teil dieses britischen Unternehmens erfolgreich abgeschlossen war, redeten plötzlich alle, einschließlich der Engländer, von einem baldigen Abzug und bereiteten sich darauf vor. Diejenigen von uns, die es betraf, erhielten ihre endgültigen Entlassungsscheine aus dem Militär, und wir alle bekamen deutsche Kennkarten und mußten unser Gepäck inspizieren lassen.

Ich bekam eine besondere Karte mit folgender Eintragung in deutsch und englisch:

EMPFEHLUNG

Name: DIETER HUZEL

Beruf: DIPL. ING.

Die obige Person hat in den letzten drei bis vier Monaten mit der britischen Militärbehörde an einem Spezial-Gerät befriedigend gearbeitet. Der Obengenannte konnte in der Zeit sich keine andere Beschäftigung suchen, ist aber jetzt frei, für die Alliierte Behörde in seinem technischen Beruf zu arbeiten. Seine Militärlaufbahn und politische Tätigkeit sind untersucht worden, und wegen seiner guten Arbeit hier empfehlen wir ihn für eine Wiedereinstellung.

Datum: 27. Okt. 1945 Headquarters, 307 Inf. Bde

In einem separaten Schreiben entließ Hans Lindenberg mich formell aus meinem deutschen Arbeitsverhältnis, soweit dieses überhaupt noch bestand.

Am 22. Oktober 1945 wurden sämtliche Bewohner von Lager C nach Lager A verlegt. Am nächsten Tag verließen uns dann die ersten Gruppen für immer; diese bestanden hauptsächlich aus Leuten, die in ihre früheren Zivilberufe zurückkehren wollten. Ich selbst flog dann zusammen mit zwölf weiteren Leuten, die auf Liste 1 standen, mit einer amerikanischen Militärmaschine von Cuxhaven nach München.

Kurz nach unserer Ankunft in München holte uns ein Lastwagen der US-Armee ab und brachte uns in die etwa 60 km entfernte, kleine Provinzstadt Landshut an der Isar. Hier wartete eine massiv gebaute deutsche Heereskaserne auf uns, deren Unteroffiziersunterkünfte von den amerikanischen Behörden als Wohnungen für die deutschen Raketenspezialisten und ihre Familien ausgesucht worden waren. Diese Kaserne trug den Decknamen «Camp Overcast» und war noch jahrelang der vorläufige Wohnsitz für die Familien der nach Amerika versetzten Spezialisten, sofern sie Familien hatten.

Einer der ersten Schritte, die ich jetzt unternahm, war die Reservierung einer dieser kleinen Wohnungen, die sich jeweils zwei Familien teilen mußten. Die Bedingung dafür war, daß ich eine eigene Familie bzw. eine Frau hatte. Mein dringlichstes Anliegen war jetzt, eine Reisegenehmigung nach Pfronten zu bekommen.

Col. Glazer, dem die Zuweisung der Wohnungen oblag, und sein Adjutant Capt. Jones erwiesen sich als sehr verständnisvolle Menschen. In den folgenden Wochen und Monaten hatte ich noch oft Gelegenheit, die Geduld dieser beiden Männer zu bewundern; sie hatten es mit einer Gruppe zu tun, die nach der Abreise der Männer fast nur aus Frauen bestand, unter denen es auch einige «Primadonnen» gab.

Wenige Tage nach meiner Ankunft in «Camp Overcast» wurde mir ein einfaches Papier folgenden Inhalts ausgestellt:

BESCHEINIGUNG

Landshut, den 29. Oktober 1945

Herr Dieter Huzel ist berechtigt, eine Bahnfahrt nach Pfronten/Allgäu zu machen und von dort aus die Rückreise zusammen mit seiner Frau anzutreten.

(Unterschrift) Plummer F. Jones, Jr.
Capt. Hq. 3rd Army G-5 Section, Commander

18 Heirat und Trennung

Meine Ankunft in Landshut und meine Bemühungen um die Reisegenehmigung fielen mit den Vorbereitungen für die bevorstehende Abfahrt eines großen Teiles unserer Gruppe zusammen; insgesamt waren dies siebenundsechzig Spezialisten, die für die Weiterarbeit in den USA ausgesucht worden waren. Wernher von Braun war bereits vor einiger Zeit mit noch sechs anderen Leuten abgereist, um die Vorverhandlungen zu führen und sonstige Vorbereitungen zu treffen, und ich hatte plötzlich große Eile, meine Reise zu Irmel anzutreten.

Ich brauchte fast zwei Tage, um die 200 km nach Pfronten zurückzulegen. Ich fuhr am frühen Nachmittag vom Bahnhof in Landshut ab, der übrigens zu den wenigen Gebäuden dieser Stadt gehörte, die in den letzten Kriegstagen bei örtlichen Kämpfen zerstört worden waren. Das einst so schöne Deutschland lag in Trümmern; es war ein schmerzlicher Anblick. Besonders die Städte waren schwer getroffen worden. Auf dem Lande hingegen nahm man nach außen hin keine Spuren des Krieges wahr. Die Menschen aber waren noch benommen; sie hatten dem Kampf um die Rückkehr zur Zivilisation noch nicht aufgenommen. Als der altersschwache Zug, der mit einer Durchschnittsgeschwindigkeit von knapp 30 km dahinkroch, endlich in München einlief, war mein Anschlußzug bereits fort, und ich mußte die Nacht auf dem kalten Fußboden eines früheren Luftschutzraumes verbringen. München bestand immer noch mehr oder weniger aus Ruinen; von Hotels war keine Rede. Am nächsten Tag setzte ich meine Reise fort, zuerst per Bahn, dann per Anhalter mit Lastwagen, dann wieder mit der Bahn. Die letzten

14 km ging ich zu Fuß und erreichte Pfronten bei Einbruch der Dunkelheit.

Es gab ein freudiges Wiedersehen mit Irmel. Noch am selben Abend machten wir unsere Pläne. Innerhalb weniger Tage hatten wir unsere Heiratspapiere beisammen. Am 3. November 1945 wurden wir dann mit einem Minimum an Zeremoniell im Bürgermeisteramt von Pfronten getraut.

Noch am selben Nachmittag traten wir die Rückfahrt nach Landshut an.

Bis Kempten ging alles ziemlich glatt. Der nächste Zug von dort nach Augsburg war jedoch überfüllt, und wir hatten Mühe, unser Gepäck hineinzubugsieren. Es wurde Abend, bis wir nach Augsburg kamen. Nächster Anschluß nach München: 3:30 morgens! Im Bahnof wimmelte es von Menschen – Monate nach dem offiziellen Kriegsende waren diese Ärmsten immer noch unterwegs. In der Tat schien die Hälfte der Bevölkerung auf Wanderschaft zu sein und bot ein Bild von Chaos, Armut und Verzweiflung.

Augsburg war vom Krieg schwer mitgenommen worden. In der spärlichen Beleuchtung am Bahnhof nahm man ausgebrannte Häuserruinen wahr, wohin man auch blickte. Es war unangenehm kalt. An einer Tür hing ein Schild mit der Aufschrift Wärmehalle und darunter Getränke. Ich öffnete die Tür und tat ein paar vorsichtige Schritte in den von blauem Dunst erfüllten Raum, in dem sich die Menschenmassen drängten, dann stolperte ich wieder hinaus, ganz benommen und nach Atem ringend.

Irmel und ich kämpften uns zu einem geschlossenen Fahrkartenschalter in der Bahnhofshalle durch, unter dem wir ein winziges, freies Plätzchen entdeckt hatten. An den benachbarten Schaltern herrschte reger Verkehr. Die ganze Nacht hindurch floß ein endloser Menschenstrom durch die zugige, kalte Bahnhofshalle. Unaufhörlicher Lärm erfüllte den Raum, ständig knallten Türen. Wir saßen auf dem Betonfußboden und fühlten, wie die Kälte durch unsere Mäntel an uns hochkroch. Gelegentlich nickte der eine oder der andere von uns ein wenig ein. Es war eine absolut scheußliche Situation – und doch war es wunderbar! Irmels dunkle Locken lagen auf meinem Mantelärmel, und ich konnte immer nur eines denken: Wir sind zusammen, wir sind verheiratet, und eine ganze Zukunft liegt vor uns – neu und aufregend!

Viele Stunden später kamen wir völlig erschöpft im Camp Overcast an. Sobald wir uns etwas ausgeruht hatten, gingen wir daran, uns unser kleines Zimmer so gemütlich wie möglich einzurichten. Das Leben hier im Lager war bedeutend ruhiger geworden. Die große Gruppe, die von den meisten hier als «Transport 1» bezeichnet wurde, war abgefahren, während ich fort war. Ein weiterer Transport war jedoch bereits in Vorbereitung. Listen wurden zusammengestellt, ärztliche Untersuchungen angesetzt, Impfungen vorgenommen und Bescheinigungen darüber ausgestellt, allgemeine Anweisungen verteilt, etc. Es ergab sich, daß ich viel mit Hans Lindenberg zusammenarbeitete, der jetzt die Rolle des Sprechers übernommen hatte und dem inzwischen eingestellten hauptamtlichen Lagerverwalter zur Seite stand.

Der nächste Transport war für Ende November vorgesehen. Vor meiner Abreise aber wollte ich unbedingt meine Eltern noch einmal sehen. Anfangs fürchtete ich, ich würde dazu keine Zeit mehr haben. Dann tauchte aber sofort noch eine andere Schwierigkeit auf: «Nach Essen? Das liegt doch in der Britischen Zone! Also, dann schauen wir mal nach – Essen im Ruhrgebiet – da besteht vorläufig ein absolutes Einreiseverbot. Eine Fahrt dorthin ist zur Zeit ausgeschlossen. Sorry, da kann ich nichts machen.»

Ich eilte von einer Dienststelle zur anderen – sprach bei deutschen und amerikanischen vor – vergebens. Dann hatte ich eine Idee. Ich beantragte eine Reiseerlaubnis nach Frankfurt am Main, ganz im Norden der US-Zone. Ich bekam die Erlaubnis sofort. Mein Reisepapier war in der Standard-Form abgefaßt:

Office of the Chief Ordnance Officer   Landshut, den 10. Nov. 1945
Headquarters USFET
US Army
Betr.: Reiseerlaubnis für deutsche Zivilisten
An: Den zuständigen Offizier der Militärbehörde

Der Inhaber dieses Dokumentes, Herr Huzel, ist Mitglied einer Gruppe von Wissenschaftlern, die auf Anordnung des Kriegsministeriums evakuiert und in Gewahrsam genommen worden sind. Die Mitglieder dieser Gruppe dürfen sich innerhalb der amerikanischen Zone frei bewegen, um ihren Beruf auszuüben und eine Unterkunft zu finden; an ihrem Bestimmungsort müssen sie sich bei der zuständigen Militärregierungstelle melden. Falls die ausstellende Behörde sich mit diesem Mann in Verbindung setzen muß, wird sie dies über die Militärregierungsbehörde am Bestimmungsort tun.

Diese Dienststelle ist daran interessiert, daß der oben Genannte für unbestimmte Zeit in der amerikanischen Zone verbleibt.

R. W. Henns
2nd Lt., Ord. Dept.

Die Fahrt nach Frankfurt verlief routinemäßig, wie ich das inzwischen nannte. Der Zug nach München hatte zwei Stunden Verspätung. Den Anschlußzug hätte ich natürlich verpaßt, wenn dieser seinerseits nicht drei Stunden Verspätung gehabt hätte. Trotzdem war er so überfüllt, daß ich durch das Fenster einsteigen mußte.

In Frankfurt bekam ich ohne weiteres eine Fahrkarte nach Essen. Einige Stunden später war ich in Gießen, wo ich jedoch feststellte, daß mein Anschlußzug «täglich außer Sonntags» verkehrte, und es war natürlich Sonntag. Schnell nahm ich einen Zug nach Kassel, der in einigen Minuten abfuhr. In Kassel angekommen, hatte ich nur einen Anschlußzug, und zwar spät abends – nach Hannover. Der Umweg wurde immer größer. Außerdem hing an dem Zug eine Tafel, die besagte: «Nur für Passagiere mit Sondergenehmigung – Kein Einstieg in Kassel.» In den letzten Jahren hatte ich jedoch eine gründliche Ausbildung im Zugfahren bekommen, nicht zuletzt dank der von Kessler arrangierten «Dienstreisen» von der russischen Front in die Heimat.

Die erste Regel hieß immer: Nicht vom Bahnsteig fortgehen, wenn's zweifelhaft ist, ob sie einen wieder durchlassen. Die zweite hieß: Sich nicht blicken lassen. In Kassel war das alles höchst einfach. Ein paar Bahnsteige weiter standen einige abgehängte Personenwagen. Ich stieg in einen davon ein, streckte mich auf einer Sitzbank aus und wartete ab. Bis zur Ankunft des «Sondergenehmigungszuges» würde es mehrere Stunden dauern. Das nächste

Problem würde dann das Einsteigen sein, wo doch eine riesige Menschenmenge dasselbe vorhatte, und dann bestand noch die Möglichkeit, daß nach der «Sondergenehmigung» gefragt würde. Das umging ich, indem ich auf dem benachbarten statt auf dem richtigen Bahnsteig wartete und auf der anderen Seite des Zuges einstieg. Dieses Verfahren war jedoch nicht ohne Risiko, denn unter dem erheblichen Druck der vom «richtigen» Bahnsteig eindringenden Passagiere wurden die bereits an Bord befindlichen gegen die gegenüberliegenden Türen gepreßt. Wenn also eine solche Tür ohne Vorwarnung geöffnet wurde, so bestand die Gefahr, daß die gewöhnlich mit dem Rücken zur Tür stehenden Personen wie Sektpfropfen hinausgeschleudert wurden. Glücklicherweise passierte das diesmal nicht, und so war ich einige Stunden später auf dem Wege nach Hannover. Dort hatte ich innerhalb einer Stunde den Anschlußzug nach Essen; dieser bestand aus Güterwagen, die ganz einfach durch Anhängen entsprechender Schilder zu Personenwagen erklärt worden waren.

Es gab ein freudiges Wiedersehen mit meinen Eltern und Schwestern, aber es war auch ein Wermutstropfen dabei. Unser Haus war nicht mehr da, und meine Eltern wohnten bei einer anderen Familie, deren Haus am Standtrand von Essen unbeschadet geblieben war. Ich blieb mehrere Tage; wir machten gemeinsam Verwandtenbesuche; auch einen meiner alten Lehrer suchte ich auf. Ansonsten gab es nicht viel zu sehen außer Trümmern, wohin man auch ging. Mitte November nahm ich dann an einem klaren, sonnigen Tag Abschied von Eltern und Schwestern. Dies war das letzte Mal, daß ich meinen Vater sah, denn knapp ein Jahr später starb er, während ich in der Ferne weilte.

Die Fahrt zurück nach Landshut war genauso abenteuerlich wie die Fahrt in umgekehrter Richtung. Es wurde sogar so schlimm, daß ich trotz Anwendung aller mir bekannten Tricks fast einen ganzen Tag verlor. So verpaßte ich den Registrierungstermin für den zweiten Transport um einen Tag. Zwar konnte ich nicht verstehen, warum ich deswegen mit einem späteren Transport abfahren sollte, denn diese Gruppe von 21 Leuten fuhr erst in zehn Tagen ab, aber ich war über die Verzögerung keineswegs traurig. Mir waren dadurch noch ein paar ruhige Wochen mit Irmel beschieden, und wir konnten zusammen Weihnachten feiern.

Hans Lindenberg, der am 27. November 1945 mit dem zweiten Transport abfuhr, übertrug mir seine Aufgaben im Lager. Diese waren verschiedenster Art; meist waren es Kleinigkeiten, und manchmal waren sie unangenehm. Zu meinen Obliegenheiten gehörte u.a. die Verteilung der verfügbaren Möbelstücke, die Nachforschung nach dem Verbleib weiterer «Peenemünder», die Annahme von Bewerbungen hoffnungsvoller Besucher, die an diesem US-Unternehmen mitarbeiten wollten. Weiterhin mußte ich mir die Beschwerden anhören, die die im Lager verbliebenen Ehefrauen der inzwischen nach den USA abgereisten Männer gegen den deutschen Lagerverwalter, Dr. Enno Bussmann, vorbrachten – und umgekehrt mußte ich mir dessen Beschwerden über die Frauen anhören. Ich mußte an Versammlungen teilnehmen, wobei entweder alle Frauen anwesend waren oder nur der Frauenrat. Dabei hagelte es Fragen, Gesuche, Beschwerden, Entlassungsanträge, Vertrauenserklärungen und Einsprüche, wobei sich manchmal die Stimmen überschlugen.

Kurz nach Neujahr wurde der Abfahrtstermin für die dritte Gruppe auf den 11. Januar festgesetzt. Hierzu gehörten außer den zehn oder zwölf Leuten, die bereits im Lager warteten, noch cirka ein Dutzend anderer, die aus ihren Heimatstädten angereist kamen, um sich uns anzuschließen. Unter ihnen waren Dr. Lippisch und mein guter Freund von der Steuerungsgruppe am Prüfstand 7, Dr. Ernst Stuhlinger. Die Tage bis zur Abfahrt vergingen schnell und ohne besondere Zwischenfälle, denn alles war seit langem vorbereitet. Am Freitag, dem 11. Januar 1946, bestieg unsere Gruppe nachmittags einen Sonderwagen in einem Zug nach München. Unser Gepäck war rasch verstaut. Sobald ich mich im Zug befand, lehnte ich mich zum Fenster hinaus. Irmel sah vom Bahnsteig zu mir auf und drückte mir die Hand. Wir redeten einige belanglose Worte, wie sie einem so einfallen, wenn man auf einem Bahnsteig steht. Blitzartig erinnerte ich mich an einen anderen Bahnsteig – damals in Berlin, als ich vor noch gar nicht langer Zeit nach Rußland abfuhr. Aber diesmal war das Mädchen auf dem Bahnsteig meine Frau, und die Aussicht auf ein Wiedersehen hatte sich enorm verbessert. Dann zog die Lokomotive mit einem Ruck an, und der Zug fuhr langsam aus der Bahnhofshalle. Wir hingen aus den Fenstern und winkten unseren Angehörigen zu. Ich konnte Irmel noch eine ganze Weile sehen, bis sie in der Masse unterging. Dann sah ich nur noch die vielen weißen Taschentücher flattern, bis auch sie in der Ferne verschwanden.

Als wir uns endlich auf unsere Plätze setzten, sagte jemand, «Und jetzt fahren wir nach Amerika.» Dann herrschte lange Zeit Schweigen; jeder von uns hing seinen Gedanken nach und starrte versonnen zum Fenster hinaus.

19 Operation Paperclip

In gewissem Sinne kamen wir bereits zwei Stunden später in Amerika an. Als unser Zug von Landshut mit viel Stöhnen und Zischen auf dem Münchener Hauptbahnhof zum Stehen kam, luden wir unser Gepäck in einen Lastwagen der US-Armee, der uns umgehend in das «Hotel America» brachte. Dies war ein Durchgangslager für amerikanische Soldaten, die entweder aus den USA hier ankamen und nach allen Richtungen in Europa weitergeschickt wurden oder die von hier aus die Rückreise nach den USA antraten. Das «Hotel» war früher ein Verwaltungsgebäude oder eine Schule gewesen. In den oberen Stockwerken waren Schlafquartiere eingerichtet worden. Im Erdgeschoß befand sich eine Kantine, wo wir eine einfache, aber wohlschmeckende Mahlzeit erhielten, deren Bestandteile uns völlig neu, jedoch höchst willkommen waren. Der Eßsaal war voll von US-Militärpersonal aller Branchen, wobei sich alle lebhaft unterhielten. Jetzt merkte ich, wie unzureichend doch mein Schulenglisch war. Ein Lautsprechersystem plärrte ununterbrochen laute Musik nach innen und außen, wobei das Programm uns genauso neu war wie die Speisen, die es hier gab, nur daß wir die letzteren bedeutend angenehmer fanden als die Musik.

Unser «Truppführer» und «Aufpasser» war First Lieutenant

Enno Hobbing, der ein einwandfreies Deutsch sprach, das sogar mit waschechten Kraftausdrücken gewürzt war. Am nächsten Morgen sorgte er dafür, daß wir uns in aller Frühe von unseren Pritschen erhoben. Nach einem reichhaltigen Frühstück bestiegen wir einen D-Zug nach Paris, von wo aus wir weiter nach Le Havre an der französischen Atlantikküste fahren sollten. Auf dem Pariser Bahnhof Gare de l'Est versuchte Hobbing, unseren Sonderwagen nach dem Bahnhof Gare St. Lazare umzudirigieren, was ihm glücklicherweise mißlang. Dadurch hatten wir Gelegenheit, bei den Busfahrten zwischen verschiedenen Bahnhöfen und US-Versorgungszentren einiges von dieser wunderschönen und völlig unzerstörten Stadt zu sehen, die ich noch nie vorher besucht hatte.

Nachdem wir eine Woche in Le Havre im «Fort Home Run» verbracht hatten, einer alten Festung aus dem 1. Weltkrieg, die von den Amerikanern als Durchgangslager benutzt wurde, nahmen wir wieder unser Gepäck und begaben uns an Bord des US-Truppentransporters «Central Falls», mit dem wir am 21. Januar 1946 nach New York abfuhren. Als die europäische Küste langsam hinter uns versank und die kreischenden Möven, die uns in großen Schwärmen das Abschiedsgeleit gaben, eine nach der anderen abdrehten und landwärts flogen, gingen mir viele Gedanken und Fragen durch den Kopf – was würde uns wohl jene Zukunft bringen, die auf der anderen Seite des großen Wassers auf uns wartete?

In den frühen Morgenstunden des 3. Februar 1946 kamen die Lichter von New York in Sicht. Ich war schon sehr zeitig aufgestanden, um nichts zu verpassen. Einige andere Passagiere waren bereits an Deck, darunter mehrere amerikanische Soldaten. Sie machten sich gegenseitig auf die Wahrzeichen der Stadt aufmerksam, von denen ich schon so oft gehört, die ich aber noch nie zu Gesicht bekommen hatte. Da waren die Lichter des Shore Parkway, da war die Freiheitsstatue, hier kam Staten Island, und nachdem wir die engste Stelle zwischen dieser Insel und Long Island passiert hatten, breitete sich vor uns ein großes glitzerndes Lichtermeer aus. Plötzlich wurde es auf dem Wasser um uns herum lebendig. Hell erleuchtete Fährschiffe, die mehrere Stockwerke hoch waren, durchkreuzten die Bucht. Als unser Schiff sich ganz langsam in die

Upper Bay vorschob, brach der Tag an, und am Horizont zeichneten sich die Umrisse von Lower Manhattan ab. In diesem Augenblick tippte mir jemand auf die Schulter und sagte:

«Wir sollen alle unter Deck gehen und uns nicht sehen lassen.»

Vier Stunden später verließen wir endlich das Schiff und gingen durch ein Lagerhaus an Land. Plötzlich standen wir inmitten des Verkehrsgewühls von Manhattan. Einen krasseren Übergang kann man sich kaum vorstellen. Ein Greyhound Bus wartete auf uns, und schon ging's weiter die Westside-Hochstraße entlang und durch den Holland-Tunnel; wir fuhren durch Philadelphia und Baltimore nach Washington.

Es war gerade diese Fahrt in Richtung Süden, die mir meine ersten Eindrücke vermittelte. Man sah viele Autos, darunter Kombiwagen mit seitlicher Holztäfelung. Frauen in knallroten Mänteln brachten Farbe ins Bild, und in Baltimore erstreckten sich endlos lang die Reihen der Stadtwohnhäuser, die denen in Holland glichen. Wir hielten kurz an einem «Hamburger»-Stand, um etwas zu essen, und nach Einbruch der Dunkelheit kamen wir in Washington, D. C. an, einer Stadt mit wahrhaft kosmopolitischem Gesicht. Irgendwo zwischen Washington und dem nahegelegenen Alexandria stiegen wir in einen Armee-Bus um und erreichten nach einer knappen Stunde Fort Hunt, wo wir die nächsten drei Wochen verbrachten, um einer genauen Überprüfung unterzogen zu werden.

Wir waren die erste Gruppe, die hier durchgeschleust wurde. Die Gruppen, die vor uns eingetroffen waren, hatte man zu diesem Zweck nach Fort Strong in der Nähe von Boston gebracht. Nach und nach konnten wir uns hier etwas freier bewegen und sogar einen Spaziergang hinunter zum Potomac River machen; der Weg dorthin führte durch einen Tunnel unter dem Mt. Vernon Highway. Unsere Einreiseformalitäten wurden von Angehörigen der Army Intelligence erledigt, die alle tadellos deutsch sprachen.

Das Verhalten der Leute, die uns betreuten, war überaus korrekt und großzügig, so daß unser Aufenthalt in Fort Hunt sehr angenehm wurde. Diese ersten erfreulichen Eindrücke halfen uns dann auch später über gewisse Zweifel hinweg. Die ersten Tage in Fort Hunt brachten wir ausschließlich mit dem Ausfüllen von Formularen zu. Außerdem mußten wir uns zu Fingerabdrücken, ärztlichen Untersuchungen und Interviews melden. Danach wurde es relativ still. Wir verbrachten die Zeit mit Lesen, Spazierengehen, gelegentlichen Kinobesuchen – und natürlich mit Englischlernen. Einer unserer amerikanischen Betreuer hatte sich freundlicherweise bereiterklärt, einen informellen Schnellkurs für uns zu halten. Die Baracken, in denen wir untergebracht waren, waren pieksauber und ordentlich, dafür sorgten deutsche Kriegsgefangene. Während unseres dortigen Aufenthaltes bestätigten sich die Gerüchte, die wir bereits in Landshut gehört hatten, nämlich daß wir nach Fort Bliss, Texas, bzw. nach White Sands, New Mexico, kämen.

Wir erkundigten uns bei Mr. Carlson, einem der Army-Intelligence-Leute, was dort unten los sei und was unsere Aufgabe sein würde. Er gab ausweichende Antworten; wir waren aber bereits zu der Schlußfolgerung gekommen, daß wir in zwei Gruppen eingeteilt würden, wobei die kleinere in das Testgelände von White Sands beordert werden sollte. Dort wollte man angeblich Beobachtungen über den Abschuß von V-2-Geräten anstellen. Die Hauptgruppe würde in «Fort Bliss» der US-Army nahe El Paso und der mexikanischen Grenze zum Zwecke technischer Diskussionen und Studien stationiert werden, die einstweilen nicht näher erklärt wurden. Es gab darüber nur spärliche Information, jedoch war uns inzwischen ziemlich klar, daß wir mit unserer Arbeit nicht innerhalb von sechs Monaten fertig sein würden, und das war die Dauer unseres Vertrages. Das würde ganz unmöglich sein, wenn das Tempo so weiterging wie in den letzten Monaten.

Während wir noch in Fort Hunt waren, erreichte uns die traurige Nachricht, daß Hans Lindenberg plötzlich verstorben war. Er war das Opfer einer Krankheit geworden, die er den ganzen Krieg über nicht beachtet hatte, und jetzt hatte es ihn doch noch erwischt. Er war in Fort Bliss beerdigt worden.

Am Abend des 21. Februar bestiegen wir in Alexandria einen Zug, der uns nach Süden bringen sollte. Wir fuhren durch eine winterliche Landschaft; hier und da lag noch Schnee. Allmählich aber änderte sich das Bild. Die ersten Palmen waren zu sehen, und wir kamen bei schönstem Wetter in New Orleans an. Wir klebten förmlich an den Fenstern, um alles in uns aufzuzunehmen. Am späten Nachmittag wurde unser Kurswagen an einen Zug gehängt, der nach Westen fuhr. Wir überquerten den Mississippi bei heftigem Gewitter; dann wurde es Nacht. Als die Sonne wieder aufging, waren wir in Texas, nach weiteren 24 Stunden am Ziel: El Paso!

Von dort aus ging es in das nahegelegene Fort Bliss, wo wir dann vor seltsam anmutenden, doppelstöckigen Baracken standen, die in mehreren Reihen hintereinander an einer Straße angeordnet waren. Vor einem dieser Gebäude blieben wir stehen. In der Nähe sahen wir noch einige andere, etwas niedrigere Bauten – und dann bekannte Gesichter! Es gab ein Wiedersehen voll ungestümer Herzlichkeit. Immer mehr Leute kamen heraus, unter ihnen auch Wernher von Braun. Später wurden wir «Greenhorns» dann von den «Oldtimers», wie sich die «Alteingesessenen» scherzhaft nannten, mit unserer neuen Umgebung bekanntgemacht. Drei von den doppelstöckigen Gebäuden waren für die deutsche Gruppe reserviert. Außerdem gab es noch drei oder vier einstöckige Häuser, in denen sich eine Kantine sowie Büro- und Lagerräume befanden. Zwischen einigen hohen Bäumen stand ein kleines Einzelhaus, das bereits von früher eingetroffenen deutschen Gruppen als Clubhaus eingerichtet worden war. Viele von uns trafen sich dort am Abend zu einem Kartenspiel. Auch einen Marketenderladen gab es dort, wo man ein Bier trinken und kleinere Einkäufe machen konnte.

Unsere Bewegungsfreiheit beschränkte sich hier auf die ca. eineinhalb Hektar unserer nächsten Umgebung. Zäune gab es nicht; wir waren nur durch unser Ehrenwort gebunden. Einmal im Monat durften wir jeweils in Vierergruppen und in Begleitung eines Soldaten nach El Paso fahren, um Einkäufe zu machen, in einem der besseren Restaurants zu essen oder nur, um uns die Stadt anzusehen.

Die Kantine wurde von einer Gruppe deutscher Kriegsgefangener betrieben, durchweg einfache Leute, die froh waren, daß der Krieg für sie ein so glimpfliches Ende genommen hatte. Da sie hier nichts anderes zu tun hatten, widmeten sie sich mit Herz und Seele dem Kantinenbetrieb, und das Essen war denn auch großartig.

Ich verbrachte meinen ersten Abend in Fort Bliss im Clubhaus, wo ich neuartige Früchte und Gemüse kennenlernte, mir richtige

Cocktails genehmigte und zum ersten Mal amerikanisches Bier kostete, das ganz passabel schmeckte. Und wieder gab es viel zu erzählen; die «Neulinge» und die «Alteingesessenen» tauschten die Erfahrungen aus, die sie seit ihrer letzten Trennung gemacht hatten, wobei man auf Sofas und in Hängematten saß. Am nächsten Morgen war ich nicht wenig erstaunt über die frostige Frische, die in der Luft lag; dies war ein scharfer Kontrast zum Vortage, doch El Paso liegt schließlich 1200 Meter über dem Meeresspiegel, und in dieser Höhe sind die Tages- und Nachttemperaturen sehr unterschiedlich.

Zwei Tage später begaben sich einige von uns, darunter auch Wernher von Braun und ich, per Omnibus nach White Sands. Zur damaligen Zeit war es noch nicht möglich, einfach quer durch die Wüste nach Norden zu fahren. Man mußte vielmehr um die Franklin Mountains herum- und dann durch El Paso und weiter am Rio Grande entlang nach Las Cruces fahren. Von dort aus ging es in dramatischer Fahrt über den San-Andreas-Paß in die Tularosa-Ebene, wo sich das Testgelände befand. An jenem Ort entdeckte ich mein Herz für die Schönheit dieses Landstriches. Obwohl ich inzwischen sehr viel von Amerika gesehen habe, zieht es mich immer wieder zu jenen vielfarbig leuchtenden Weiten, die man hier den Südwesten nennt.

Der Rio Grande Fluß ist übrigens alles andere als «grande», jedenfalls bei El Paso. Die vielen Anzapfungen stromaufwärts für landwirtschaftliche Bewässerung lassen hier nicht mehr als einen Bach übrig. Stromabwärts erholt sich der Fluß jedoch wieder dank seiner Nebenflüsse. Ich erwähne dies, weil dieser Umstand häufig Anlaß gab, unsere Neuankömmlinge ein wenig «auf den Arm zu nehmen». El Paso war nämlich ein großer Eisenbahnknotenpunkt mit einem ausgedehnten Rangierbahnhof, und die vielen Lokomotivsignale, die hier einen tiefen, sonoren Klang hatten – etwa wie eine Dampfersirene – konnte man in Fort Bliss gut hören. Auf die erstaunten Fragen der «Neuen» wurde diesen erklärt, daß es sich hier um Dampfschiffe auf dem Rio Grande handele. Welche Enttäuschung, wenn sie später den Fluß in seiner wirklichen Größe zu sehen bekamen!

Die kleine Gruppe im Testgelände von White Sands war in ein-

Die sogenannten Bachelov Officers Quarters (BOQs) in Fort Bliss, in denen die Gruppe Wernher von Braun für etwa ein Jahr untergebracht war.

Ein Blick über die Baracken von Fort Bliss, in denen die deutschen Familien untergebracht waren. Dieser Teil war während des Krieges ein Militär-Krankenhaus gewesen. Die einzelnen Gebäude wurden im Innern so umgebaut, daß je Baracke 4 Familien eine kleine, aber überraschend nette Wohnung erhielten.

stöckigen Baracken untergebracht, die aber bedeutend weniger Raum boten als die, die wir in Fort Bliss zur Verfügung hatten. Die dort befindlichen zwölf bis fünfzehn Leute trafen Vorbereitungen zum Abschuß einer Anzahl von V-2-Geräten, die von Deutschland nach den USA gebracht worden waren, bevor Mitteldeutschland unter russische Besatzung kam. Diesen fünfzehn deutschen Spezialisten standen Vertreter der Firma General Electric sowie eine technische Armee-Einheit zur Seite.

Die damaligen Einrichtungen in White Sands waren nichts im Vergleich zu den heutigen. Es gab nur eine bescheidene Halle, eine zweite befand sich im Bau. Die Überholung der Raketenteile und Instrumente, von denen viele sehr empfindlich waren, erwies sich als problematisch. Es gab keine ausreichenden Laboreinrichtungen – ein doppeltes Manko in dieser Gegend, wo es oft Sandstürme gab und wo der Unterschied zwischen Tages- und Nachttemperaturen ohne weiteres bis zu 30 °C betragen konnte.

Alles in allem wurden von April 1946 bis September 1952 in White Sands 70 V-2-Geräte verschossen. Es standen zwar mehr zur Verfügung, doch viele waren «ausgeschlachtet» worden, weil Ersatzteile für die Abschußgeräte gebraucht wurden. Unter diesen Abschüssen befanden sich zwei, die die berühmt gewordenen kleinen Affen Albert 1 und Albert 2 in die Höhe trugen.

Sechs weiteren A-4-Abschußgeräten wurde für das sogenannte Project Bumper eine zweite Stufe aufgesetzt, nämlich die in den USA entwickelte Feststoffrakete «WAC Corporal». Das Resultat war ein neuer Höhenrekord von 393 km, der mit dieser ersten amerikanischen Zweistufenrakete am 24. Februar 1949 aufgestellt wurde.

Das Programm der «Nutzbarmachung» deutscher Spezialisten ist als «Operation Paperclip» (Unternehmen Büroklammer) bekanntgeworden. Es umfaßte nahezu 700 Personen, von denen die meisten einzelne Spezialisten in den verschiedensten Sparten der Wissenschaft waren: Flugzeugbau, Aerodynamik, Medizin, Chemie, Strahlantriebe, Raketentechnik. Innerhalb der letzteren war das «Von-Braun-Team» als Gruppe ein Sonderfall; hierzu gehörten anfangs etwa 115 Männer, wozu sich später noch einige Nachzügler gesellten.

Die «Paperclip»-Spezialisten wunderten sich lange Zeit, was dieser eigenartige Name zu bedeuten hatte. Jahre später, in einer Ansprache in Huntsville, Alabama, erzählte General Holger Toftoy, der Chef des zuständigen US-Heeresamtes, wie es dazu kam:

Anfangs war eine lange Liste mit den Namen begehrter Spezialisten erarbeitet worden; es waren wohl mehrere tausend. Für jeden wurde eine Art Dossier erstellt. Diese Blätter wurden dann in einer dicken Akte zusammengefaßt. Das Sondergesetz für die Einschleusung deutscher Spezialisten sah jedoch hierfür eine wesentlich niedrigere Gesamtzahl vor als die, die in der Akte enthalten war. Es mußte also verhandelt werden. Hatte man sich auf eine Person geeinigt, so wurde dem betreffenden Dossier eine Büroklammer angeheftet, was spätere schnelle Durchsichten erleichterte. Diejenigen, auf die die endgültige Wahl fiel, waren demnach die «Büroklammer-Spezialisten».

Für das von-Braun-Team, und zweifellos auch für alle anderen «Paperclip»-Spezialisten außerhalb dieser Gruppe, waren die Vertragsbedingungen absolut fair und gerecht. Die Dauer des ersten Vertragsabschnittes betrug sechs Monate ab dem Zeitpunkt der in Deutschland gegebenen Unterschrift. Während dieser Zeit mußten sie sich als Angestellte mit «Forschung, Entwicklung, Konstruktion und sonstigen Aufgaben im Zusammenhang mit Strahlantrieben und Fernraketen befassen, die ihnen von den zuständigen US-Behörden übertragen werden».

Der Vertrag, der später um zunächst weitere sechs Monate verlängert wurde, war fünf Schreibmaschinenseiten lang und enthielt viele Vorkehrungen, u. a. in bezug auf Überfahrt nach den USA, zugelassenes Gepäck, religiöse Betätigung, Quartier und Verpflegung, Angehörige, Kündigung und vieles andere. Eine ganz besonders wichtige und äußerst wertvolle Klausel besagte, daß Angehörige der Vertragsangestellten auch nach deren Abreise auf Wunsch in den Unterkünften in Landshut verbleiben durften. Beachtenswert war daran, daß jeder der dort untergebrachten Personen eine Lebensmittelzuteilung von mindestens 2300 Kalorien pro Tag zugestanden wurde, und sofern die deutschen Behörden diese nicht beschaffen konnten, erklärten sich die amerikanischen Behörden bereit, die Rationen zu ergänzen, wobei die Kosten dafür jeweils vom betreffenden deutschen Arbeitnehmer getragen würden. Selbst die Möglichkeit des späteren Nachholens von Angehörigen war im Vertrag erwähnt.

Wenn man bedenkt, daß es noch kein Jahr her war, seit der Krieg in Europa zu Ende gegangen war, so erschienen diese Arbeitsbedingungen durchaus fair und großzügig, obwohl sie von der US-Armeeverwaltung in Fort Bliss manchmal etwas enger ausgelegt wurden.

Gewissen Berichten nach war die Behandlung der deutschen Spezialisten durch die Amerikaner nicht fair, und in manchen Fällen wurde sogar darauf hingewiesen, daß die Russen «ihren» deutschen Spezialisten mehr boten. Das aber ist weitgehend Ansichtssache. Natürlich gab es gelegentlich Beschwerden, die von Gruppen oder einzelnen vorgetragen wurden, doch hierbei handelte es sich immer um vereinzelte Mißstände und niemals um die allgemeine Behandlung.

Unser Vertrag sah u.a. für die Anfangszeit eine gewisse Freiheitsbeschränkung vor. So hieß es darin: «Die Gruppe wird nicht im physischen Sinne gefangengehalten, muß sich aber bereiterklären, innerhalb gewisser Grenzen zu bleiben, die vom Arbeitgeber festgesetzt werden und die jedes Mitglied nur mit dessen ausdrücklicher Erlaubnis verlassen darf.» Dieser Satz beschreibt die damalige Situation treffend. Um uns wurden keine Zäune errichtet, sondern wir wurden lediglich ersucht, uns aus einem anfänglich kleinen, jedoch allmählich immer größer werdenden Bereich nicht zu entfernen, bis schließlich mit der Ausstellung unserer «ersten Papiere» alle Freiheitsbeschränkungen entfielen. Bemerkenswert ist, daß es während dieser ersten nahezu vier Jahre keine besonderen Vorkommnisse gab, die etwa auf einen Mißbrauch dieses großzügigen Vertrages hätten hindeuten können.

Mehrere Jahre brachten wir mit diversen Studien, Entwürfen und Konstruktionen zu und testeten außerdem einige Modelle für ein Staudruckantriebsprojekt (Ram Jet), das also nicht eigentlich ein Flüssigtreibstoff-Raketensystem war. Cirka ein Jahr lang waren wir in den doppelstöckigen Baracken untergebracht, wo wir die meisten

Studien betrieben. Bald stellte man uns zusätzlich noch eine leere Halle in einer ehemaligen Fahrzeugreparaturabteilung zur Verfügung. Wir hatten damals viel Zeit zum Lesen. Oft besuchten wir das eine oder andere Lichtspieltheater in Fort Bliss. Die Filme boten uns nicht nur Abwechslung und Unterhaltung, sondern waren auch ein ausgezeichnetes Mittel, unsere Englischkenntnisse aufzumöbeln.

Auch eine Kegelbahn konnten wir von hier aus besuchen. Wir stellten mehrere Mannschaften unter der Leitung unserer «Oldtimers» auf, die sich bereits mit den Regeln des amerikanischen Kegelspiels auskannten, wobei die letzteren sich wesentlich von den deutschen unterscheiden.

Besonders aber freuten wir uns immer auf die Wochenendfahrten im Greyhound-Bus, die man für uns arrangierte. Wir besuchten historische Stätten in den kleinen Orten im Tal des Rio Grande, fuhren zum Erholungsgebiet von Ruidoso, das in den Bergen in der Nähe von Alamogordo lag, oder wir fuhren zu einem Tennis-Match – z. B. Tilden gegen Perry; auch eine Wasser-Show stand manchmal auf dem Programm. Dies waren höchst willkommene Abwechslungen, denn während des ersten Jahres waren unsere sonstigen Kontakte mit der Außenwelt immerhin recht dürftig.

Ein großer Teil unserer Freizeit und unserer Tagegelder wurde auf das Packen von Lebensmittelpaketen verwendet, die wir an unsere Angehörigen schickten. Hierzu taten wir uns zusammen und kauften große Mengen von Mehl, Zucker, Schmalz, Rosinen, Haferflocken und dergl. zu günstigen Preisen ein, ebenso Kartons, Packpapier, Schnur, Klebeband und Adressenschilder. Diese Dinge teilten wir dann zum Verpacken und Versand unter uns auf. Die Sendungen waren unseren Verwandten und Freunden in der Heimat in jenen ersten Nachkriegsjahren eine große Hilfe, denn die Lebensmittelversorgung war katastrophal.

Wie man sich wohl vorstellen kann, gab es von Zeit zu Zeit auch Probleme, was bei einer Internierung von über hundert Wissenschaftlern auf einem so begrenzten Raum verständlich ist. Manches davon erschien damals sehr wichtig und wurde entsprechend ernstgenommen, so daß es mitunter bis zu den Deutsch-Amerikanischen

Verwaltungsstellen vordrang. So gab zum Beispiel die lange Postlaufzeit häufig Anlaß zu Beschwerden. Unsere Post in beiden Richtungen unterlag der Zensur, was die lange Verzögerung jedoch nicht völlig zu erklären schien. Andere Vorfälle hingegen erscheinen mir heute eher amüsant.

Da war z. B. jemand in unserer Gruppe, der es sich zur Gewohnheit gemacht hatte, splitternackt in den Waschraum zu gehen; dabei trug er nur ein Paar Holzsandalen an den Füßen. Viele seiner Quartiergenossen nahmen daran Anstoß, erstens aus ästhetischen Gründen und zweitens wegen des Geklappers der Holzsandalen. Eines Tages machten sich anonyme Rächer über die Holzsandalen her und nagelten sie mit 15 Zentimeter langen Stiften am Fußboden fest, wobei die Spitzen durch die Decke des darunterliegenden Zimmers drangen. Im unteren Raum wurden die Spitzen dann umgebogen, so daß die Sandalen absolut festsaßen!

Die allgemeine finanzielle Regelung war während der ersten zwei Vertragsperioden von je sechs Monaten höchst einfach: Das Gehalt wurde in deutscher Währung an die Angehörigen in Deutschland gezahlt und unterlag der deutschen Besteuerung. Auch unterstand das Geld den dortigen Regelungen, d. h., es durfte nicht aus Deutschland ausgeführt werden. Das durchschnittliche Jahresgehalt hatte damals den Gegenwert von ca. 2500 US-Dollar, jedoch war die Kaufkraft dieses Geldes in Deutschland unmittelbar nach dem Kriege bedeutend geringer. Da die Ausgaben der im Lager Landshut befindlichen Angehörigen relativ gering waren, brachten die meisten der dortigen Familien diese Beträge auf die Bank. Die Männer in Amerika erhielten ihrerseits ein Tagegeld von 6 Dollar, wovon 1,20 Dollar für die Unterbringung und Verpflegung abgezogen wurde. Bis auf den letzteren Abzug wurde diese Summe ganz allgemein als fair empfunden. Später ergab sich jedoch ein interessantes finanzielles Kuriosum. «Jemand in Washington» hatte erklärt, die nach Deutschland überwiesenen Gehälter müßten entsprechend ihrem Dollarwert in den USA versteuert werden, desgleichen die Tagegelder, soweit sie nicht für die Unterbringung und Verpflegung verwendet würden. Als gute künftige US-Staatsbürger wollten wir uns natürlich diese Doppelbesteuerung nicht gefallen lassen; so begann ein Rechtsstreit, für den wir einen Anwalt engagierten. Laut dem endgültigen Urteil mußten wir die Steuer nachzahlen, zuzüglich 6% Zinsen pro Jahr; in Deutschland aber hatte inzwischen die Währungsreform stattgefunden, die unsere Gelder auf 5% ihres ursprünglichen Wertes reduzierte. So ergab es sich, daß wir mehr an Steuern zahlen mußten, als wir an Geldern erhalten hatten.

Die Tagegelder wurden uns monatlich ausgezahlt, und zwar gewöhnlich mit einem Hundertdollarschein und den nötigen kleineren Banknoten. Daher waren Hundertdollarscheine bei uns eine alltägliche Erscheinung, und wir konnten nicht verstehen, warum es «in der Außenwelt» immer so viel Aufregung gab, wenn man auf einen solchen Schein herausgeben mußte, z. B. in einem Restaurant. Die ehrenwerten Bürger von El Paso müssen wohl den Eindruck gehabt haben, daß es «dort oben» in Fort Bliss nur steinreiche Leute gab.

Erwähnenswert ist hier noch, daß kaum jemand eine Ahnung davon hatte, wer wir waren, woher wir kamen, was wir taten und unter welchen Bedingungen wir arbeiteten – selbst in El Paso.

Nur ganz allmählich gab die amerikanische Armee unsere hiesige Existenz zu. Wir wurden als DASE (Department of the Army Special Employees) geführt, zu Deutsch: Sonderangestellte des Armeeministeriums. So wartete am 13. November 1946 die El Paso Herald Post mit folgender Schlagzeile auf: «German Scientists to Be Interviewed». Darunter stand, daß die deutschen Wissenschaftler in Fort Bliss, von denen man offiziell nur im Flüsterton spreche, sich demnächst zu einem Presseinterview stellen würden.

Am 4. Dezember 1946 erfolgte dann eine umfassende Mitteilung an die Presse, woraufhin die Interviews gehalten wurden. Die Reaktion war in den meisten Fällen sehr objektiv.

Daraufhin berichtete am 4. Dezember 1946 die El Paso Times: «118 deutsche Spitzenkräfte aus der V-2-Produktion befinden sich in El Paso. Die Schöpfer der Nazi-Geheimwaffen arbeiten jetzt für Amerika.»

In Washington zirkulierte am gleichen Tage eine Pressemitteilung, die offensichtlich die Behauptung widerlegen sollte, daß «Amerika den Russen und Engländern ermöglicht hat, das Beste an wissenschaftlichem Know-how abzusahnen, das in Deutschland vorhanden war».

Zum Zeitpunkt dieser Veröffentlichung war unsere Gruppe gerade umquartiert worden, und zwar in einige der in Fort Bliss während des Krieges erstellten zahlreichen Baracken, die vom nahegelegenen William-Beaumont-General-Hospital der Armee als Lazarett benutzt worden waren und kurz «Annex» genannt wurden. Nachdem die Krankensäle sich nach und nach leerten, stand ein Teil dieses «Annex» für Büros zur Verfügung, und wir konnten unsere Arbeitsgruppen besser einteilen. Hier wurden auch die Presse-Interviews durchgeführt. Man machte Bilder von den Privatunterkünften und ließ sich von uns die menschliche Seite dieses Unternehmens schildern. Die Berichte darüber waren durchaus objektiv und entgegenkommend. In einem Falle aber gab es bei uns dennoch einige Aufregung. Einer unserer Spezialisten, der sich mit einem Reporter über das Essen hierzulande unterhielt, versuchte diesem in seinem mangelhaften Englisch klarzumachen, daß er gekochtes Hühnerfleisch lieber mochte als gegrilltes. Nach Worten suchend, kam er bei seiner Beschreibung der gegrillten Hühnchen schließlich auf den Ausdruck «gummiartig». Zu seinem großen Kummer las er dann am nächsten Tag in der Zeitung: «German Scientist says American Cooking Tasteless; Dislikes Rubberized Chicken.» (Deutscher Wissenschaftler behauptet, das amerikanische Essen schmecke nicht; die Hühnchen seien «wie Gummi».) Daraufhin bekam er es mit seinen wütenden deutschen Kollegen zu tun, die mit einer Gegenerklärung und einer langen Liste von Unterschriften anrückten, um zu beweisen, daß sie seine Meinung nicht teilten.

Doch das Leben ging weiter.

Im Dezember 1946 berichtete die El Paso Herald Post: «Deutsche Wissenschaftler arbeiten an einer Tankstelle im Weltraum auf halbem Wege zum Mond.» Dann folgte die Beschreibung einer «Rauminsel».

«Opposition gegen die Hinzuziehung deutscher Wissenschaftler» berichtete eine Schlagzeile am 27. März 1947 und bezog sich dabei auf eine Erklärung des Bundes Amerikanischer Wissenschaftler

(Federation of American Scientists), die sich über den «Massenimport» an Wissenschaftlern beschwerten, was außerdem nicht im Interesse der amerikanischen Außenpolitik sei und die Menschen jener Länder vor den Kopf stoßen müssen, die noch vor kurzem an der Seite Amerikas gekämpft hätten.

«Hier richten sie immer noch am wenigsten an», kam am nächsten Tag die Antwort in einem Redaktionsartikel. Außerdem forderte der Verfasser den Bund der Amerikanischen Wissenschaftler auf, doch gefälligst auch dagegen zu protestieren, daß die Russen Hunderte von deutschen Wissenschaftlern in die Sowjetunion geholt hätten, um dort in ihren Laboratorien zu arbeiten, was schließlich das amerikanische Volk vor den Kopf stoßen müsse.

«Die deutschen Wissenschaftler in El Paso werden verteufelt», konnte man am 1. Juli 1947 in der El Paso Times lesen. Der Artikel bezog sich auf eine Ansprache des demokratischen Abgeordneten John Dingell vor dem Abgeordnetenhaus, worin er sagte, er «hätte nie gedacht, daß wir geistig so arm sind, daß wir für die Verteidigung unseres Landes Spezialisten vom Ausland heranziehen müssen». Außerdem war er der Meinung, daß «die Deutschen mit ihren Kenntnissen so weit zurück sind, daß sie glauben, Radium würde zur Herstellung von Zahnpaste gebraucht.»

Doch prompt kam der Gegenstoß:

«Der General von Fort Bliss verwahrt sich gegen die Behauptung, daß man die Deutschen wie Helden feiern würde», verkündete kurz darauf die El Paso Herald Post und fuhr fort: «Die deutschen Wissenschaftler in Fort Bliss leisten hervorragende Arbeit», so der Abgeordnete Thomason.

Allmählich aber legte sich der Streit, und die Schlagzeilen nahmen einen anderen Charakter an, nachdem die zu uns gehörenden Familien angekommen waren.

«Deutsche Schüler singen ‹Eyes of Texas› und lernen die Grußformel für die amerikanische Flagge» (El Paso Herald Post, 5. August 1947).

«Englischer Sprachwettbewerb trägt zur Amerikanisierung der Kinder von deutschen Wissenschaftlern bei», berichtete die Herald Post einige Wochen später.

Und Jahre später, am 11. Juli 1954, zog die Chattanooga Times einen Schlußstrich unter diese Kontroverse, indem sie verkündete:

«Deutsche Wissenschaftler bringen neue Kenntnisse und Pumpernickel mit nach Huntsville.»

In späteren Jahren behaupteten gewisse Kreise in den USA, daß man die «Paperclip»-Spezialisten heimlich ins Land geschmuggelt habe. Dem widerspricht nicht nur die Anzahl der öffentlichen Pressemitteilungen, sondern auch die Tatsache, daß die Gruppe zahlreichen eingehenden Vernehmungen – sowohl mündlich als auch schriftlich mittels langer Fragebögen – durch die zuständigen US-Behörden unterworfen wurde. Dies wiederholte sich später mehrmals bei den Einbürgerungsverfahren.

Im Jahre 1946 vergrößerte sich nach dem Eintreffen meines Transportes die Zahl der deutschen Spezialisten in Fort Bliss und White Sands allmählich auf ca. 130. In unregelmäßigen Abständen stießen während dieser Zeit immer noch einzelne Leute zu uns, die in Deutschland entweder vorher ihr Studium abschließen oder dringende persönliche Angelegenheiten regeln mußten. Es gab auch einige Fälle, wo die Betreffenden in den Nachkriegswirren zunächst nicht auffindbar waren und erst später angefordert werden konnten. Eine weitere Gruppe von einem halben Dutzend Leuten kam im Sommer 1946 zu uns; sie waren bereits mit einem der ersten Transporte in Amerika angekommen, waren aber zunächst zu den Aberdeen Proving Grounds (Testgelände) im Staate Maryland beordert worden, um die nach dort verschickten A-4-Geheimakten zu klassifizieren und zu katalogisieren. Dies waren dieselben Geheimakten, die einst von mir unter abenteuerlichen Umständen in einem Bergwerkstollen in Mitteldeutschland versteckt worden waren. In der Folgezeit wurde dieses Aktenmaterial der amerikanischen Industrie sowie den Alliierten der Vereinigten Staaten zugänglich gemacht.

In der Zeit von 1947 bis 1950 kamen nur sehr wenige zusätzliche Leute aus Deutschland bei uns an. Als später die Army Ballistic Missile Agency im Redstone Arsenal in Huntsville, Alabama, ins Leben gerufen wurde, schickte man Anfang der fünfziger Jahre Delegationen nach Deutschland, um weitere Experten anzuwerben, doch das Ergebnis war mager. Die deutsche Industrie hatte sich inzwischen erholt und stand an der Schwelle des «Wirtschaftswunders», so daß fast sämtliche ehemaligen Raketenspezialisten in guten Positionen saßen und die Angebote der amerikanischen Regierung sowie gewisser amerikanischer Privatfirmen ablehnten. Immerhin kam jedoch selbst in jenen Jahren noch eine begrenzte Anzahl erfahrener Ingenieure in die USA.

Ein Kuriosum, mit dem sich die wachsamen US-Behörden während der ersten Jahre unseres amerikanischen Daseins auseinandersetzen mußten, war die Tatsache, daß unsere deutsche Gruppe seinerzeit aufgrund eines Sondergesetzes und nicht auf dem regulären Einwanderungswege hierhergebracht worden war. Während dieser Jahre hatten wir keine normalen Ausweispapiere. Dies war mit ein Grund, warum man in bezug auf unsere Bewegungsfreiheit so vorsichtig war. Das ist jedoch verständlich, wenn man bedenkt, daß uns nur einige Kilometer von der mexikanischen Grenze trennten.

Unser erstes Ausweispapier hatte folgenden Wortlaut:

DIESE KARTE GILT NICHT ALS SONDERAUSWEIS

Der Inhaber dieser Karte, die dessen Bild und Unterschrift trägt, ist zum Betreten der umseitig aufgeführten Militäranlagen befugt. Diese Befugnis gilt nur für die ausdrücklich hier benannten Anlagen und nicht für andere Einrichtungen mit begrenztem Zutritt. Zivilbehörden gegenüber (einschl. der Staats-, Stadt- und Bundespolizei) hat dieser Ausweis nur Gültigkeit im Zusammenhang mit einer Bescheinigung seitens dieser Dienststelle, die den Inhaber zum Verlassen ihres Zuständigkeitsbereiches berechtigt. Kann der Inhaber eine solche Bescheinigung nicht vorweisen, so ist diese Dienststelle unverzüglich zu benachrichtigen und die Rückführung der betreffenden Person zu veranlassen. (Telefonische oder telegrafische Nachricht erbittet: Res & Dev Div Sub-O (Rkt) Fort Bliss, Texas, Extension 4235). Als SONDERANGESTELLTER DES KRIEGSMINISTERIUMS darf der Ausweisinhaber ohne vorherige Genehmigung dieser Dienststelle NICHT verhört oder nach weiteren Ausweispapieren gefragt werden.

Am 9. September 1946 wurde in einer Hauptversammlung bekanntgegeben, daß ein Brief aus Washington angekommen sei, wonach ab sofort alle Ausgangsbeschränkungen für unsere Gruppe entfielen und wir uns frei bewegen könnten; diese Ankündigung wurde von uns natürlich freudig begrüßt. Neue Pässe, so sagte man uns, würden binnen kurzem für uns ausgestellt. Vier Tage später kam jedoch eine zweite Mitteilung, wonach die angekündigte Bewegungsfreiheit drastisch reduziert wurde und nur für die Stadt El Paso und die nähere Umgebung gelten sollte. Entweder hatte die erste Bekanntmachung auf einem Mißverständnis beruht, oder jemand hatte nachträglich quergeschossen. Die neuen Pässe sahen dann auch entsprechend aus. Ich muß jedoch sagen, daß ich gar nicht sonderlich enttäuscht war, und viele andere waren es auch nicht. Die neue Freiheit, die wir jetzt genossen, bot uns immerhin sehr viel mehr als die eineinhalb Hektar, die bisher unser «Gehege» gewesen waren; ich jedenfalls war darüber sehr froh.

Der Umzug in die neuen Gebäude im Annex hatte am 23. Oktober 1946 stattgefunden und eine weitere wesentliche Verbesserung in unserem täglichen Leben mit sich gebracht. Jeder von uns hatte jetzt ein verhältnismäßig ruhiges Zimmer für sich alleine. Mein Fenster hatte den Blick nach Norden, und ich konnte von dort aus die Fernstraße sehen, die am Biggsfield Military Airfield entlanglief. Dort herrschten reger Verkehr und pulsierendes Leben, dort war unser sichtbarer Kontakt zur Außenwelt.

Fast gleichzeitig mit unserem Umzug in den Anbau kamen die Entwürfe für unsere neuen Arbeitsverträge, die von jetzt ab ein ganzes Jahr liefen und die Übersiedlung unserer Familien in die USA vorsahen; außerdem sollte unsere Bezahlung von jetzt ab ausschließlich in US-Dollarwährung erfolgen, wobei die gesonderten Tagesgelder entfielen. Ansonsten enthielten die Verträge eine Anzahl allgemeiner Klauseln. Bis zum 22. November 1946 hatte jeder von uns seinen Vertrag zur Unterschrift in der Hand. Genau wie die ursprünglichen Verträge waren auch diese absolut fair und räumten uns außerdem erstmalig das Recht auf spätere Ansprüche ein, insbesondere den Anspruch auf ein reguläres Visum, «vorausgesetzt, daß das Verhalten und die politische Vergangenheit des Vertragsinhabers dies rechtfertigen». Über die Gehälter, die uns während dieser Zeit gezahlt wurden, gab es zum Teil sehr stark übertriebene Berichte. Tatsache ist, daß unser damaliges Durchschnittsgehalt unter 450 Dollar im Monat lag, wobei die Spitzengehälter für die leitenden Angestellten einschließlich Wernher von Brauns höchstens 675 Dollar pro Monat betrugen. Diese Zahlen blieben drei Jahre lang unverändert.

Die amerikanischen Behörden erfüllten die wichtigsten Vertragsbedingungen mit größter Pünktlichkeit. Am 8. Dezember 1946 trafen die ersten Gruppen von deutschen Familienmitgliedern mit dem Zug in El Paso ein. Die Gruppen waren jeweils nur klein, und es dauerte einige Monate, bis alle Familien wieder vereint waren. In den meisten Fällen waren es Ehefrauen und Kinder, doch es befanden sich auch einige Eltern darunter. Die Übersiedlung der anerkannten Familienmitglieder wurde nach Prüfung der Verhältnisse von der US-Regierung bezahlt. «Bräute» und «Verlobte» zählten nicht. Aus diesem Grunde sahen sich einige der Betroffenen aus unserer Gruppe vor die Notwendigkeit gestellt, nach Deutschland zu reisen, dort zu heiraten und dann zurückzukehren – alles auf eigene Kosten.

An derlei Dinge hatten Irmel und ich zwar nicht gedacht, als wir seinerzeit beschlossen, noch vor meiner Abreise zu heiraten, doch jetzt machte sich dieser Schritt ganz offensichtlich bezahlt. Sie traf am 27. Mai 1947 in El Paso ein, und somit waren wir glücklich wieder beisammen.

Auch an diesen Ereignissen nahm die Presse regen Anteil und berichtete wiederholt darüber, wie sich die Familien einlebten. Die durchschnittliche Zeit der Trennung betrug bei den Familien etwas über ein Jahr.

Während der ersten Monate wurden die Familien zunächst in den Räumen des Annex und sonstigen Notquartieren untergebracht, die ursprünglich nicht als Wohnungen gedacht waren. Es waren jedoch bereits Arbeiten im Gange, durch die ein besonders dafür bestimmter Teil des Annex zu Wohneinheiten umgebaut wurde. Wir waren zunächst etwas skeptisch, was das zu erwartende Resultat betraf. Doch als die einzelnen Wohnungen fertiggestellt waren, sahen diese viel netter aus, als man es dem Gebäude von außen her hätte ansehen können.

Mit meinem alten Freund Hartmut war ich seit 1946 durch regelmäßigen, wenn auch nicht gerade sehr regen Briefwechsel in Verbindung geblieben. In unseren letzten Gesprächen in Deutschland hatte er durchblicken lassen, daß auch er an den Arbeiten in den USA interessiert sei. Doch bereits in einem sehr ersten Briefe schrieb er mir, daß er überraschend schnell eine gute Position als Betriebsleiter des Kraftwerkes Bremen-Farge gefunden hätte, die für ihn zu einer Lebensstellung wurde.

Wir, die wir in Amerika gelandet waren, bekamen ab 1947 die Genehmigung zum Reisen, selbst über größere Entfernungen. Einige von uns hatten sich inzwischen Gebrauchtwagen zugelegt, darunter auch Magnus von Braun. So begab sich kurz nach Irmels Ankunft eine kleine Gruppe, zu der auch Irmel und ich gehörten, mit Magnus zusammen auf die Reise. Es ging zum Grand Canyon, in die Sierra Nevada, zu den State Parks von Utah und nach Kalifornien. Wie man sich vorstellen kann, hinterließ dies bei uns allen einen unvergeßlichen Eindruck.

Im Sommer 1948 war ich der Leiter einer Testanlage, die für eine gewisse Zeit hoch in den Bergen der Sierra Nevada oberhalb des Ortes Bishop eingerichtet worden war. Als ich einige Monate später von meinem Auftrag zurückkehrte, wurde unser Sohn Frank geboren. Er nahm sofort eine Sonderstellung ein, denn er hatte es nicht nur fertiggebracht, als echter Texaner auf die Welt zu kommen, sondern er war auch der erste US-Staatsbürger in unserer Familie. Dabei waren seine Eltern noch nicht einmal als legale Einwanderer ins Land gekommen, amtlich also nicht vorhanden. Kein Wunder also, daß sich da später mancher Beamte den Kopf kratzte, wenn er unsere Papiere durchsah und feststellte, daß wir einen Sohn hatten, der zwar in den USA geboren war, dessen Geburtsdatum aber zwei Jahre vor dem offiziellen Einwanderungsdatum seiner Eltern lag.

Als weiteren «Familienzuwachs» erwarben wir einen alten Studebaker Champion, einen Wagen aus der Vorkriegszeit, der uns vor seinem endgültigen Zusammenbruch noch zu vielen schönen Orten des amerikanischen Südwestens und sogar bis nach Colorado brachte. Er beförderte mich sogar zu einem kurzen Besuch nach Los Angeles. Auf dem Weg an die Westküste wurde ich an einer Straßensperre bei Lordsburg, New Mexico, angehalten. Man suchte nach illegalen Einwanderern, was durch die nahegelegene mexikanische Grenze erklärlich war. Ich befand mich am Ende einer langsam vorrückenden Autoschlange. Endlich war auch ich zur Kontrolle dran. Der Beamte fragte höflich:

«US-Bürger?»

«Nein.»

«Ihr Geburtsort?»

«Essen, Germany.»

«Legaler Einwanderungsort in die USA?»

«Bedaure, ich bin nicht legal eingewandert.»

Der Beamte sah zunächst etwas verwundert drein, dann warf er in plötzlicher, staatsbeamteter Wachsamkeit seinem Kollegen an der entgegengesetzten Autoschlange einen raschen Blick zu.

«Wie sind Sie denn hierhergekommen?»

«Ich komme von El Paso und bin auf dem Wege nach Los Angeles.»

«Ich meine, wie sind Sie ins Land gekommen?»

«Ich wurde von der Armee als Zivilangestellter hierher gebracht.»

«Nie von gehört. Haben Sie Papiere?»

«Ja, hier.»

Damit reichte ich ihm eine einfache, getippte Bescheinigung, die besagte:

HEADQUARTERS
RESEARCH & DEVELOPMENT SERVICE SUBOFFICE
(ROCKET)
FORT BLISS, TEXAS

Genehmigung für Erholungsurlaub
Betr.: Dieter Huzel

Der oben genannte Sonderangestellte des Kriegsministeriums ist berechtigt, das Gelände von Fort Bliss, Texas, während der dienstfreien Zeit und für Urlaubsreisen zu verlassen.

Kurt Debus

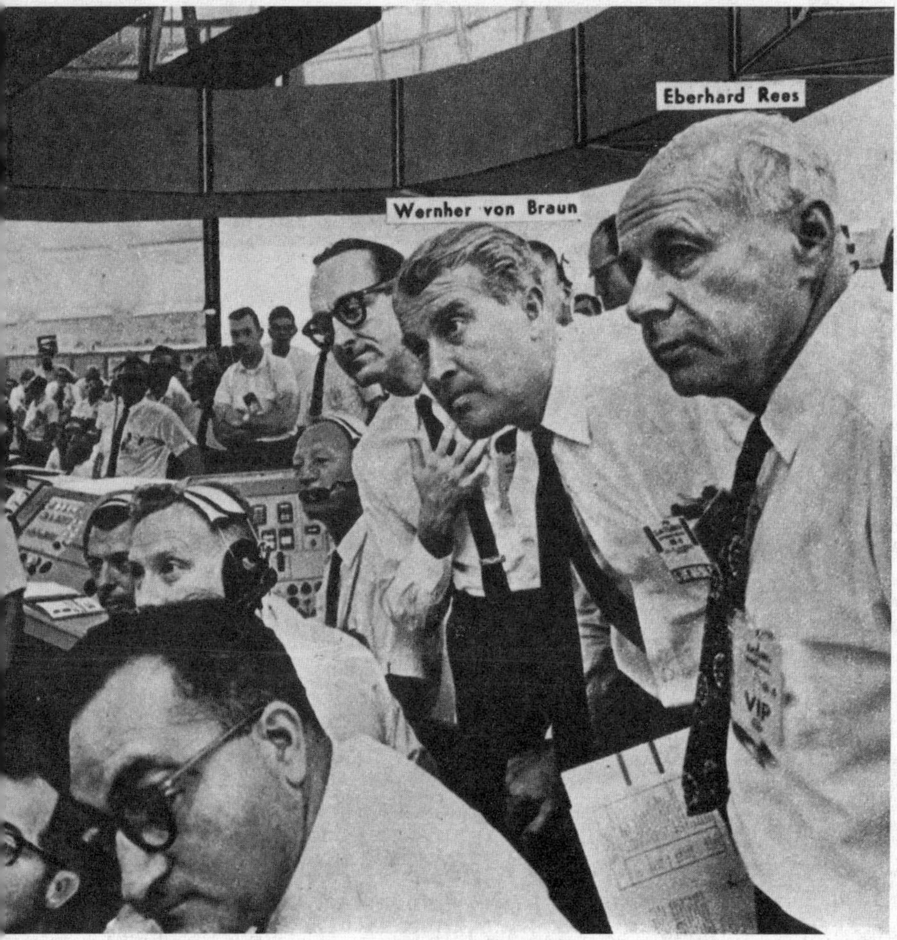

Dr. von Braun mit Dr. Debus und anderen am 28. 5. 1964 in einer Kontroll-Zentrale in Cape Canaveral beim Abschuß einer frühen US-Saturn-Rakete.

Bei Unfall oder Verletzung ist bitte dieses Hauptquartier über Tel. No. Main 2404, Apparat 8-2211 zu benachrichtigen.
AUF BEFEHL VON MAJOR HAMILL:
Unterschrift: GORDON A. McGANNON
1st Lt., Ord. Dept.
Adjutant

Beim Lesen dieses Zettels entspannte sich das Gesicht des Beamten. Lächelnd meinte er: «Jetzt erinnere ich mich – ich habe schon von Ihrem Verein gehört, nur noch keinen davon angetroffen. Na also, dann viel Glück!»

Erleichtert machte ich mich wieder auf den Weg.

Anfang 1950 erfolgten die ersten konkreten Maßnahmen, den Mitgliedern unserer Gruppe legale Aufenthaltspapiere zu beschaffen. Wieder mußten wir umfangreiche Formulare ausfüllen. Wir wurden hierfür über die mexikanische Grenze nach Ciudad Juarez und zum dortigen US-Konsulat gebracht. Nachdem dort unsere Formulare durchgesehen und uns Visa ausgestellt wurden, passierten wir wieder die Grenze – diesmal ganz routinemäßig mit unseren neuen Papieren. Da die beiden Städte Juarez (Mexico) und El Paso (in den USA) so nahe beieinander liegen, hatten wir die ganze Prozedur in wenigen Stunden hinter uns. Wir hatten sogar noch Zeit, in einem kleinen Restaurant jenseit der Grenze zum ersten Mal ein mexikanisches Gericht zu essen, das ausgezeichnet war.

Schon seit längerer Zeit ging bei uns das Gerücht um, daß wir nach Huntsville, Alabama, verlegt werden sollten. Dieses Gerücht wurde jetzt offiziell bestätigt. In gewissem Sinne war dies die längst überfällige, formelle Anerkennung unserer Arbeit durch die amerikanische Regierung. Die Verlegung trug der Wichtigkeit der Raketenforschung Rechnung, denn es standen uns im Army Redstone Arsenal bei Huntsville weit bessere Einrichtungen zur Verfügung; außerdem wurden uns jetzt weit mehr Mittel eingeräumt. Auch waren wir jetzt für Amerika nicht mehr «War Department Special Employees» und fremde «Superingenieure», die in einem geheimnisumwitterten Ort in der Wüste von Texas ihrer seltsamen Tätigkeit nachgingen, sondern ganz einfach Menschen, die kommen und gehen konnten, wie sie wollten, und die sich ungestört ihrem Beruf hingeben durften.

Für mich persönlich ergaben sich jedoch daraus Probleme. Schon in Deutschland plagten mich von Zeit zu Zeit Allergien, meist in Form von Heuschnupfen, was sich jedoch fast immer auf kurze Episoden während des Sommers beschränkt hatte. Hier in El Paso litt ich nun praktisch das ganze Jahr darunter, und soweit ich in Erfahrung bringen konnte, waren die klimatischen Bedingungen in Alabama in dieser Hinsicht nicht viel besser. Außerdem konnte ich mich nur schwer von meinem geliebten Südwesten trennen. So beschloß ich denn, im Westen zu bleiben, obwohl das die Trennung von unserer Gruppe und meinen vielen alten Freunden, Mitarbeitern und Vorgesetzten bedeutete, darunter hochbefähigten Mentoren, insbesondere Wernher von Braun. Ich trug mein Anliegen Colonel Holger Toftoy vor, der sehr verständnisvoll war und mir seinen Segen zu meinem Vorhaben erteilte, und bewarb mich um eine Stelle beim Aerophysics Laboratory der North American Aviation (jetzt Rockwell International) in Los Angeles; dies war eine der führenden Firmen auf dem Gebiet der Flüssigtreibstoff-Raketen.

Nachdem ich bei der Firma eingestellt wurde, zog ich mit meiner Familie im Juni 1950 nach Los Angeles. Knapp ein Jahr später wurde dort unsere Tochter Renata geboren, und somit hatten wir nun bereits zwei US-Staatsbürger in der Familie, einen Texaner und eine Kalifornierin; die Eltern aber mußten noch vier Jahre auf ihre Einbürgerung warten.

Als ich meinen Job beim Aerophysics Laboratory antrat, war dies eine verhältnismäßig kleine Abteilung von North American Aviation. Zu jener Zeit befand sich die Firma im Frühstadium der Entwicklung von Raketentriebwerken für das Flugprogramm von Langstreckenraketen. Während ich mich in der zweiten Hälfte des Jahres 1950 auf mein neues Arbeitsgebiet konzentrierte und mich daran gewöhnte, außerhalb eines Werkswohnungskomplexes und der damit einhergehenden Regeln zu leben, war die Übersiedlung der Fort-Bliss-Gruppe nach Huntsville erfolgt. Kurz danach wurde ihr von der US-Armee die Entwicklung der «Redstone-Rakete» übertragen.

Als die Redstone-Gruppe (die von meinen ehemaligen deutschen Kollegen geleitet wurde) mit ihren Studien, Layouts und vorläufigen Entwürfen fertig war, stellte sich heraus, daß eines der Raketenantriebssysteme, die North American Aviation (also meine Firma) für die US-Luftwaffe entwickelte, fast haargenau auf die «Redstone-Rakete» paßte. Die Modifikationen, die noch notwendig waren, um aus diesem im Entwicklungsstadium befindlichen Gerät ein flugfähiges Antriebssystem zu machen, liefen schnell und reibungslos ab, während die Arbeit an dem ursprünglichen Projekt von North American getrennt weiterlief.

Ungefähr um die gleiche Zeit, als das neue, für Redstone umgearbeitete Antriebssystem seinen ersten Brennversuchen unterworfen wurde, hatte ich das Glück, zum leitenden Entwicklungsingenieur für dieses Antriebssystem ernannt zu werden, das jetzt allgemein als «Redstone Engine» bezeichnet wurde. So kam es dann für mich ganz unerwartet wieder zu einer engen Zusammenarbeit mit vielen meiner alten Bekannten aus den Tagen von Peenemünde und später Fort Bliss.

Bis Ende März 1953 war alles so weit gediehen, daß die ersten Brennversuche einer kompletten Rakete im Redstone Arsenal selbst vorgenommen werden konnten, wo sich die Einrichtungen eben erst im Anfangsstadium befanden. Mit einigen Unterbrechungen brachte ich damals mehrere Monate in Huntsville zu, um bei der Brennversuchsserie mitzuwirken, bis die erste Rakete für flugfähig befunden und zum Abschuß nach Cape Canaveral transportiert werden konnte. Während meines Aufenthaltes in Huntsville brauchte ich mir keine Sorgen darüber zu machen, was ich mit meiner Freizeit anfangen sollte. Ich war praktisch jeden Abend bei einer der Familien aus Wernher von Brauns urprünglicher Gruppe eingeladen, wo sich das Gespräch um die gemeinsamen Erlebnisse der letzten drei Jahre drehte.

Anfang August wurde der Abschußtermin für «Redstone Missile» No. 1 festgesetzt, und zwar auf den 20. August 1953. Drei Tage vorher begab sich eine kleine Gruppe von Vertretern der «North American» nach Florida, darunter Sam Hoffman, unser General Manager, Bill Cecka, Chief of Test, Chan Hamlin, Redstone Project Engineer,

Norm Reuel, Engine Development Chief, Ed Prono, unser Ventilspezialist, Dave Hatfield, der Außendienstvertreter von Rocketdyne, und ich.

Dies war meine erste Reise nach Florida. Als wir in Melbourne Beach ankamen, regnete es. Der Regen, die Augusthitze und die üppige Vegetation sorgten für ein ausgesprochen tropisches Landschaftsbild. Wir wohnten im Tradewinds Hotel im nahegelegenen Indialantic, einem Ort mit einer ehrwürdigen, ruhigen und außerordentlich beruhigenden Atmosphäre, fern vom Getriebe der Modestrände – und von der Abschußstätte in Cape Canaveral.

In einem der ausgezeichneten Restaurants, die unmittelbar am Strand lagen, aßen wir zu Abend. Von der Terrasse aus konnten wir im Mondlicht die weißen Schaumkronen sehen, und die salzige Brise von der See her ließ keinen Zweifel daran, daß wir uns hier am Atlantik befanden. Es war fast wie einst in Peenemünde an einem jener seltenen, heißen Sommerabende.

Am nächsten Tag machten sich die Leute von unserer «North American» Gruppe mit den Einrichtungen von Cape Canaveral bekannt und überzeugten sich von den Fortschritten der Abschußvorbereitungen. Die Abschußbelegschaft war pünktlich zur Stelle, und die vorläufige Durchsicht ergab, daß das Antriebssystem in Ordnung war. Es gab also für uns kaum noch etwas zu tun, und so warteten wir auf die letzten Überprüfungen und den Abschuß selbst.

Am 19. August gingen wir schon früh zu Bett. Als es Mitternacht war, klopfte Hatfield bei mir und Eddie Prono an, denn wir waren unmittelbar am Abschußvorgang beteiligt. Schlaftrunken krochen wir aus den Betten. Während der einstündigen Fahrt nach dem Cape hatten wir dann reichlich Zeit zum Aufwachen.

Bei unserer Ankunft herrschte um den Abschußtisch herum reges Treiben. Grelle Scheinwerfer tauchten die Rakete in helles Licht; diese wies einen schwarzweiß gemusterten Anstrich auf. Gegen den riesigen Noble-Kran, dessen Arbeitsbühnen sie umgaben, wirkte sie jedoch fast klein. Mechaniker und Ingenieure mit Schutzhelmen sahen nochmals das Steuerungssystem im oberen und das Anriebssystem im unteren Bereich genau durch. Zwei Fahrstühle bewegten sich langsam an der Außenseite der Struktur auf und ab. Von Zeit zu

Eine Redstone Rakete beim Beginn der Schußvorbereitungen. Der fahrbare Bedienungsturm mit Arbeitsbühnen in den nötigen Höhen erleichtert diese Arbeiten. Die Redstone Rakete war die erste Großrakete der USA (40 t Schub) nach dem deutschen A-4 (V-2) (25 t Schub).

Fernraketen in einer Ausstellung auf dem Gelände des Marshall Space-Flug-Center in Huntsville, Alabama, USA. Sie alle sind verbunden mit der Tätigkeit von Wernher von Brauns Raketen-Team.

Zeit kam eine Ansage über das Lautsprechersystem, oft in dem unverkennbar einheimischen Klang von Alabama, manchmal aber auch mit deutlichem deutschem Akzent. In regelmäßigen Abständen fuhr ein Jeep um die Abschußfläche herum, der einen Nebel zur Insektenvertilgung versprühte; die resultierende Wolke und der scheußliche Geruch veranlaßten uns zu der Überlegung, ob man eigentlich uns oder die zahlreichen Mücken umbringen wollte.

Trotz vieler Unterschiede in kleinen Dingen war die Atmosphäre in Cape Canaveral der von Peenemünde verblüffend ähnlich. Viele Gesichter waren dieselben wie in jenen Tagen: Da war Dr. Debus, der in meiner P-7-Zeit Chef der A-4-Steuerungsgruppe gewesen war und dem jetzt die Abschußvorbereitungen des gesamten Redstone-Raketenprogramms unterstanden. Da war auch Albert Zeiler, NASA-Chefingenieur des Redstone Triebwerks – er hatte den gleichen Job wie damals bei den V-2-Abschüssen – und da waren noch viele andere, die schon damals dabeiwaren. Auch die Kulisse war ganz wie einst: die Riedgräser, hinter ihnen das Meer, die salzige Luft. Es waren die gleichen technischen Dinge, die uns beschäftigten: die Funktionsprüfungen, die Betankung und schließlich die so wohlbekannte Spannung, die mit dem Herannahen des Abschußzeitpunktes ständig wuchs. Vor allem aber war's die Tatsache, daß es darum ging, eine Großrakete auf ihre Bahn zu bringen.

Damals wußte ich es noch nicht, aber eine Rakete von genau dem gleichen Typ, wie wir sie hier vorbereiteten, sollte später den ersten amerikanischen Satelliten in den Weltraum tragen und danach den ersten amerikanischen Astronauten, Alan Shepard. Selbst wenn wir das noch nicht wußten, die Bedeutsamkeit unseres Unternehmens und seine weittragenden Konsequenzen spürten wir alle nur zu gut. Alles dies machte die Atmosphäre der von Peenemünde so vergleichbar. Ich bin nicht sicher, ob ich dieses Gefühl auch auf der Raketenstation von White Sands gehabt hätte, wo es weit und breit weder einen Ozean noch eine Seebrise gab.

Die Abschußzeit war auf 7 Uhr früh östlicher Standardzeit festgesetzt; es gab jedoch einige Verzögerungen. Das Funkflugzeug der Abschußstation, das Schiffe warnen und aus dem Abschußgebiet fernhalten sollte, hatte mechanische Probleme. Danach versagte eine

Wiedersehensfeier der «Fort-Bliss-Oldtimer» am 18. und 19. Oktober 1961 in Huntsville, Alabama, USA.
Von links nach rechts, sitzend: Dieter Huzel, Dr. Wernher von Braun, Dr. Walter Dornberger*, Erich Ball.
Stehend: Hans Hosenthien, Hugo Wördemann, Dr. Helmuth Schlitt, Hans Palaoro, Otto Hirschler, Theodor Poppel, Konrad Dannenberg, Helmut Zoike, Walther Riedel, Werner Rosinski, Friedrich Dhom, Kurt Neuhöfer, Rudi Reichel*.
(* waren nicht in Fort Bliss)

Radar-Funkbake der Bodenstation. Und dann wurde auch noch ein Schiff im Zielgebiet gesichtet. Ach, wie typisch, wie normal, wie war uns dies doch alles so wohlbekannt!

Der Abschuß fand schließlich um 9:35 Uhr östlicher Standardzeit-statt; «Redstone RS-1», die erste amerikanische Großrakete, zog ihre Bahn. Von meinem Beobachtungsfenster in der Kontrollstation konnte ich sie nur ein paar Sekunden lang sehen. Als wir endlich unsere Schutzräume verlassen durften, war alles so ruhig, als wäre hier nie etwas Außerordentliches geschehen. Über Florida lag unter verhangenem Himmel ein stiller Sommermorgen. Sonst nichts. Keine Spur von dem geschichtlichen Ereignis, das vor einigen Minuten hier stattgefunden hatte. Bald danach kamen Leute von den weiter entfernt gelegenenen Beobachtungsstationen und berichteten aufgeregt, wie sie den Aufstieg der Rakete verfolgt hätten, wie diese schneller und schneller geworden war, bis sie dann plötzlich in der Wolkendecke verschwand. Wir waren alle außer uns vor Freude, selbst als sich später bei den Fernmeßschrieben herausstellte, daß die Rakete infolge eines Steuerungsversagers nicht ihre volle Bahn geflogen war.

Der Kreis hatte sich geschlossen. Angefangen hatte es in Peenemünde, und nun ging es hier in Cape Canaveral weiter. Wenn spätere Generationen auf die Anfänge der Raumfahrt zurückblicken, werden sie die Bedeutung dieser beiden Orte, ihre bahnbrechenden Errungenschaften und deren Gestalter zeitlich und technologisch nicht getrennt betrachten, sondern als eine logische, zusammenhängende Einheit, so wie uns zwei Sterne, die in weiter Ferne dicht nebeneinanderstehen, als ein einziger erscheinen. Sie werden erkennen, daß der Untergang von Peenemünde nicht das Ende, sondern der Anfang war – der Anfang der langen, langen Fahrt zu den Sternen.

Nachwort

Seit dem hier geschilderten, weitgehend erfolgreichen Start der US-Redstone-Rakete RS-1 am 20. August 1953 hat für die Raketen- und Raumfahrt-Entwicklung die Zeit nicht stillgestanden. Weitere Redstone-Starts folgten, die in dem Flug des Amerikaners Alan Shepard halb um die Erde am 5. Mai 1961 gipfelten. Zuvor hatten die Russen bereits einen kleineren Satelliten, genannt «Sputnik», in Umlauf gesetzt, dem bald «behundete» und bemannte Raumschiffe folgten. Danach schwang das Pendel wieder westwärts, von einem halben Dutzend erfolgreicher US-Mondlandungen begleitet. Satelliten aller Art sind seitdem in den USA, in der Sowjetunion, bei der ESA (European Space Agency) und selbst in China zu Alltagserscheinungen geworden.

Vor einer Reihe von Jahren wurde ich von der Universität Long Beach, Kalifornien, als Sachverständiger zur Mitarbeit an der Produktion eines Dokumentarfilms herangezogen, der den Drehbuchtitel «Peenemünde, the Coming of the Future» trug (Peenemünde – die Zukunft ist im Anmarsch). Dieser wurde jedoch später auf den reißerischen Titel «Hitler's Secret Weapon» (Hitlers Geheimwaffe) abgeändert. Unter dem deutschen Titel «Hitlers Geheimwaffe» ist der Film auch in Deutschland bekanntgeworden (Nova Video, Concorde Video G.m.b.H., München).

Während der Produktion des später preisgekrönten Films wurde ich gefragt, ob meiner Ansicht nach Peenemünde zu Recht als die «Wiege der Raumfahrt» bezeichnet werden könne. In meiner unterstützenden Beweisführung, daß Peenemünde und die Periode, der es seinen Namen gegeben hat, wirklich Ort und Datum der Geburt des Raumfahrt-Zeitalters gewesen sind, führte ich an:

Im Sommer 1944 erreichte eine A-4-Rakete im Rahmen der Senkrechtschuß-Versuchsserie auf der Insel Oie in der Nähe von Peenemünde die Gipfelhöhe von 189 km. Die Steilschuß-Serie umfaßte 24 Schüsse im Zeitraum vom 11. Juni bis 23. September 1944.

In Peenemünde wurde zum ersten Male systematisch eine Rakete entworfen, entwickelt, gebaut, geprüft und erfolgreich gestartet, die in der Lage war, die Atmosphäre zu verlassen und in das Gebiet einzudringen, das allgemein als Weltraum angesehen wird.

Zahllose Ereignisse, die mit Raketen zu tun haben, gingen denen in Peenemünde voraus, wohl über einen Zeitraum von Hunderten von Jahren. Es ist jedoch unmöglich, diese Ereignisse und Tätigkeiten sowie deren Ergebnisse als die Geburt des Raumfahrt-Zeitalters zu betrachten. Das bedeutet jedoch nicht, daß diese Arbeiten wertlos waren. Von sensationslustigen Schaustellungen abgesehen, wurden damals von vielen der beteiligten Personen bedeutende analytische und experimentelle Beiträge zu den Grundlagen geleistet, auf denen Peenemünde aufgebaut werden konnte. Wenn man von der Fähigkeit, in den Weltraum vorzudringen, spricht, blieben die Ergebnisse weit vom Ziel entfernt. Die Ursachen waren vor allem der Mangel an Geldmitteln bzw. die beträchtliche Unterschätzung der Schwierigkeiten dieses Vorhabens.

In Peenemünde hingegen standen zum ersten Male Geldmittel zur Verfügung, die vier, fünf oder mehr Größenordnungen reichlicher waren als die, die den früheren Raketenfahrzeugenthusiasten zugänglich waren. Dies ermöglichte

den Aufbau eines Teams von Ingenieuren und Technikern größten Kalibers, die systematisch und nüchtern ans Werk gingen, statt auf gut Glück zu experimentieren;

die Unabhängigkeit dieses Teams, nicht auf sensationelle Kunststücke angewiesen zu sein, um Geldmittel zu bekommen (ausgenommen vielleicht die Leitung, die von Zeit zu Zeit um Prioritäten kämpfen mußte.);

den Bau ausgedehnter, für die damalige Zeit weit vorausgeschrittener Werks- und Prüfanlagen und

die Einplanung eines Prüfprogramms von einem Umfang, der es dem Vorhaben ermöglichte, Pannen und Rückschläge zu tolerie-ren und zu überleben.

Man mag fragen, warum diese Umstände und Leistungen der Raumfahrt gutgeschrieben werden können, denn die Erzeugnisse von Peenemünde waren ja doch Waffen. Rein technologisch gesehen, besteht hier meiner Auffassung nach kein Unterschied. Die Russen zum Beispiel haben hier nie einen Unterschied gemacht; sie montierten einfach Raumfahrt-Nutzlasten auf militärische Raketen. Wichtiger sind jedoch die weiterreichenden Ziele vieler der führenden Männer, die in den zwanziger Jahren mit Raketenantrieben experimentiert hatten. Soweit sie noch am Leben waren, stieß eine Reihe der prominenteren und ernster zu nehmenden Befürworter der Raumfahrt zum Peenemünder Team. Ohne Anspruch auf Vollständigkeit dieser Liste seien hier genannt: Hermann Oberth, Wernher von Braun, Krafft Ehricke, Klaus Riedel, Arthur Rudolph. Andere folgten von Zeit zu Zeit.

Es gibt Beweise dafür, daß die Bedeutung von Peenemünde bereits zu jener Zeit von denen erkannt wurde, die dort wirkten. Ich hoffe, daß eine Reihe der Episoden, über die ich in diesem Buch berichte, dies unterstreicht. Auch der um 1943 in Peenemünde produzierte Film «Raketenflug» hebt dies besonders hervor. Es existiert eine Reihe von Schriften der oben Genannten, die in der Tat das voraussagten, die den Weg zu dem zeigten und auf das drängten, was in Peenemünde Wirklichkeit wurde.

Die Ausnutzung der Peenemünder Errungenschaften durch die Amerikaner und Russen (materiell wie geistig) ist Beweis, daß Peenemünde der Wendepunkt geworden war, der die Übertragung der Raumfahrtträume in die Wirklichkeit ermöglichte. Die Russen beuteten dies als erste systematisch aus. Das ermöglichte ihnen die vielen frühen Erfolge, mit denen sie viele Jahre lang die Weltbühne beherrschten.

Rein technisch gesehen, gibt es andere Errungenschaften, die Peenemünde mit Recht zum Geburtsort des Raumfahrtzeitalters machen. Hier wurde erstmals die volle Bedeutung der vielen Betriebsgrößen eines Raketensystems erkannt, wie: erforderlicher Gesamtimpuls, Massenverhältnis, spezifischer Impuls, Kühlung, Treibstoffmischungsverhältnis und die vielen anderen Betriebsgrößen der Rakete, ihres Antriebs, ihrer Navigation und Steuerung. Alle Werte wurden gründlich analysiert und dokumentiert (Archivberichte). Dies erbrachte u. a. den Beweis für die Notwendigkeit eines turbinenbetriebenen Pumpensystems für die Brennstoff-Förderung sowie dessen erfolgreiche Entwicklung. Das modernste Raketentriebwerk, das es z. Zt. gibt, nämlich der Hauptantrieb für die Space Shuttle, vereinigt heute noch alle Grundprinzipien in sich, die einst in Peenemünde entwickelt und angewendet wurden. Die Unterschiede sind mehr eine Sache der Weiterentwicklung und Vervollkommnung. Mit dieser Feststellung sollen natürlich die Errungenschaften der Neuzeit nicht herabgesetzt werden, zu denen schließlich viele der ehemaligen «Peenemünder» beigetragen haben; sie soll nur als zusätzlicher Hinweis darauf dienen, wo die Anfänge waren.

Ohne die in Peenemünde erfolgreich betriebene Entwicklung und Anwendung des Flüssigkeitstreibstoff-Raketentriebwerks in großem Maßstab wären die späteren russischen Satelliten und die nachfolgende erste bemannte USA-Landung auf dem Mond sowie die sensationellen unbemannten Besuche der meisten Planeten unseres Sonnensystems für lange Zeit nicht möglich gewesen. Obschon Festtreibstoffe viele Anwendungen gefunden haben, würden weitreichende bemannte Raumfahrten, die haargenaue Antriebs- und Steuerungsfunktionen und höchstmögliche Energie erfordern, in absehbarer Zeit nicht möglich sein ohne Anwendung von Flüssigtreibstoffen, insbesondere Flüssigwasserstoff. Was den letzteren anbetrifft, wurde auch dies bereits in Kummersdorf und Peenemünde erkannt und dahingehend in einem Geheimbericht vom 13. 3. 1937 dokumentiert.

25. August 1992 D. K. H.